JIANZHU GONGCHENG
JILIANG YU JIJIA SHIWU ANLI FENXI

最新规范
全国大学版协优秀畅销书

建筑工程
计量与计价实务案例分析 (2019版)

张宇帆　张建平　编著

重庆大学出版社

内容提要

本书根据中华人民共和国住房和城乡建设部标准定额司《造价工程师职业资格考试大纲》（建标造函〔2018〕265号文）以及近年来我国在建筑工程计量与计价方面的最新规定和要求修写。

本书的特色是以实际应用的要求组织内容，以简明扼要的方式梳理知识，以典型案例的形式解析问题，以图文并茂的手法传授技巧，能使读者“开卷有益”。

本书可供学习建筑工程计量与计价的在校工程造价专业学生使用，也可作为准备参加全国二级造价工程师职业资格考试人员极有价值的学习参考书。

图书在版编目（CIP）数据

建筑工程计量与计价实务案例分析：2019版/张宇帆，张建平编著.--重庆：重庆大学出版社，2019.9（2024.7重印）
高等学校土木工程本科系列教材
ISBN 978-7-5689-1643-1

Ⅰ.①建… Ⅱ.①张…②张… Ⅲ.①建筑工程—计量—高等学校—教材②建筑造价—高等学校—教材 Ⅳ.①TU723.3

中国版本图书馆CIP数据核字（2019）第133748号

建筑工程计量与计价实务案例分析（2019版）
张宇帆　张建平　编著
策划编辑：鲁　黎
责任编辑：陈　力　　版式设计：鲁　黎
责任校对：邹　忌　　责任印制：张　策
*
重庆大学出版社出版发行
出版人：陈晓阳
社址：重庆市沙坪坝区大学城西路21号
邮编：401331
电话：（023）88617190　88617185（中小学）
传真：（023）88617186　88617166
网址：http://www.cqup.com.cn
邮箱：fxk@cqup.com.cn（营销中心）
全国新华书店经销
重庆正文印务有限公司印刷
*
开本：787mm×1092mm　1/16　印张：16　字数：400千
2019年9月第1版　2024年7月第2次印刷
印数：2 001—3 000
ISBN 978-7-5689-1643-1　定价：42.00元

土木工程专业本科系列教材

编审委员会

前言

本书是最新的工程造价案例研究著作,也是一本针对全国二级造价工程师职业资格考试中“建筑工程计量与计价实务”需要编写的实用型考试指南。

本书内容分为10章。第1章建筑面积计算规则及应用案例;第2章土建工程工程量计算规则及应用案例;第3章土建工程工程量清单编制案例;第4章施工图预算清单计价案例;第5章预算定额单价的调整及应用案例;第6章综合单价分析案例;第7章工料分析案例;第8章工程预付款与工程索赔案例;第9章示范工程计量与计价案例;第10章工程造价指数计算案例。

本书的特色是:以实际应用的要求组织内容,以简明扼要的方式梳理知识,以经典案例的形式解析问题,以图文并茂的手法传授技巧。书中内容涵盖了造价人员在工程计量与计价过程中应知应会的大部分知识与解题技巧,能使读者“开卷有益”。

本书由昆明理工大学津桥学院张宇帆、张建平编著。昆明理工大学津桥学院杨嘉玲、张小美、徐梅参与了部分内容的编写工作。

本书在编写时,既参考了近些年最新的标准、规范及定额,也参考了最新的同类著作。在此向国内同仁、出版社和使用本书的读者朋友们表示由衷的感谢。

编　者

2019年3月

目录

第 1 章
建筑面积计算规则及应用案例

本章要点

1.掌握建筑面积的含义
2.熟悉建筑面积规则中使用的术语
3.熟悉建筑面积计算规则
4.掌握建筑面积计算方法

1.1 相关知识

全国统一的建筑面积计算规则，自 2014 年起，应以《建筑工程建筑面积计算规范》(GB/T 50353—2013)为准。

1.1.1 建筑面积的含义

建筑面积是指建筑物所形成的楼地面(包括墙体)等面积。建筑面积包括外墙结构所围的建筑物每一自然层水平投影面积的总和，也包括附属于建筑物的室外阳台、雨篷、檐廊、走廊、楼梯所围水平投影面积。它是根据建筑平面图按统一规则计算出来的一项重要指标，用于确定单方造价、商品房售价，以及基本建设计划面积、房屋竣工面积、在建房屋面积。同时，建筑面积也可作为工程量，直接用于计算综合脚手架、建筑物超高施工增加、垂直运输的费用。

建筑面积计算是否正确不仅关系到工程量计算的准确性，而且对于控制基建投资规模、设计、施工管理方面都具有重要意义。所以在计算建筑面积时，要认真对照《建筑工程建筑面积计算规范》中的计算规则，弄清楚哪些部位该计算，哪些部位不该计算，如何计算。

《建筑工程建筑面积计算规范》适用范围是新建、扩建、改建的工业与民用建筑工程建设过程中的建筑面积计算，用于工业厂房、仓库、公共建筑、居住建筑、农业生产使用的房屋、粮种仓库、地铁车站等工程。

1.1.2 建筑面积计算涉及的术语

根据《建筑工程建筑面积计算规范》,在计算中涉及的术语作如下解释。

①建筑面积:指建筑物(包括墙体)所形成的楼地面面积。

②自然层:按楼地面结构分层的楼层。

③结构层高,即楼面或地面结构层上表面至上部结构层上表面之间的垂直距离。

④围护结构:围合建筑空间的墙体、门、窗。

⑤建筑空间:即有围护结构且具有使用功能的围合空间。具备可出入、可利用条件(设计中可能标明了用途,也可能没有标明用途,或用途不明确)的围合空间,均属于建筑空间。

⑥净高:指结构净高,即楼面或地面结构层上表面至上部结构层下表面之间的垂直距离。

⑦围护设施:为保证安全而设置的栏杆、栏板等围挡。

⑧地下室:室内地平面低于室外设计地平面的高度超过该房间净高的 1/2 者为地下室。

⑨半地下室:室内地平面低于室外设计地平面的高度超过该房间净高的 1/3,且不超过 1/2 者为半地下室。

⑩架空层:仅有结构支撑而无围护结构的具有使用功能的开敞空间层。

⑪走廊:建筑物的水平交通空间。走廊包括挑廊、连廊、檐廊、回廊等。

⑫架空走廊:建筑物与建筑物之间,在二层或二层以上专门为水平交通设置的走廊。

⑬结构层:整体结构体系中承重的楼板层。特指整体结构体系中承重的楼层,包括板、梁等构件。结构层承受整个楼层的全部荷载,并对楼层的隔音、防火起主要作用。

⑭落地橱窗:突出外墙面根基落地的橱窗。落地橱窗是在商业建筑临街面设置的下槛落地,可落在室外地坪也可落在室内首层地板,用来展览各种样品的玻璃窗。

⑮凸窗(飘窗):凸出建筑物外墙面的窗户。凸(飘)窗是指在一个自然层内,高出室内地坪以上的窗台与窗突出外墙面而形成的封闭空间。

⑯檐廊:建筑物挑檐下的水平空间。檐廊是附属于建筑物底层外墙有屋檐作用的顶盖,一般有柱或栏杆、栏板等围挡结构的水平交通空间。

⑰挑廊:挑出建筑物外墙的水平交通空间。

⑱门斗:在建筑物出入口设置的起分隔、挡风、御寒等作用的建筑过渡空间。

⑲雨篷:建筑物出入口上方为遮挡雨水而设的建筑部件。雨篷是指建筑物出入口上方、突出墙面、为遮挡雨水而单独设立的建筑部件。雨篷划分为有柱雨篷(包括独立柱雨篷、多柱雨篷、柱墙混合支撑雨篷、墙支撑雨篷)和无柱雨篷(悬挑雨篷)。如凸出建筑物,且不单独设立顶盖,利用上层结构板(如楼板、阳台底板)进行遮挡,则不视为雨篷,不计算建筑面积。对于无柱雨篷,如顶盖高度达到或超过两个楼层时,也不视为雨篷,不计算建筑面积。出入口部位三面围护、无门的应视为雨篷。

⑳楼梯:由连续行走的梯级、休息平台和维护安全的栏杆(或栏板)、扶手以及相应的支托结构组成的作为楼层之间垂直交通用的建筑部件。

㉑阳台:供使用者活动和晾晒衣物的建筑部件。阳台是指具有底板、栏杆、栏板或窗,且与户室连通,供居住者接受阳光、呼吸新鲜空气、进行户外活动、晾晒衣物的建筑部件,它是建筑物室内的延伸,属于建筑物的附属设施。阳台按结构或者立面划分为悬挑式(外凸)、嵌入式(内凹)和转角式三类;按是否有围护结构划分为封闭式、开敞式两类。

㉒变形缝:防止建筑物在某些因素作用下引起开裂甚至破坏而预留的构造缝。一般指伸缩缝(温度缝)、沉降缝和抗震缝。

㉓骑楼:建筑沿街面后退且留出公共人行空间的建筑物。骑楼是指沿街二层以上用承重柱支撑骑跨在公共人行空间之上,其底层沿街面后退的建筑物。

㉔过街楼:跨越道路上空并与两边建筑相连接的建筑物。过街楼是指当有道路在建筑群中穿过时为保证建筑物之间的功能联系,设置跨越道路上空使两边建筑相连接的建筑物。

㉕建筑物通道:为穿过建筑物而设置的空间。

㉖露台:设置在屋面、地面或雨篷上的供人室外活动的有围护设施的平台。露台应满足四个条件:一是位置,设置在屋面、地面或雨篷顶;二是可以出入;三是有围护设施,四是无盖,这四个条件须同时满足。如设置在地面上的有围护设施的平台,且其上层为同体量阳台,则该平台应视为阳台,按阳台的规则计算建筑面积。

㉗勒脚:建筑物的外墙与室外地面或散水接触部位墙体的加厚部分。

㉘台阶:联系室内外地坪或同楼层不同标高而设置的阶梯形踏步。台阶是指建筑物出入口不同标高地面或同楼层不同标高处设置的供人行走的阶梯式连接构件。室外台阶还包括与建筑物出入口连接处的平台。

1.1.3　建筑面积计算规则

①建筑物的建筑面积应按自然层外墙结构外围水平面积之和计算。层高在 2.20 m 及以上计算全面积;层高在 2.20 m 以下计算 1/2 面积。

②建筑物内设有局部楼层者的,局部楼层的二层及以上楼层,有围护结构的应按其围护结构外围水平面积计算,无围护结构的应按其结构底板水平面积计算。层高在 2.20 m 及以上计算全面积;层高在 2.20 m 以下计算 1/2 面积。局部楼层如图 1.1 所示。

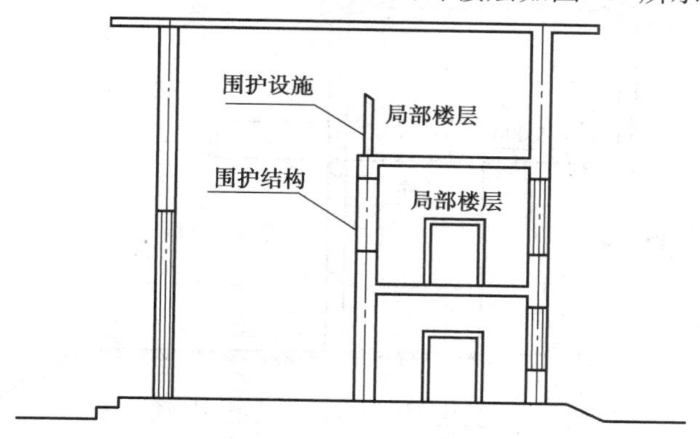

图 1.1　建筑物内局部楼层示意图

③形成建筑空间的坡屋顶,净高在 2.10 m 及以上的部位应计算全面积;净高在 1.20 m 及以上至 2.10 m 以下的部位应计算 1/2 面积;净高在 1.20 m 以下的部位不应计算建筑面积。

④场馆看台下的建筑空间,结构净高在 2.10 m 及以上的部位应计算全面积;结构净高在 1.20 m 及以上至 2.10 m 以下的部位应计算 1/2 面积;净高在 1.20 m 以下的部位不应计算建筑面积。室内单独设置的有围护设施的悬挑看台,应按看台结构底板水平投影面积计算建筑面积。有顶盖无围护结构的场馆看台应按其顶盖水平投影面积的 1/2 计算建筑

面积。

⑤地下室、半地下室应按其结构外围水平面积计算。层高在 2.20 m 及以上应计算全面积;层高在 2.20 m 以下应计算 1/2 面积。

⑥出入口外墙外侧坡道有顶盖的部位,应按外墙结构外围水平面积的 1/2 计算建筑面积。出入口如图 1.2 所示。

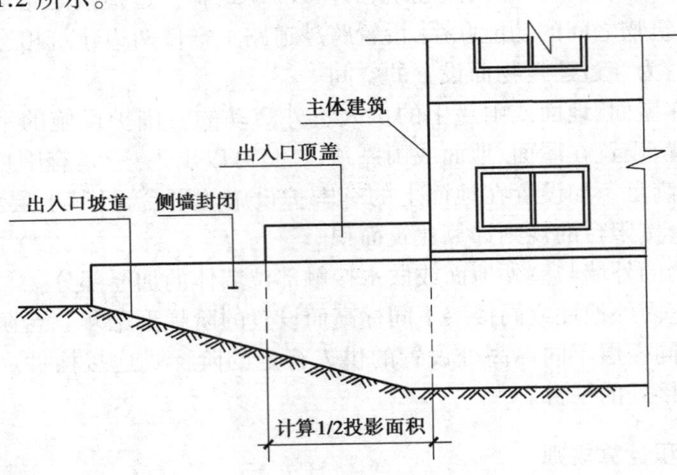

图 1.2　地下室出入口示意图

⑦建筑物架空层及坡地建筑物吊脚架空层,应按其顶板水平投影面积计算建筑面积。结构层高在 2.20 m 及以上应计算全面积;结构层高在 2.20 m 以下应计算 1/2 面积。吊脚架空层如图 1.3 所示。

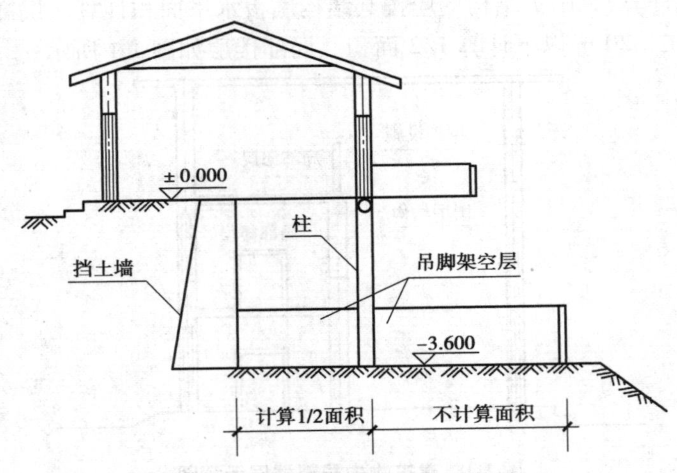

图 1.3　坡地吊脚架空层示意图

⑧建筑物的门厅、大厅按一层计算建筑面积。门厅、大厅内设有走廊时,应按其结构底板水平投影计算建筑面积。结构层高在 2.20 m 及以上者应计算全面积;结构层高在 2.20 m 以下应计算 1/2 面积。大厅内走廊如图 1.4 所示。

⑨建筑物间的架空走廊,有顶盖和围护结构的,应按其围护结构外围水平面积计算全面积;无围护结构、有围护设施的,应按其结构底板水平投影面积计算 1/2 面积。架空走廊如图 1.5、图 1.6 所示。

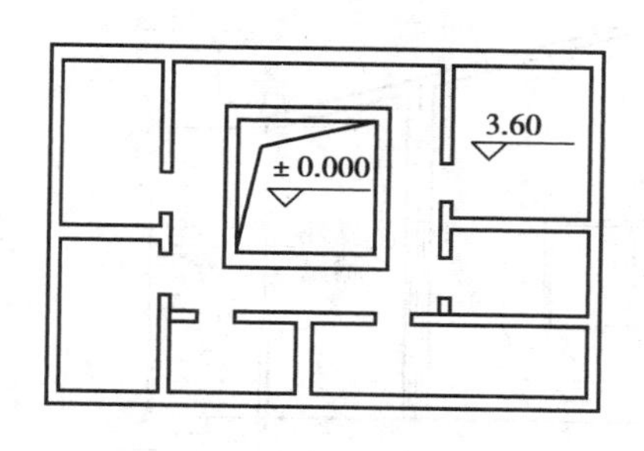

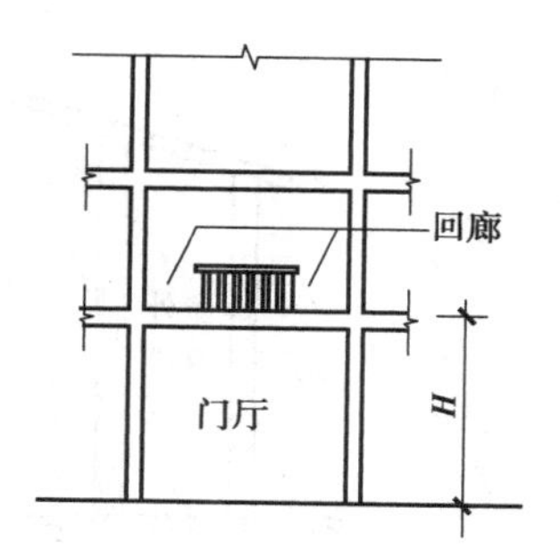

图 1.4　门厅内回廊示意图

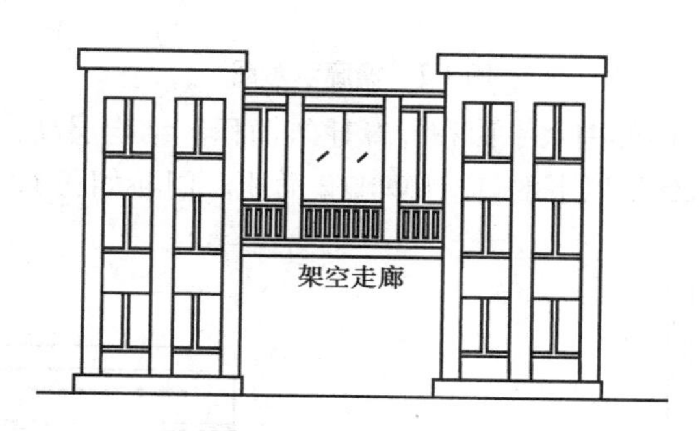

图 1.5　有围护结构的架空走廊示意图

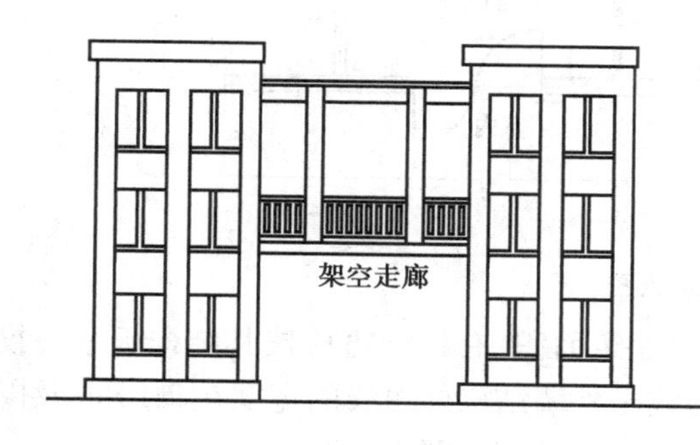

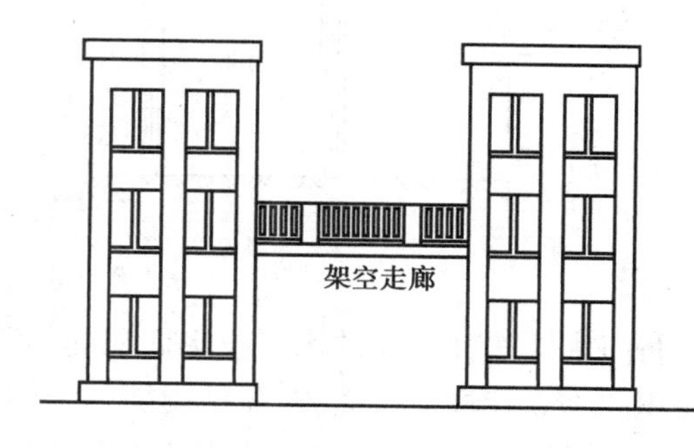

图 1.6　无围护结构有围护设施的架空走廊示意图

⑩立体书库、立体仓库、立体车库,有围护结构的,应按围护结构外围水平面积计算;无结构层、有围护设施的按其结构底板水平投影面积计算。无结构层的应按一层计算,有结构层的应按其结构层面积分别计算。层高在 2.20 m 及以上应计算全面积;层高在 2.20 m 以下应计算 1/2 面积。

⑪有围护结构的舞台灯光控制室,应按其围护结构外围水平面积计算。结构层高在 2.20 m及以上应计算全面积;结构层高在 2.20 m 以下应计算 1/2 面积。

⑫附属建筑物外墙的落地橱窗,应按其围护结构外围水平面积计算。结构层高在 2.20 m 及以上计算全面积;结构层高在 2.20 m 以下计算 1/2 面积。

⑬窗台与室内地面高差在 0.45 m 以下且结构净高在 2.21 m 以上的凸(飘)窗,应按其围护结构外围水平面积计算 1/2 面积。

⑭有围护设施的室外走廊(挑廊),应按其结构底板水平投影面积的 1/2 计算;有围护设施(或柱)的檐廊,应按其围护设施(或柱)的外围水平面积计算 1/2 面积,如图 1.7 所示。

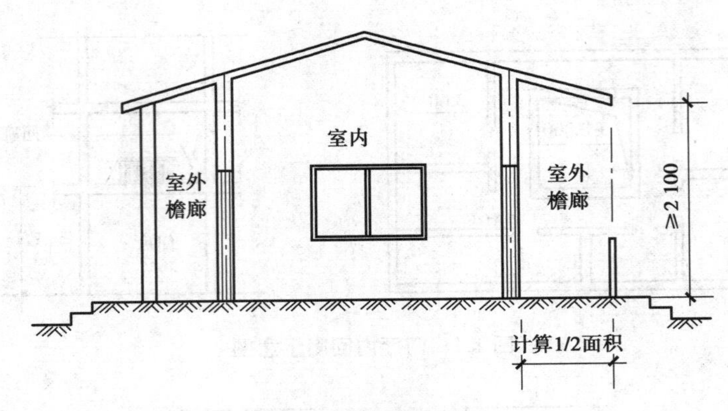

图 1.7 檐廊示意图

⑮门斗应按其围护结构外围水平面积计算建筑面积。结构层高在 2.20 m 及以上的,应计算全面积;结构层高在 2.20 m 以下的,应计算 1/2 面积。门斗如图 1.8 所示。

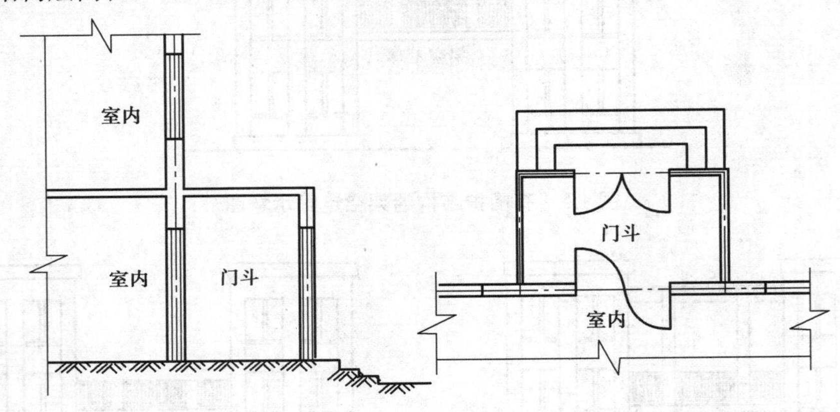

图 1.8 门斗示意图

⑯门廊应按其顶盖的水平投影面积的 1/2 计算建筑面积;有柱雨篷应按其结构板水平投影面积的 1/2 计算建筑面积;无柱雨篷的结构外边线至外墙结构外边线的宽度在 2.10 m 及以上,按雨篷结构板的水平投影面积的 1/2 计算建筑面积。雨篷如图 1.9 所示。

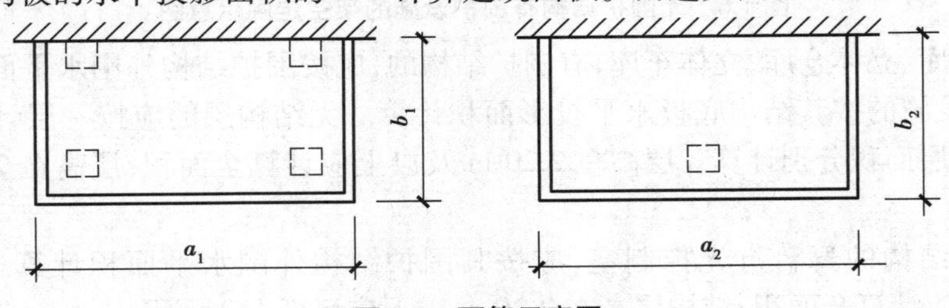

图 1.9 雨篷示意图

⑰建筑物顶部、有围护结构的楼梯间、水箱间、电梯机房等,层高在 2.20 m 及以上应计算全面积;层高在 2.20 m 以下应计算 1/2 面积。

⑱围护结构不垂直于水平面的楼层,净高在 2.10 m 及以上的部位应计算全面积;净高在 1.20 m 及以上至 2.10 m 的部位应计算 1/2 面积;净高在 1.20 m 以下的部位不应计算建筑面积。如图 1.10 所示。

⑲建筑物的楼梯、电梯井、提物井、管道井、通风排气竖井、烟道应并入建筑物的自然层计算。有顶盖的采光井应按一层计算建筑面积。净高在 2.10 m 以下应计算 1/2 面积。地下室采光井如图 1.11 所示。

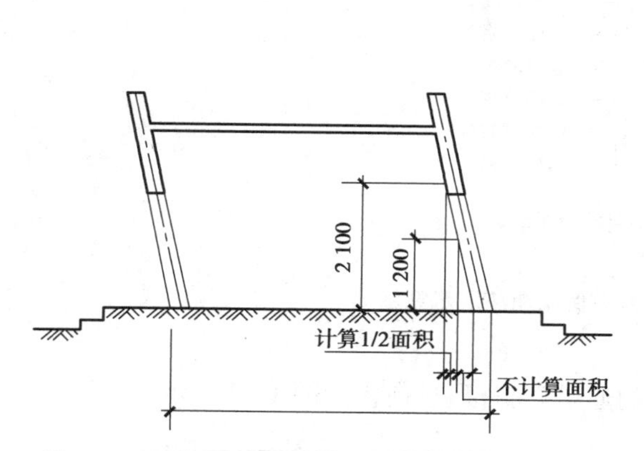

图 1.10　围护结构不垂直于水平面的楼层示意图

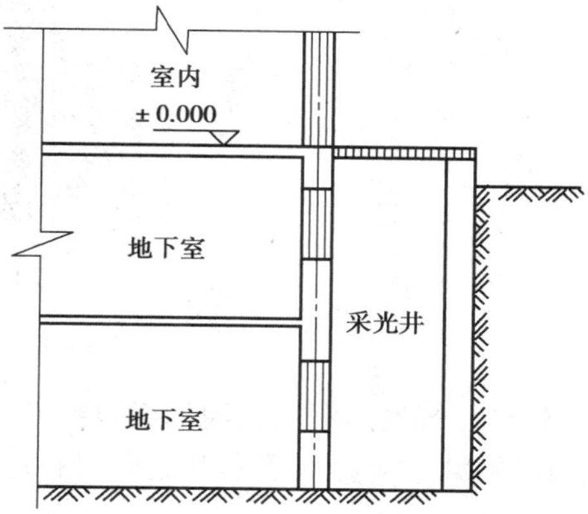

图 1.11　地下室采光井示意图

⑳室外楼梯应按所依附建筑物自然层数以室外楼梯的水平投影面积的 1/2 计算建筑面积。

㉑建筑物的阳台在主体结构内的，应按其围护结构外围水平面积计算全面积。在主体结构外的按其结构底板水平投影面积计算 1/2 面积。

㉒有顶盖无围护结构的车棚、货棚、站台、加油站、收费站等，应按其顶盖水平投影面积的 1/2 计算建筑面积。车棚、货棚、站台等的计算如图 1.12 所示。

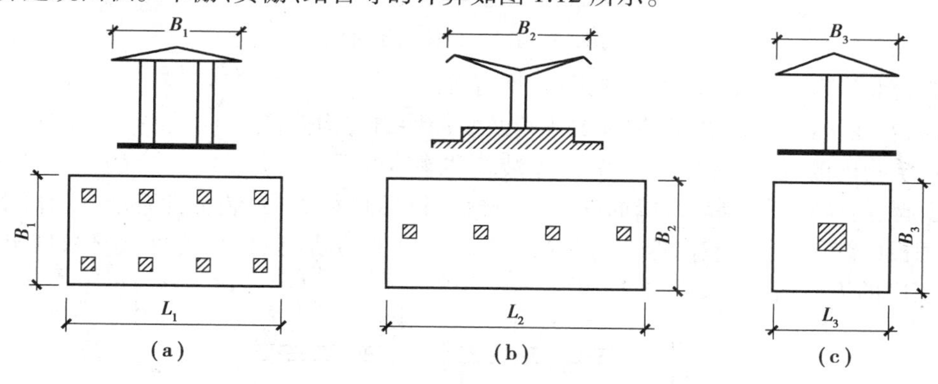

图 1.12　车棚、站台示意图

㉓以幕墙作为围护结构的建筑物，应按幕墙外边线计算建筑面积。

㉔建筑物外墙外侧有保温隔热层的，应按保温隔热层外边线计算建筑面积。如图 1.13 所示。

㉕与室内相通的变形缝，应按其自然层合并在建筑物面积内计算；高低联跨的建筑物，当高低跨内部连通时，其变形缝应计算在低跨面积内。

㉖建筑物内的设备、管道层，层高在 2.20 m 及以上应计算全面积；层高在 2.20 m 以下应计算 1/2 面积。

㉗下列项目不应计算建筑面积：

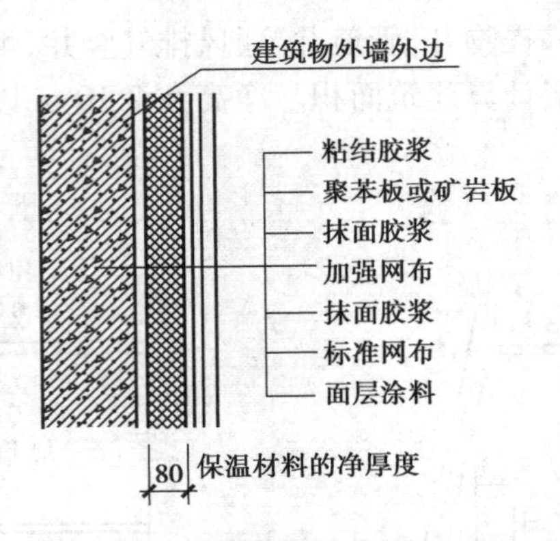

图 1.13　外墙外侧有保温隔热层示意图

A.与建筑物内不相连通的建筑部件。

B.骑楼、过街楼底层的开放空间和建筑物通道。骑楼、过街楼如图 1.14 所示。

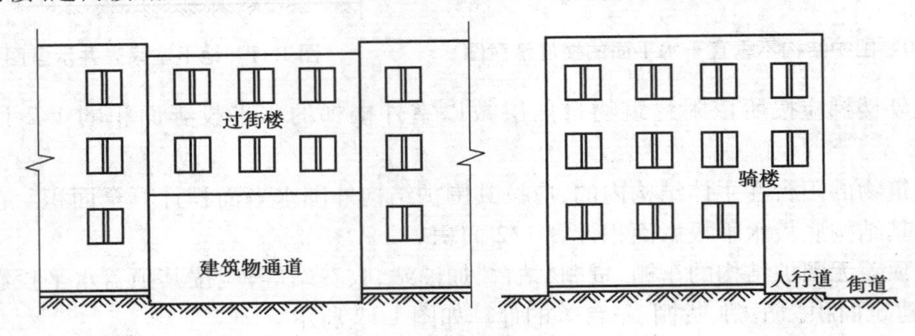

图 1.14　骑楼、过街楼示意图

C.舞台及后台悬挂幕布、布景的天桥、挑台等。

D.露台、露天游泳池、花架、屋顶的水箱及装饰性结构构件。

E.建筑物内的操作平台、上料平台、安装箱和罐体的平台。

F.勒脚、附墙柱、垛、台阶、墙面抹灰、装饰面、镶贴块料面层、装饰性幕墙、主体结构外的空调机搁板(箱)、窗台与室内地面高差在 0.3 m 及以上的凸(飘)窗、构件、配件、挑出宽度在 2.10 m 以内的无柱雨篷。如图 1.15 所示。

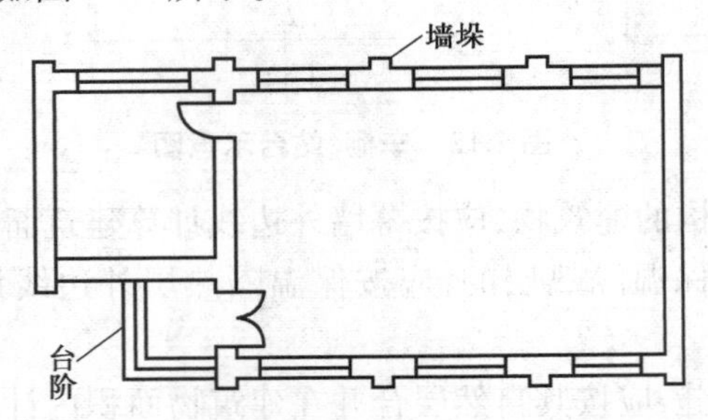

图 1.15　建筑物墙外不计算建筑面积范围示意

G.窗台与地面高差在 0.45 m 及以下且结构净高在 2.10 m 以下的凸(飘)窗，窗台与地面高差在 0.45 m 以上的凸(飘)窗。

H.室外爬梯、室外专用消防钢楼梯。

I.自动扶梯、观光电梯等设备。

J.建筑物以外的地下人防通道,独立的烟囱、烟道、地沟、油(水)罐、气柜、水塔、贮油(水)池、贮仓、栈桥等构筑物。

1.2　案例解析

【案例 1.1】某单层建筑的一层平面如图 1.16 所示(门外无雨篷),试计算建筑面积。

【解】建筑面积 $=(5.7+2.7+0.245\times2)\times(6.00+0.245\times2)-2.7\times2.7$

$=57.696-7.29$

$=50.41(\text{m}^2)$

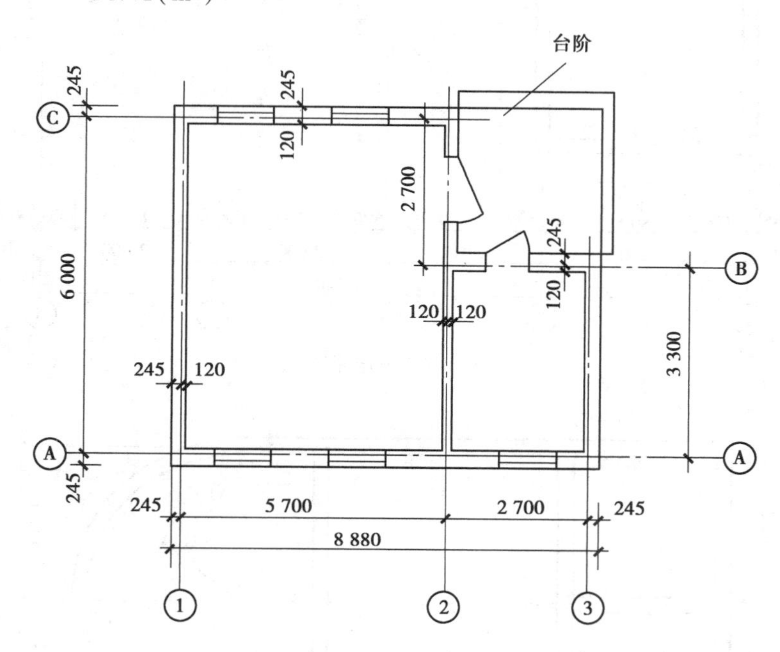

图 1.16　**某单层建筑的一层平面**

【案例 1.2】某二层框架民居土建工程预算总造价为 276 071.81 元,建筑面积为 263 m²,求单方造价(即每平方米造价)。

【解】单方造价 $=\dfrac{\text{工程总造价}}{\text{建筑面积}}=\dfrac{276\ 071.81}{263}=1\ 049.70\ (\text{元}/\text{m}^2)$

【案例 1.3】某商品房售价为 6 888 元/m²,问一套 140 m² 的住房其购房款是多少?

【解】购房款 $=6\ 888\times140=964\ 320(\text{元})=96.43(\text{万元})$

【案例 1.4】按图 1.17 所示,计算一层的建筑面积。

【解】建筑面积 $=12.54\times(8.7+0.24)-(2.7+3.0\times2)\times3.6=80.79(\text{m}^2)$

【案例 1.5】按图 1.18 所示,计算一层的建筑面积。

【解】建筑面积 $=(0.25+4.0+6.0+2.0)\times(4.0\times2+0.25\times2)+(4.0+0.25)^2\times3.141\ 6\times1/2$

$=132.50(\text{m}^2)$

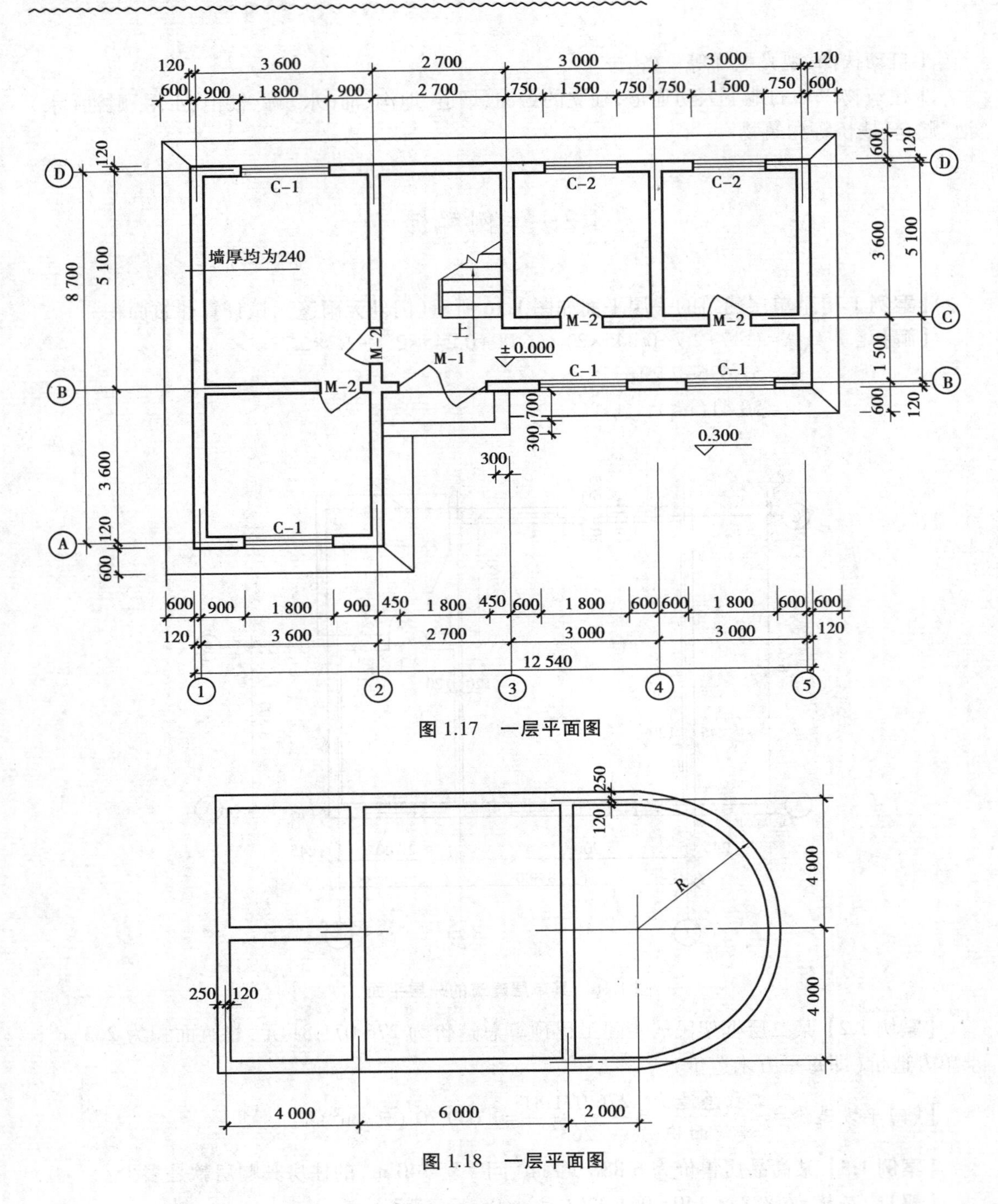

图 1.17　一层平面图

图 1.18　一层平面图

第 2 章
土建工程工程量计算规则及应用案例

本章要点

1.清单分项及清单工程量计算规则
2.主要工程分部定额工程量计算规则
3.工程量计算的方法与技巧

2.1 相关知识

2.1.1 清单分项及工程量计算规则

清单分项及工程量计算规则摘录见表 2.1—表 2.90。

表 2.1 土方工程

项目编码	项目名称	计量单位	工程量计算规则
010101001	平整场地	m^2	按设计图示尺寸以建筑物首层建筑面积计算
010101002	挖一般土方	m^3	按设计图示尺寸以体积计算
010101003	挖沟槽土方		按设计图示尺寸以基础垫层底面积乘以挖土深度计算
010101004	挖基坑土方		

表 2.2 石方工程

项目编码	项目名称	计量单位	工程量计算规则
010102001	挖一般石方	m^3	按设计图示尺寸以体积计算
010102002	挖沟槽石方		按设计图示尺寸沟槽底面积乘以挖石方深度以体积计算
010102003	挖基坑石方		按设计图示尺寸基坑底面积乘以挖石方深度以体积计算

表 2.3　土方回填

项目编码	项目名称	计量单位	工程量计算规则
010103001	回填方	m^3	按设计图示尺寸以体积计算
010103001	余土弃置		按挖方清单项目工程量减利用回填方体积(正数)计算

表 2.4　地基处理

项目编码	项目名称	计量单位	工程量计算规则
010201001	换填垫层	m^3	按设计图示尺寸以体积计算

表 2.5　打桩

项目编码	项目名称	计量单位	工程量计算规则
010301001	预制钢筋混凝土方桩	m /m^3 /根	1.以米计量,按设计图示尺寸以桩长(包括桩尖)计算 2.以立方米计量:按设计图示截面积乘以桩长(包括桩尖)以实体体积计算 3.以根计量,按设计图示数量计算
010301002	预制钢筋混凝土管桩		
010301003	钢管桩	t /根	1.以 t 计量,按设计图示尺寸以质量计算 2.以根计量,按设计图示数量计算
010301004	截(凿)桩头	m^3 /根	1.以立方米计量:按设计桩截面积乘以桩头长度以体积计算 2.以根计量,按设计图示数量计算

表 2.6　灌注桩

项目编码	项目名称	计量单位	工程量计算规则
010302001	泥浆护壁成孔灌注桩	m /m^3 /根	1.以米计量,按设计图示尺寸以桩长(包括桩尖)计算 2.以立方米计量:按设计图示截面积乘以桩长(包括桩尖)以实体体积计算 3.以根计量,按设计图示数量计算
010302002	沉管灌注桩		
010302003	干作业成孔灌注桩		
010302004	挖孔桩土(石)方	m^3	按设计图示尺寸(含护壁)截面积乘以挖孔深度以立方米计算
010302005	人工挖孔灌注桩	m^3 /根	1.以立方米计量:按桩芯混凝土体积计算 2.以根计量,按设计图示数量计算
010302006	钻孔压浆桩	m /根	1.以米计量,按设计图示尺寸以桩长计算 2.以根计量,按设计图示数量计算
010302007	灌注桩后压浆	孔	按设计图示以注浆孔数计算

表2.7　砖砌体

项目编码	项目名称	计量单位	工程量计算规则
010401001	砖基础	m^3	按设计图示尺寸以体积计算
010401003	实心砖墙	m^3	按设计图示尺寸以体积计算(详细描述同2013房屋建筑与装饰工程量计算规则)
010401004	多孔砖墙		
010401005	空心砖墙		
010401006	空斗墙		按设计图示尺寸以空斗墙外形体积计算
010401007	空花墙		按设计图示尺寸以空花部分外形体积计算,不扣除空洞部分体积
010401008	填充墙		按设计图示尺寸以填充墙外形体积计算
010401009	实心砖柱		按设计图示尺寸以体积计算。扣除混凝土及钢筋混凝土梁垫、梁头、板头所占体积
010401010	多孔砖柱		
010401012	零星砌砖	m^3/m^2/m/个	(详细描述同2013房屋建筑与装饰工程量计算规则)
010401014	砖地沟	m	以米计量,按设计图示以中心线长度计算

表2.8　砌块砌体

项目编码	项目名称	计量单位	工程量计算规则
010402001	砌块墙	m^3	按设计图示尺寸以体积计算(详细描述同2013房屋建筑与装饰工程量计算规则)
010402001	砌块柱		

表2.9　石砌体

项目编码	项目名称	计量单位	工程量计算规则
010403001	石基础	m^3	按设计图示尺寸以体积计算(详细描述同2013房屋建筑与装饰工程量计算规则)
010403002	石勒脚		
010403003	石墙		
010403004	石挡土墙		
010403005	石柱		
010403006	石栏杆	m	按设计图示尺寸以长度计算
010403007	石护坡	m^3	按设计图示尺寸以体积计算
010403008	石台阶		
010403009	石坡道	m^2	按设计图示尺寸以水平投影面积计算
010403010	石地沟、石明沟	m	按设计图示以中心线长度计算

表 2.10 现浇混凝土基础

项目编码	项目名称	计量单位	工程量计算规则
010501001	垫层	m^3	按设计图示尺寸以体积计算。不扣除伸入承台基础的桩头所占的体积
010501002	带形基础		
010501003	独立基础		
010501004	满堂基础		
010501005	桩承台基础		
010501006	设备基础		

表 2.11 现浇混凝土柱

项目编码	项目名称	计量单位	工程量计算规则
010502001	矩形柱	m^3	按设计图示尺寸以体积计算。不扣除构件内钢筋、预埋铁件所占体积柱高:1.框架柱的柱高,应自柱基上表面至柱顶高度计算;2.构造柱按全高计算,嵌接墙体部分并入柱身体积;3.依附柱上的牛腿和升板的柱帽,并入柱身体积计算
010502002	构造柱		
010502003	异形柱		

表 2.12 现浇混凝土梁

项目编码	项目名称	计量单位	工程量计算规则
010503001	基础梁	m^3	按设计图示尺寸以体积计算。不扣除构件内钢筋、预埋铁件所占体积,伸入墙内的梁头、梁垫并入梁体积内 梁长: 1.梁与柱连接时,梁长算至柱侧面 2.主梁与次梁连接时,次梁长算至主梁侧面
010503002	矩形梁		
010503003	异形梁		
010503004	圈梁		
010503005	过梁		
010503006	弧形、拱形梁		

表 2.13 现浇混凝土墙

项目编码	项目名称	计量单位	工程量计算规则
010504001	直形墙	m^3	按设计图示尺寸以体积计算。扣除门窗洞口及单个面积 0.3 m^2 以外的孔洞所占体积,墙垛及突出墙面部分并入墙体体积计算内
010504002	弧形墙		
010504003	短肢剪力墙		
010504004	挡土墙		

表 2.14　现浇混凝土板

项目编码	项目名称	计量单位	工程量计算规则
010505001	有梁板	m^3	按设计图示尺寸以体积计算。不扣除构件内钢筋、预埋铁件及单个面积≤0.3 m^2 的柱、垛以及孔洞所占体积。有梁板(包括主、次梁与板)按梁、板体积之和计算,无梁板按板和柱帽体积之和计算,各类板伸入墙内的板头并入板体积内计算,薄壳板的肋、基梁并入薄壳体积内计算
010505002	无梁板		
010505003	平板		
010505004	拱板		
010505005	薄壳板		
010505006	栏板		
010505007	天沟(檐沟)、挑檐板		按设计图示尺寸以体积计算
010505008	雨篷、悬挑板阳台板		按设计图示尺寸以墙外部分体积计算。包括伸出墙外的牛腿和雨篷反挑檐的体积
010505009	空心板		按设计图示尺寸以体积计算。空心板(GBF 高强薄壁蜂巢芯板等)应扣除空心部分体积
010505010	其他板		按设计图示尺寸以体积计算

表 2.15　现浇混凝楼梯

项目编码	项目名称	计量单位	工程量计算规则
010506001	直形楼梯	m^2 /m^3	1.按设计图示尺寸以水平投影面积计算。不扣除宽度≤500 mm 的楼梯井,伸入墙内部分不计算 2.按设计图示尺寸以体积计算
010506002	弧形楼梯		

表 2.16　现浇混凝土其他构件

项目编码	项目名称	计量单位	工程量计算规则
010507001	散水、坡道	m^2	按设计图示尺寸以水平投影面积计算。不扣除单个≤0.3 m^2 的孔洞所占面积
010507002	室外地坪		
010507003	电缆沟、地沟	m	按设计图示以中心线长度计算
010507004	台阶	m^2 /m^3	1.按设计图示尺寸以水平投影面积计算 2.按设计图示尺寸以体积计算
010507005	扶手、压顶	m /m^3	1.按设计图示以中心线长度计算 2.按设计图示尺寸以体积计算
010507006	化粪池、检查井	m^3 /座	1.按设计图示尺寸以体积计算 2.按设计图示数量计算
010507007	其他构件	m^3	按设计图示尺寸以体积计算

表 2.17　后浇带

项目编码	项目名称	计量单位	工程量计算规则
010508001	后浇带	m^3	按设计图示尺寸以体积计算

表 2.18　预制混凝土柱

项目编码	项目名称	计量单位	工程量计算规则
010509001	矩形柱	m^3 /根	1.按设计图示尺寸以体积计算 2.按设计图示尺寸以“数量”计算
010509002	异形柱		

表 2.19　预制混凝土梁

项目编码	项目名称	计量单位	工程量计算规则
010510001	矩形梁	m^3 /根	1.按设计图示尺寸以体积计算 2.按设计图示尺寸以数量计算
010510002	异形梁		
010510003	过梁		
010510004	拱形梁		
010510005	鱼腹式吊车梁		
010510006	风道梁		

表 2.20　预制混凝土屋架

项目编码	项目名称	计量单位	工程量计算规则
010511001	折线型屋架	m^3 /榀	1.按设计图示尺寸以体积计算 2.按设计图示尺寸以数量计算
010511002	组合屋架		
010511003	薄腹屋架		
010511004	门式刚架		
010511005	天窗架		

表 2.21　预制混凝土板

项目编码	项目名称	计量单位	工程量计算规则
010512001	平板	m^3 /块	1.按设计图示尺寸以体积计算。不扣除构件内钢筋、预埋铁件及单个尺寸 300 mm×300 mm 以内的孔洞所占体积,扣除空心板空洞体积 2.按设计图示尺寸以数量计算
010512002	空心板		
010512003	槽形板		
010512004	网架板		
010512005	折线板		
010512006	带肋板		
010512007	大型板		
010512008	沟盖板、井盖板、井圈	m^3 /块、套	1.按设计图示尺寸以体积计算 2.按设计图示尺寸以数量计算

表 2.22　预制混凝土楼梯

项目编码	项目名称	计量单位	工程量计算规则
010513001	楼梯	m^3	按设计图示尺寸以体积计算

表 2.23　其他预制构件

项目编码	项目名称	计量单位	工程量计算规则
010514001	垃圾道、通风道、烟道	m^3 /m^2 /根	1.按设计图示尺寸以体积计算。不扣除单个面积≤300 mm×300 mm 以内的孔洞所占体积，扣除烟道、垃圾道、通风道的孔洞所占体积 2.按设计图示尺寸以面积计算。不扣除单个面积≤300 mm×300 mm 以内的孔洞所占面积 3.按设计图示尺寸以数量计算
010514002	其他构件		

表 2.24　钢筋工程

项目编码	项目名称	计量单位	工程量计算规则
010515001	现浇构件钢筋	t	按设计图示钢筋（网）长度（面积）乘以单位理论质量计算
010515002	预制构件钢筋		
010515003	钢筋网片		
010515004	钢筋笼		
010515005	先张法预应力钢筋		按设计图示钢筋长度乘以单位理论质量计算
010515006	后张法预应力钢筋		按设计图示钢筋（丝束、绞线）长度乘以单位理论质量计算 1.低合金钢筋两端均采用螺杆锚具时，钢筋长度按孔道长度减 0.35 m 计算，螺杆另行计算 2.低合金钢筋一端采用镦头插片、另一端采用螺杆锚具时，钢筋长度按孔道长度计算，螺杆另行计算
010515007	预应力钢丝		
010515008	预应力钢绞线		
010515009	支撑钢筋		按设计图示钢筋长度乘以单位理论质量计算

表 2.25　螺栓、铁件

项目编码	项目名称	计量单位	工程量计算规则
010516001	螺栓	t	按设计图示尺寸以质量计算
010516002	预埋铁件		
010516003	机械连接	个	按设计图示尺寸以数量计算

表 2.26　钢网架

项目编码	项目名称	计量单位	工程量计算规则
010601001	钢网架	t	按设计图示尺寸以质量计算。不扣除孔眼的质量,焊条、铆钉、螺栓等不另增加质量

表 2.27　钢屋架、钢托架、钢桁架

项目编码	项目名称	计量单位	工程量计算规则
010602001	钢屋架	榀/t	1.按设计图示尺寸以数量计算 2.按设计图示尺寸以质量计算。不扣除孔眼的质量,焊条、铆钉、螺栓等不另增加质量
010602002	钢托架	t	按设计图示尺寸以质量计算。不扣除孔眼的质量,焊条、铆钉、螺栓等不另增加质量
010602003	钢桁架		
010602004	钢架桥		

表 2.28　钢柱

项目编码	项目名称	计量单位	工程量计算规则
010603001	实腹钢柱	t	按设计图示尺寸以质量计算。不扣除孔眼的质量,焊条、铆钉、螺栓等不另增加质量,依附在钢柱上的牛腿及悬臂梁等并入钢柱工程量内
010603002	空腹钢柱		
010603003	钢管柱		

表 2.29　钢梁

项目编码	项目名称	计量单位	工程量计算规则
010604001	钢梁	t	按设计图示尺寸以质量计算。不扣除孔眼的质量,焊条、铆钉、螺栓等不另增加质量,制动梁、制动板、制动桁架、车挡并入钢吊车梁工程量内
010604002	钢吊车梁		

表 2.30　钢板楼板、墙板

项目编码	项目名称	计量单位	工程量计算规则
010605001	钢板楼板	m^2	按设计图示尺寸以铺设水平投影面积计算。不扣除单个面积≤0.3 m^2 柱、垛及孔洞所占面积
010605002	钢板墙板		按设计图示尺寸以铺挂面积计算。不扣除单个面积≤0.3 m^2 梁、孔洞所占面积,包角、包边、窗台泛水等不另加面积

表 2.31　钢构件

项目编码	项目名称	计量单位	工程量计算规则
010606001	钢支撑、钢拉条	t	按设计图示尺寸以质量计算。不扣除孔眼的质量,焊条、铆钉、螺栓等不另增加质量
010606002	钢檩条		
010606003	钢天窗架		
010606004	钢挡风架		
010606005	钢墙架		
010606006	钢平台		
010606007	钢走道		
010606008	钢梯		
010606009	钢护栏		
010606010	钢漏斗		按设计图示尺寸以质量计算。不扣除扎眼的质量,焊条、铆钉、螺栓等不另增加质量,依附漏斗或天沟的型钢并入漏斗或天沟工程量内
010606011	钢板天沟		
010606012	钢支架		按设计图示尺寸以质量计算。不扣除孔眼的质量,焊条、铆钉、螺栓等不另增加质量
010606013	零星钢构件		

表 2.32　金属制品

项目编码	项目名称	计量单位	工程量计算规则
010607001	成品空调金属百叶护栏	m^2	按设计图示尺寸以框外围展开面积计算
010607002	成品栅栏		
010607003	成品雨篷	m /m^2	1.按设计图示接触边以米计算 2.按设计图示尺寸以展开面积计算
010607004	金属网栏	m^2	按设计图示尺寸以面积计算
010607005	砌块墙钢丝网加固		
010607006	后浇带金属网		

表 2.33　木屋架

项目编码	项目名称	计量单位	工程量计算规则
010701001	木屋架	榀 /m^3	1.按设计图示数量计算 2.按设计图示的规格尺寸以体积计算
010701001	钢木屋架		

表 2.34 木构件

项目编码	项目名称	计量单位	工程量计算规则
010702001	木柱	m^3	按设计图示尺寸以体积计算
010702002	木梁		
010702003	木檩	m^3/m	按设计图示尺寸以体积或长度计算
010702004	木楼梯	m^2	按设计图示尺寸以水平投影面积计算,不扣除宽度≤300 mm的楼梯井,伸入墙内部分不计算
010702005	其他木构件	m^3/m	按设计图示尺寸以体积或长度计算

表 2.35 屋面木基层

项目编码	项目名称	计量单位	工程量计算规则
010703001	屋面木基层	m^2	按设计图示尺寸以斜面积计算。不扣除房上烟囱、风帽底座、风道、小气窗、斜沟等所占面积,小气窗的出檐部分不增加面积

表 2.36 木门

项目编码	项目名称	计量单位	工程量计算规则
010801001	木质门	樘/m^2	1.按设计图示数量计算 2.按设计图示洞口尺寸以面积计算
010801001	木质门带套		
010801001	木质连窗门		
010801001	木质防火门		
010801001	木门框		
010801001	门锁安装		

表 2.37 金属门

项目编码	项目名称	计量单位	工程量计算规则
010802001	金属(塑钢)门	樘/m^2	1.按设计图示数量计算 2.按设计图示洞口尺寸以面积计算
010802002	彩板门		
010802003	钢质防火门		
010802004	防盗门		

表 2.38 金属卷帘门

项目编码	项目名称	计量单位	工程量计算规则
010803001	金属卷帘(闸)门	樘/m^2	1.按设计图示数量计算 2.按设计图示洞口尺寸以面积计算
010803002	防火卷帘(闸)门		

表 2.39　厂库房大门、特种门

项目编码	项目名称	计量单位	工程量计算规则
010804001	木板大门	樘 /m^2	1.按设计图示数量计算 2.按设计图示洞口尺寸或门框或扇以面积计算
010804002	钢木大门		
010804003	全钢板大门		
010804004	防护铁丝门		
010804005	金属格栅门		
010804006	钢质花饰大门		
010804007	特种门		

表 2.40　其他门

项目编码	项目名称	计量单位	工程量计算规则
010805001	电子感应门	樘 /m^2	1.按设计图示数量计算 2.按设计图示洞口尺寸以面积计算
010805002	旋转门		
010805003	电子对讲门		
010805004	电动伸缩门		
010805005	全玻自由门		
010805006	镜面不锈钢饰面门		
010805007	复合材料门		

表 2.41　木窗

项目编码	项目名称	计量单位	工程量计算规则
010806001	木质窗	樘 /m^2	1.按设计图示数量计算 2.按设计图示洞口尺寸或门框或扇以面积计算
010806002	木飘(凸)窗		
010806003	木橱窗		
010806004	木纱窗		

表 2.42　金属窗

项目编码	项目名称	计量单位	工程量计算规则
010807001	金属(塑钢、断桥)窗	樘 /m^2	1.按设计图示数量计算 2.按设计图示洞口尺寸或门框或扇以面积计算
010807002	金属防火窗		
010807003	金属百叶窗		
010807004	金属纱窗		
010807005	金属格栅窗		
010807006	金属(塑钢、断桥)窗		
010807007	金属(塑钢、断桥)飘(凸)窗		
010807008	彩板窗		
010807009	复合材料窗		

表 2.43　门窗套

项目编码	项目名称	计量单位	工程量计算规则
010808001	木门窗套	樘 /m^2 /m	1.按设计图示数量计算 2.按设计图示洞口尺寸以展开面积计算 3.按设计图示中心以延长米计算
010808002	木筒子板		
010808003	饰面夹板筒子板		
010808004	金属门窗套		
010808005	石材门窗套		
010808006	门窗木贴脸	樘 /m	1.按设计图示数量计算 2.按设计图示尺寸以延长米计算
010808007	成品木门窗套	樘 /m^2 /m	1.按设计图示数量计算 2.按设计图示洞口尺寸以展开面积计算 3.按设计图示中心以延长米计算

表 2.44　窗台板

项目编码	项目名称	计量单位	工程量计算规则
010809001	木窗台板	m^2	按设计图示尺寸以展开面积计算
010809002	塑料窗台板		
010809003	金属窗台板		
010809004	石材窗台板		

表 2.45　窗帘、窗帘盒、轨

项目编码	项目名称	计量单位	工程量计算规则
010810001	窗帘	m /m^2	按设计图示尺寸以成活后长度计算
010810002	木窗帘盒	m	按设计图示尺寸以长度计算
010810003	饰面夹板、塑料窗帘盒		
010810004	铝合金窗帘盒		
010810005	窗帘轨		

表 2.46　瓦、型材及其他屋面

项目编码	项目名称	计量单位	工程量计算规则
010901001	瓦屋面	m^2	按设计图示尺寸以斜面积计算。不扣除房上烟囱、风帽底座、风道、小气窗、斜沟等所占面积，小气窗的出檐部分不增加面积
010901002	型材屋面		
010901003	阳光板屋面		
010901004	玻璃钢屋面		
010901005	膜结构屋面		按设计图示尺寸以需要覆盖的水平面积计算

表 2.47　屋面防水及其他

项目编码	项目名称	计量单位	工程量计算规则
010902001	屋面卷材防水	m^2	按设计图示尺寸以面积计算 1.斜屋顶(不包括平屋顶找坡)按斜面积计算,平屋顶按水平投影面积计算 2.不扣除房上烟囱、风帽底座、风道、屋面小气窗和斜沟所占面积 3.屋面的女儿墙、伸缩缝和天窗等处的弯起部分,并入屋面工程量内
010902002	屋面涂膜防水		
010902003	屋面刚性层		按设计图示尺寸以面积计算。不扣除房上烟囱、风帽底座、风道等所占面积
010902004	屋面排水管	m	按设计图示尺寸以长度计算。如设计未标注尺寸,以檐口至设计室外散水上表面垂直距离计算
010902005	屋面排(透)气管		按设计图示尺寸以长度计算
010902006	屋面(廊、阳台)泄(吐)水管	根/个	按设计图示数量计算
010902007	屋面天沟、檐沟	m^2	按设计图示尺寸以面积计算。铁皮和卷材天沟按展开面积计算
010902008	屋面变形缝	m	按设计图示尺寸以长度计算

表 2.48　墙面防水、防潮

项目编码	项目名称	计量单位	工程量计算规则
010903001	墙面卷材防水	m^2	按设计图示尺寸以面积计算
010903002	墙面涂膜防水		
010903003	墙面砂浆防水(防潮)		
010903004	墙面变形缝	m	按设计图示以长度计算

表 2.49　楼(地)面防水、防潮

项目编码	项目名称	计量单位	工程量计算规则
010904001	楼(地)面卷材防水	m^2	按设计图示尺寸以面积计算 1.楼(地)面防水:按主墙间净空面积计算,扣除凸出地面的构筑物、设备基础等所占面积,不扣除间壁墙及单个面积 ≤0.3 m^2 柱、垛、烟囱和孔洞所占面积 2.楼(地)面防水反边高度≤300 mm 算作地面防水,反边高度>300 mm 按墙面防水计算
010904002	墙面涂膜防水		
010904003	墙面砂浆防水(防潮)		
010904004	墙面变形缝	m	按设计图示以长度计算

表 2.50 保温、隔热

项目编码	项目名称	计量单位	工程量计算规则
011001001	保温隔热屋面	m^2	按设计图示尺寸以面积计算。扣除面积>0.3 m^2 孔洞所占面积
011001002	保温隔热天棚		按设计图示尺寸以面积计算。扣除面积>0.3 m^2 柱、垛、孔洞所占面积,与天棚相连的梁按展开面积计算并入天棚工程量内
011001003	保温隔热墙面		按设计图示尺寸以面积计算。扣除门窗洞口以及面积>0.3 m^2 梁、孔洞所占面积;门窗洞口侧壁以及与墙相连的柱,并入保温墙体工程量内
011001004	保温柱、梁		按设计图示以保温层中心线展开长度乘以保温层高度计算
011001005	保温隔热楼地面		按设计图示尺寸以面积计算。扣除面积>0.3 m^2 柱、垛、孔洞等所占面积,门洞、空圈、暖气包槽、壁龛的开口部分不增加面积
011001006	其他保温隔热		按设计图示尺寸以展开面积计算。扣除面积>0.3 m^2 孔洞所占面积

表 2.51 防腐面层

项目编码	项目名称	计量单位	工程量计算规则
011002001	防腐混凝土面层	m^2	按设计图示尺寸以面积计算 1.平面防腐:扣除凸出地面的构筑物、设备基础等以及面积>0.3 m^2 柱、垛、孔洞等所占面积,门洞、空圈、暖气包槽、壁龛的开口部分不增加面积 2.立面防腐:扣除门、窗、洞口以及面积>0.3 m^2 孔洞、梁所占面积;门、窗、洞口侧壁、垛突出部分按展开面积并入墙面积内
011002002	防腐砂浆面层		
011002003	防腐胶泥面层		
011002004	玻璃钢防腐面层		
011002005	聚氯乙烯板面层		
011002006	块料防腐面层		
011002007	池槽块料防腐面层		按设计图示尺寸以展开面积计算

表 2.52 其他防腐

项目编码	项目名称	计量单位	工程量计算规则
011003001	隔离层	m^2	按设计图示尺寸以面积计算 1.平面防腐:扣除凸出地面的构筑物、设备基础等以及面积>0.3 m^2 柱、垛、孔洞等所占面积,门洞、空圈、暖气包槽、壁龛的开口部分不增加面积 2.立面防腐:扣除门、窗、洞口以及面积>0.3 m^2 孔洞、梁所占面积;门、窗、洞口侧壁、垛突出部分按展开面积并入墙面积内

续表

项目编码	项目名称	计量单位	工程量计算规则
011003002	砌筑沥青浸渍砖	m^3	按设计图示尺寸以体积计算
011003003	防腐涂料	m^2	按设计图示尺寸以面积计算 1.平面防腐:扣除凸出地面的构筑物、设备基础等以及面积>0.3 m^2 柱、垛、孔洞等所占面积,门洞、空圈、暖气包槽、壁龛的开口部分不增加面积 2.立面防腐:扣除门、窗、洞口以及面积>0.3 m^2 孔洞、梁所占面积;门、窗、洞口侧壁、垛突出部分按展开面积并入墙面积内

表 2.53　整体面层及找平层

项目编码	项目名称	计量单位	工程量计算规则
011101001	水泥砂浆楼地面	m^2	按设计图示尺寸以面积计算。扣除凸出地面构筑物、设备基础、室内铁道、地沟等所占面积,不扣除间壁墙及≤0.3 m^2 柱、垛、附墙烟囱及孔洞所占面积。门洞、空圈、暖气包槽、壁龛的开口部分不增加面积
011101002	现浇水磨石楼地面		
011101003	细石混凝土地面		
011101004	菱苦土楼地面		
011101005	自流坪楼地面		
011101006	平面砂浆找平层		按设计图示尺寸以面积计算

表 2.54　块料面层

项目编码	项目名称	计量单位	工程量计算规则
011102001	石材楼地面	m^2	按设计图示尺寸以面积计算。门洞、空圈、暖气包槽、壁龛的开口部分并入相应的工程量内
011102002	碎石材楼地面		
011102003	块料楼地面		

表 2.55　橡塑面层

项目编码	项目名称	计量单位	工程量计算规则
011103001	橡胶板楼地面	m^2	按设计图示尺寸以面积计算。门洞、空圈、暖气包槽、壁龛的开口部分并入相应的工程量内
011103002	橡胶卷材楼地面		
011103003	塑料板楼地面		
011103004	塑料卷材楼地面		

表 2.56　其他材料面层

项目编码	项目名称	计量单位	工程量计算规则
011104001	楼地面地毯	m^2	按设计图示尺寸以面积计算。门洞、空圈、暖气包槽、壁龛的开口部分并入相应的工程量内
011104002	竹木(复合)地板		
011104003	金属复合地板		
011104004	防静电活动地板		

表 2.57　踢脚线

项目编码	项目名称	计量单位	工程量计算规则
011105001	水泥砂浆踢脚线	m^2 /m	1.按设计图示长度乘以高度以面积计算 2.按延长米计算
011105002	石材踢脚线		
011105003	块料踢脚线		
011105004	塑料板踢脚线		
011105005	木质踢脚线		
011105006	金属踢脚线		
011105007	防静电踢脚线		

表 2.58　楼梯面层

项目编码	项目名称	计量单位	工程量计算规则
011106001	石材楼梯面层	m^2	按设计图示尺寸以楼梯(包括踏步、休息平台及≤500 mm 的楼梯井)水平投影面积计算。楼梯与楼地面相连时,算至梯口梁内侧边沿;无梯口梁者,算至最上一层踏步边沿加 300 mm
011106002	块料楼梯面层		
011106003	拼碎块料面层		
011106004	水泥砂浆楼梯面层		
011106005	现浇水磨石楼梯面层		
011106006	地毯楼梯面层		
011106007	木板楼梯面层		
011106008	橡胶板楼梯面层		
011106009	塑料板楼梯面层		

表 2.59　台阶装饰

项目编码	项目名称	计量单位	工程量计算规则
011107001	石材台阶面	m^2	按设计图示尺寸以台阶(包括最上层踏步边沿加 300 mm)水平投影面积计算
011107001	块料台阶面		
011107001	拼碎块料台阶面		
011107001	水泥砂浆台阶面		
011107001	现浇水磨石台阶面		
011107001	剁假石台阶面		

表2.60　零星装饰项目

项目编码	项目名称	计量单位	工程量计算规则
011108001	石材零星项目	m^2	按设计图示尺寸以面积计算
011108001	碎拼石材零星项目		
011108001	块料零星项目		
011108001	水泥砂浆星项目		

表2.61　墙面抹灰

项目编码	项目名称	计量单位	工程量计算规则
011201001	墙面一般抹灰	m^2	按设计图示尺寸以面积计算。扣除墙裙、门窗洞口及单个>0.3 m^2 的孔洞面积，不扣除踢脚线、挂镜线和墙与构件交接处的面积，门窗洞口和孔洞的侧壁及顶面不增加面积。附墙柱、梁、垛、烟囱侧壁并入相应的墙面面积内 1.外墙抹灰面积按外墙垂直投影面积计算 2.外墙裙抹灰面积按其长度乘以高度计算 3.内墙抹灰面积按主墙间的净长乘以高度计算 (1)无墙裙的，高度按室内楼地面至天棚底面计算 (2)有墙裙的，高度按墙裙顶至天棚底面计算 (3)有吊顶天棚的内墙面抹灰，高度算至天棚底 4.内墙裙抹灰面按内墙净长乘以高度计算
011201002	墙面装饰抹灰		
011201003	墙面勾缝		
011201004	立面砂浆找平层		

表2.62　柱面抹灰

项目编码	项目名称	计量单位	工程量计算规则
011202001	柱、梁面一般抹灰	m^2	1.柱面抹灰：按设计图示柱断面周长乘以高度以面积计算 2.梁面抹灰：按设计图示梁断面周长乘以高度以面积计算
011202002	柱、梁面装饰抹灰		
011202003	柱、梁面砂浆找平		
011202004	柱面勾缝		

表2.63　零星抹灰

项目编码	项目名称	计量单位	工程量计算规则
011203001	零星项目一般抹灰	m^2	按设计图示尺寸以面积计算
011203002	零星项目装饰抹灰		
011203003	零星项目砂浆找平		

表 2.64　墙面块料面层

项目编码	项目名称	计量单位	工程量计算规则
011204001	石材墙面	m^2	按设计图示尺寸以面积计算
011204002	碎拼石材墙面		
011204003	块料墙面		
011204004	干挂石材钢骨架	t	按设计图示尺寸以质量计算

表 2.65　柱(梁)面镶贴块料

项目编码	项目名称	计量单位	工程量计算规则
011205001	石材柱面	m^2	按镶贴表面积计算
011205002	块料柱面		
011205003	拼碎石材柱面		
011205004	石材梁面		
011205005	块料梁面		

表 2.66　镶贴零星块料

项目编码	项目名称	计量单位	工程量计算规则
011206001	石材零星项目	m^2	按设计图示尺寸以面积计算
011206002	块料零星项目		
011206003	拼碎石材零星项目		

表 2.67　墙饰面

项目编码	项目名称	计量单位	工程量计算规则
011207001	墙面装饰板	m^2	按设计图示墙净长乘以净高以面积计算。扣除门窗洞口及单个>0.3 m^2 的孔洞所占面积
011207001	墙面装饰浮雕		

表 2.68　柱(梁)饰面

项目编码	项目名称	计量单位	工程量计算规则
011208001	柱(梁)面装饰	m^2	按设计图示饰面外围尺寸以面积计算。柱帽、柱墩并入相应柱饰面工程量内
011208001	成品装饰柱	根/m	按设计数量或按设计长度计算

表 2.69　**幕墙**

项目编码	项目名称	计量单位	工程量计算规则
011209001	带骨架幕墙	m^2	按设计图示框外围尺寸以面积计算。与幕墙同种材质的窗所占面积不扣除
011209002	全玻(无框玻璃)幕墙		按设计图示尺寸以面积计算，带肋全玻幕墙按展开面积计算

表 2.70　**隔断**

项目编码	项目名称	计量单位	工程量计算规则
011210001	木隔断	m^2	按设计图示框外围尺寸以面积计算。不扣除单个≤0.3 m^2 的孔洞所占面积；浴厕门的材质与隔断相同时，门的面积并入隔断面积内
011210002	金属隔断		
011210003	玻璃隔断		按设计图示框外围尺寸以面积计算。不扣除单个≤0.3 m^2 的孔洞所占面积
011210004	塑料隔断		
011210005	成品隔断	m^2 /间	按设计图示框外围尺寸以面积计算或按设计间的数量计算
011210006	其他隔断	m^2	按设计图示框外围尺寸以面积计算。不扣除单个≤0.3 m^2 的孔洞所占面积

表 2.71　**天棚抹灰**

项目编码	项目名称	计量单位	工程量计算规则
011301001	天棚抹灰	m^2	按设计图示尺寸以水平投影面积计算。不扣除间壁墙、垛、柱、附墙烟囱、检查口和管道所占的面积，带梁天棚、梁两侧抹灰面积并入天棚面积内，板式楼梯底面抹灰按斜面积计算，锯齿形楼梯底板抹灰按展开面积计算

表 2.72　**天棚吊顶**

项目编码	项目名称	计量单位	工程量计算规则
011302001	吊顶天棚	m^2	按设计图示尺寸以水平投影面积计算。天棚面中的灯槽及跌级、锯齿形、吊挂式、藻井式天棚面积不展开计算。不扣除间壁墙、检查口、附墙烟囱、柱垛和管道所占面积，扣除单个>0.3 m^2 的孔洞、独立柱及与天棚相连的窗帘盒所占的面积
011302002	格栅吊顶		按设计图示尺寸以水平投影面积计算
011302003	吊筒吊顶		
011302004	藤条造型悬挂吊顶		
011302005	织物软雕吊顶		
011302006	装饰网架吊顶		

表 2.73　采光天棚

项目编码	项目名称	计量单位	工程量计算规则
011303001	采光天棚	m^2	按框外围展开面积计算

表 2.74　天棚其他装饰

项目编码	项目名称	计量单位	工程量计算规则
011304001	灯带(槽)	m^2	按设计图示尺寸以框外围面积计算
011304001	送风口、回风口	个	按设计图示数量计算

表 2.75　门油漆

项目编码	项目名称	计量单位	工程量计算规则
011401001	木门油漆	樘/m^2	按设计图示数量计算或按设计图示洞口尺寸以面积计算
011401002	金属门油漆	樘/m^2	

表 2.76　窗油漆

项目编码	项目名称	计量单位	工程量计算规则
011402001	木窗油漆	樘/m^2	按设计图示数量计算或按设计图示洞口尺寸以面积计算
011402002	金属窗油漆	樘/m^2	

表 2.77　木扶手及其他板条、线条油漆

项目编码	项目名称	计量单位	工程量计算规则
011403001	木扶手油漆	m	按设计图示尺寸以长度计算
011403002	窗帘盒油漆		
011403003	封檐板、顺水板油漆		
011403004	挂衣板、黑板框油漆		
011403005	挂镜线、窗帘棍、单独木线油漆		

表 2.78 木材面油漆

项目编码	项目名称	计量单位	工程量计算规则
011404001	木护墙、木墙裙油漆	m^2	按设计图示尺寸以面积计算
011404002	窗台板、筒子板、盖板、门窗套、踢脚线油漆		
011404003	清水板条天棚、檐口油漆		
011404004	木方格吊顶天棚油漆		
011404005	吸音板墙面、天棚面油漆		
011404006	暖气罩油漆		
011404007	其他木材面油漆		
011404008	木间壁、木隔断油漆		按设计图示尺寸以单面外围面积计算
011404009	玻璃间壁露明墙筋油漆		
011404010	木栅栏、木栏杆(带扶手)油漆		
011404011	衣柜、壁柜油漆		按设计图示尺寸以油漆部分展开面积计算
011404012	梁柱饰面油漆		
011404013	零星木装修油漆		
011404014	木地板油漆		按设计图示尺寸以面积计算。空洞、空圈、暖气包槽、壁龛的开口部分并入相应的工程量内
011404015	木地板烫硬蜡面		

表 2.79 金属面油漆

项目编码	项目名称	计量单位	工程量计算规则
011405001	金属面油漆	t/m^2	按设计图示尺寸以质量计算或按展开面积计算

表 2.80 抹灰面油漆

项目编码	项目名称	计量单位	工程量计算规则
011406001	抹灰面油漆	m^2	按设计图示尺寸以面积计算
011406002	抹灰线条油漆	m	按设计图示尺寸以长度计算
011406003	满刮腻子	m^2	按设计图示尺寸以面积计算

表 2.81 喷刷涂料

项目编码	项目名称	计量单位	工程量计算规则
011407001	墙面刷喷涂料	m^2	按设计图示尺寸以面积计算
011407002	顶棚刷喷涂料		
011407003	空花格、栏杆刷涂料		按设计图示尺寸以单面外围面积计算
011407004	线条刷涂料	m	按设计图示尺寸以长度计算
011407005	金属构件刷防火涂料	t/m^2	按设计图示尺寸以质量计算或按展开面积计算
011407006	木材构件刷防火涂料	m	按设计图示尺寸以面积计算

表 2.82 裱糊

项目编码	项目名称	计量单位	工程量计算规则
011408001	墙纸裱糊	m^2	按设计图示尺寸以面积计算
011408002	织锦缎裱糊		

表 2.83 柜类、货架

项目编码	项目名称	计量单位	工程量计算规则
011501001~011501020	柜台/酒柜/衣柜/存包柜/鞋柜/书柜/厨房壁柜/木壁柜/厨房低柜/厨房吊柜/矮柜/吧台背柜/酒吧吊柜/酒吧台/展台/收银台/试衣间/货架/书架/服务台	个/m/m^2	1.按设计图示数量计算 2.按设计图示尺寸以延长米计算 3.按设计图示尺寸以面积计算

表 2.84 压条、装饰线

项目编码	项目名称	计量单位	工程量计算规则
011502001	金属装饰线	m	按设计图示尺寸以长度计算
011502002	木质装饰线		
011502003	石材装饰线		
011502004	石膏装饰线		
011502005	镜面玻璃线		
011502006	铝塑装饰线		
011502007	塑料装饰线		
011502007	GRC 装饰线条		

表 2.85　扶手、栏杆、栏板装饰

项目编码	项目名称	计量单位	工程量计算规则
011503001 ~ 011503008	金属扶手、栏杆、栏板/硬木扶手、栏杆、栏板/塑料扶手、栏杆、栏板/GRC 栏杆、扶手/金属靠墙扶手/硬木靠墙扶手/塑料靠墙扶手/玻璃栏板	m	按设计图纸尺寸以扶手中心线长度(包括弯头长度)计算

表 2.86　暖气罩

项目编码	项目名称	计量单位	工程量计算规则
011504001	饰面板暖气罩	m^2	按设计图示尺寸以垂直投影面积(不展开)计算
011504002	塑料板暖气罩		
011504003	金属暖气罩		

表 2.87　浴厕配件

项目编码	项目名称	计量单位	工程量计算规则
011505001	洗漱台	m^2	按设计图示尺寸以台面外接矩形面积计算。不扣除孔洞、挖弯、削角所占面积,挡板、吊沿板面积并入台面面积内按设计图示数量计算
011505002	晒衣架	个	按设计图示数量计算
011505003	帘子杆		
011505004	浴缸拉手		
011505005	卫生间拉手		
011505006	毛巾杆(架)	套	
011505007	毛巾环	副	
011505008	卫生纸盒	个	
011505009	肥皂盒		
011505010	镜面玻璃	m^2	按设计图示尺寸以边框外围面积计算
011505011	镜箱	个	按设计图示数量计算

表 2.88　雨篷、旗杆

项目编码	项目名称	计量单位	工程量计算规则
011506001	雨篷吊挂饰面	m^2	按设计图示尺寸以水平投影面积计算
011506002	金属旗杆	根	按设计图示数量计算
011506003	玻璃雨篷	m^2	按设计图示尺寸以水平投影面积计算

表 2.89　招牌、灯箱

项目编码	项目名称	计量单位	工程量计算规则
011507001	平面、箱式招牌	m^2	按设计图示尺寸以正立面边框外围面积计算。复杂形的凸凹造型部分不增加面积
011507002	竖式标箱	个	按设计图示数量计算
011507003	灯箱		
011507004	信报箱		

表 2.90　美术字

项目编码	项目名称	计量单位	工程量计算规则
011508001	泡沫塑料字	个	按设计图示数量计算
011508002	有机玻璃字		
011508003	木质字		
011508004	金属字		

2.1.2　土方工程量定额计算规则及计算方法

(1)平整场地

平整场地是指厚度在±30 cm 以内的就地挖、填、运、找平。定额量按建筑物外墙外边线每边各加 2 m 所围面积计算。

(2)挖沟槽土方

开挖体为沟槽时,其工程量计算可以表达为:

挖基础土方体积 = 垫层底面积 × 挖土深度

= 沟槽计算长度 × 沟槽计算宽度 × 挖土深度

= 沟槽计算长度 × 沟槽断面积

或:

$$V_{挖} = L_{中}(L_{槽}) \times F_{槽} \tag{2.1}$$

①沟槽计算长度:挖外墙沟槽及管道沟槽按图示中心线长度计算;内墙沟槽按图示沟槽之间的净长度计算。内外突出部分(如墙垛、附墙烟囱等)体积并入沟槽工程量内。

②沟槽计算宽度:由于清单规则与定额规则在是否计取工作面上有差异,使得沟槽计算宽度有差异,所以内墙沟槽的净长度计算也有差异,取值比较见表 2.91 所示。

表 2.91　内墙沟槽的取值比较

比较项目	清单规则	定额规则
是否计取工作面	不计	应计
沟槽计算宽度	垫层宽度(或基础底宽)	基底宽度+两边工作面宽
内墙沟槽的净长度	垫层净长(或基底净长)	基槽净长

③挖土深度:以自然地坪到槽底的垂直深度计算。当自然地坪标高不明确时,可采用室外设计地坪标高计算。当地槽深度不同时,应分别计算;管道沟的深度按分段间的平均自然地坪标高减去管底或基础底的平均标高计算。

④放坡工程量和支挡土板工程量不得重复计算,凡放坡部分不得再计算挡土板工程量,支挡土板部分不得再计算放坡工程量。

计算方法如下:

1)由垫层底面放坡的计算公式

垫层底面放坡如图2.1所示。

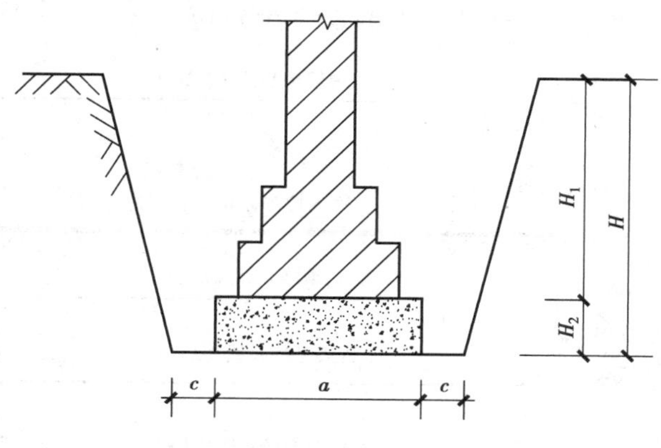

图2.1　垫层底面放坡

$$V_d = L \cdot (a + 2c + kH) \cdot H \tag{2.2}$$

式中　V_d——挖沟槽土方定额量,m^3;

L——沟槽计算长度,外墙为中心线长($L_中$),内墙为沟槽净长($L_槽$);

a——基础或垫层底宽,m;

c——增加工作面宽度,m,设计有规定时按设计规定取,设计无规定时按表2.92的规定值取;

表2.92　基础工作面加宽表(c值)

基础材料	每边各增加工作面宽度/mm
砖基础	200
浆砌毛石、条石基础	150
混凝土基础或垫层需要支模	300
使用卷材或防水砂浆做垂直防潮层	800

H——挖土深度,m;

k——放坡系数,参看表2.93,不放坡时取$k=0$。

表2.93　放坡系数(k值)

土壤类别	放坡起点深/m	人工挖土	机械挖土	
			在坑内作业	在坑上作业
一、二类土	1.2	0.5	0.33	0.75
三类土	1.5	0.33	0.25	0.67
四类土	2.0	0.25	0.10	0.33

其中,内墙基底净长($L_{基底}$)或内墙沟槽净长($L_{槽}$)与内墙中心线长($L_{内中}$)和 T 形相交处的外墙基础底宽有扣减关系,如图 2.2 所示。

例如:设 $L_{内中}$ 为 6 m,一边外墙基底宽 1.0 m,另一边外墙基底宽 0.8 m,工作面宽 c = 0.3 m,则:

内墙基底净长:$L_{基底}=6-1.0/2-0.8/2=5.1$(m)。

内墙沟槽净长:$L_{槽}=6-1.0/2-0.8/2-0.3\times2=4.5$(m)。

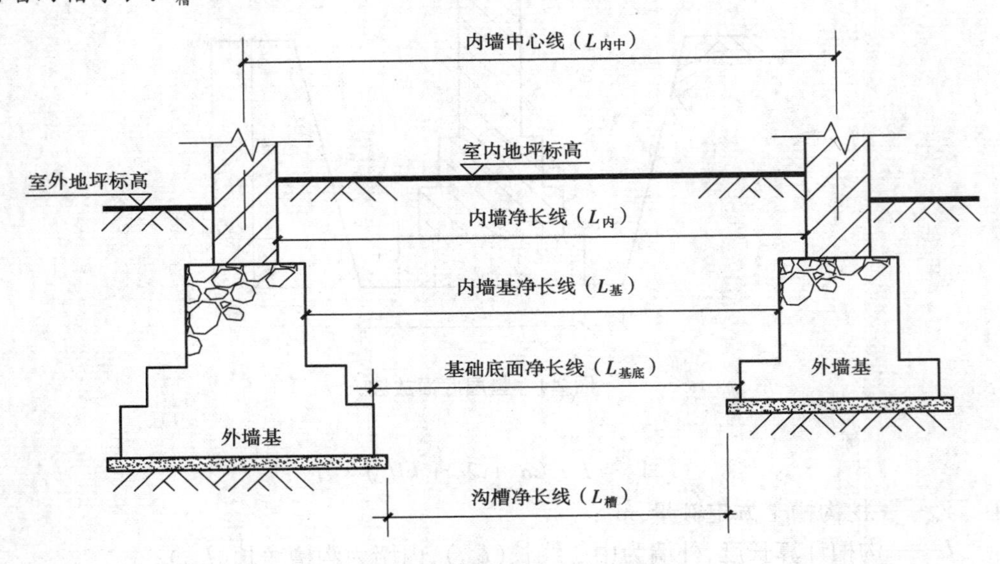

图 2.2　内墙沟槽净长计算示意图

2)带挡土板的沟槽土方的计算公式

支挡土板基槽示意图如图 2.3 所示。

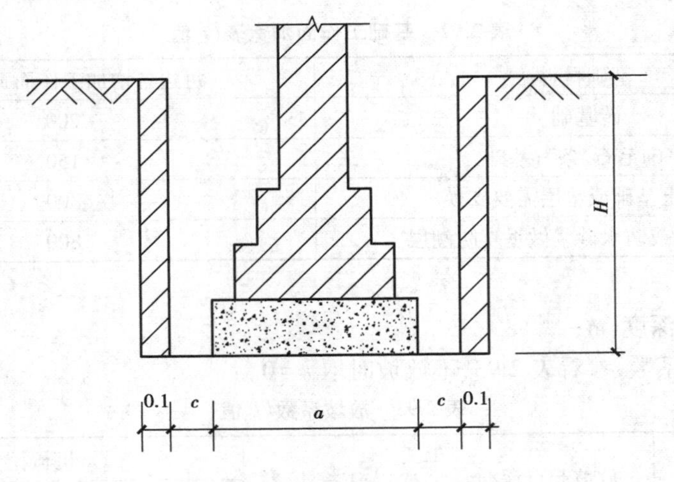

图 2.3　支挡土板基槽示意图

$$V_d = L(a + 2c + 2 \times 0.1) \times H \tag{2.3}$$

式中　2×0.1——两块挡土板所占宽度;

其他符号同前。

(3)挖基坑土方

开挖体为基坑时,其工程量计算方法可以表达为

挖基础土方体积 = 垫层(坑)底面积 × 挖土深度

1)方形坑的计算

放坡方形坑的计算如图2.4所示。

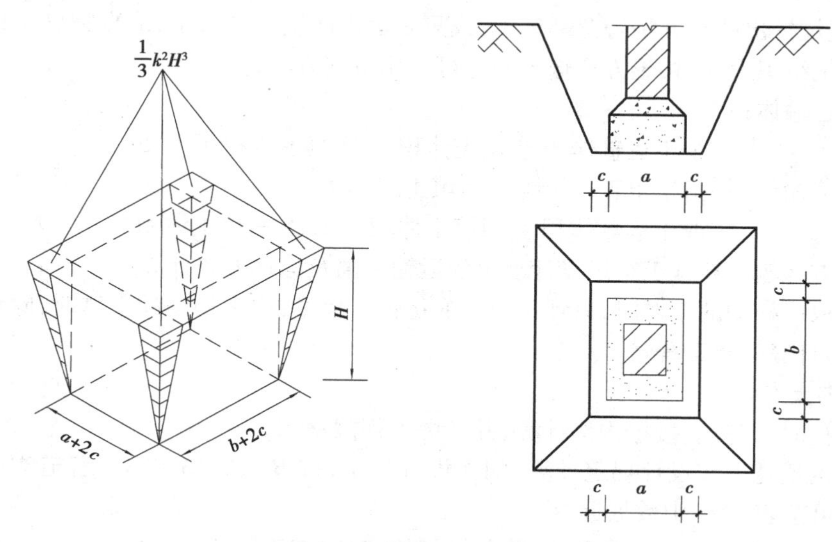

图2.4　放坡方形坑示意图

$$V = (a + 2c + kH)(b + 2c + kH)H + \frac{1}{3}k^2H^3 \tag{2.4}$$

式中　a——基础或垫层底宽,m;

b——基础或垫层底宽,m;

c——增加工作面宽度,m,设计有规定时按设计规定取,设计无规定时按表2.92的规定值取;

H——挖土深度,m;

$\frac{1}{3}k^2H^3$——四角的角锥增加部分体积之和的余值;

k——放坡系数,参看表2.93,不放坡时,取$k=0$。

2)圆形坑的计算

放坡圆形坑示意图如图2.5所示。

$$V_d = \frac{1}{3}\pi(R_1^2 + R_2^2 + R_1R_2)H \tag{2.5}$$

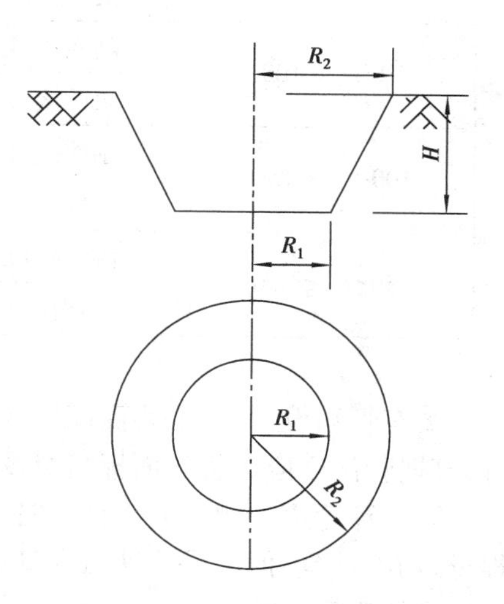

图2.5　放坡圆形坑示意图

式中　R_1——坑底半径,m,$R_1=R+C$;

R_2——坑口半径,m,$R_2=R_1+kH$;

k——放坡系数,参看表2.93,不放坡时,取$k=0$;

π——圆周率,取 3.141 6;

H——挖土深度,m。

(4)**挖孔桩**

人工挖孔桩按设计的截面面积乘挖孔深度以立方米计算。

(5)**土方运输**

沟槽、基坑挖出的土方是否全部运出,或只是运出回填后的余土,应根据施工组织设计确定。如无施工组织设计时,土方运输定额量可采用下列方法计算。

①余土运输体积

$$余土运输体积 = 挖土体积 - 回填土体积 \times 1.15 \tag{2.6}$$

②取土运输体积(指挖土工程量少于回填土工程量)

$$取土运输体积 = 回填土体积 \times 1.15 - 挖土体积 \tag{2.7}$$

③土石方运输应按施工组织设计规定的运输距离及运输方式计算。

④人工取已松动的土壤时,只计算取土的运输工程量;取未松动的土壤时,除计算运土工程量外,还需计算挖土工程量。

(6)**管沟土方**

实际开挖时,定额量按挖沟槽计算,并考虑下列因素。

①管道沟槽宽度按设计规定计算,如无设计规定,按 $B = D_0 + 2c$ 计算,管道沟一侧的工作面宽度 c 值可按表 2.94 中数据计取。

表 2.94　管道沟一侧的工作面底宽取值

管道的外径 D_0	管道沟一侧的工作面宽度 c/mm		
	接口类型	混凝土类管道	金属类管道、化学建材管道
$D_0 \leqslant 50$	刚性接口	40	30
	柔性接口	30	
$50 < D_0 \leqslant 100$	刚性接口	50	40
	柔性接口	40	
$100 < D_0 \leqslant 150$	刚性接口	60	50
	柔性接口	50	
$150 < D_0 \leqslant 300$	刚性接口	80	70
	柔性接口	60	

②有管沟设计时,平均深度以沟垫层底表面标高至设计施工现场标高计算;无管沟设计时,直埋管深度应按管底面标高至设计施工现场标高的平均高度计算。

③计算管道沟槽土方工程量时,各种检查井类和排水管道接口等处,因加宽而增加的工程量,均不计算;但铺设铸铁给水管道时,接口处的土方工程量应按铸铁管道沟槽全部土方工程量增加 2.5%计算。

④管沟土方清单项工作内容包含回填这一工作,回填工程量以挖方工程量减去管径所占体积计算。管径在 500 mm 以下的不扣除管径所占体积,管径在 500 mm 以上时,按表 2.95 规定扣除管径所占体积。

表2.95　扣除管径所占体积折算表

单位：m^3

管道材料	管道直径/mm					
	501～600	601～800	801～1 000	1 001～1 200	1 201～1 400	1 401～1 600
钢管	0.21	0.44	0.71	—	—	—
铸铁管	0.24	0.49	0.77	—	—	—
混凝土管	0.33	0.60	0.92	1.15	1.35	1.55

(7)土(石)方回填

回填土工程量按设计图示尺寸以体积计算。

①场地回填土体积计算式为

$$场地回填土体积 = 回填面积 \times 平均回填厚度 \tag{2.8}$$

②基础回填土体积计算式为

$$基础回填土体积 = 挖基础土方体积 - 室外设计地坪以下埋入物体积 \tag{2.9}$$

③室内回填土体积计算式为

$$室内回填土体积 = 室内主墙间净面积 \times 回填土厚度 \tag{2.10}$$

$$回填土厚度 = 室内外设计标高差 - 垫层与面层厚度之和 \tag{2.11}$$

2.1.3　桩基工程量定额计算规则及计算方法

(1)工程量计算规则

××省在新编《消耗量定额》中，将打、压、送预制方桩以m为计量单位编制定额，所以打、压预制方桩的定额工程量应按设计桩长(包括桩尖，不扣除桩尖虚体积)以m计算。送桩长度以桩顶面至自然地坪面另加0.5 m以m计算。电焊接桩、硫黄胶泥接桩、法兰接桩按设计接头数以个计算。

(2)计算方法

在预制钢筋混凝土桩的清单项中(表4.5)，其工作内容包括预制混凝土桩制作、运输、打桩、接桩及送桩等项目。可简单扼要的记为“制、运、打、接、送”。而在计算“制、运、打”等项目时，应同时考虑构件运输及安装分部对预制桩损耗率所作的规定，具体见表2.96。

表2.96　各类钢筋混凝土预制构件损耗率表

构件名称	制作废品率/%	运输损耗率/%	安装(打桩)损耗率/%	总计/%
预制钢筋混凝土桩	0.10	0.40	1.50	2.00
其他各类预制钢筋混凝土构件	0.20	0.80	0.50	1.50

计算公式如下：

①图示工程量

$$V_{图} = 设计桩长 \times 桩截面面积 \times 桩的根数 = L \times F \times N \tag{2.12}$$

②制桩工程量

$$V_{制} = V_{图} \times (1 + 总损耗率) = V_{图} \times (1 + 0.1\% + 0.4\% + 1.5\%) = V_{图} \times 1.02 \tag{2.13}$$

③运输工程量

$$V_{运} = V_{图} \times (1 + 0.4\% + 1.5\%) = V_{图} \times 1.019 \tag{2.14}$$

④打桩工程量

$$V_{打} = V_{图} \tag{2.15}$$

⑤接桩工程量:按个数和 m^2。

⑥送桩工程量

$$V_{送} = L_{送} \times F \tag{2.16}$$

⑦截桩:预制桩截桩工程量按定额说明以根计算。

⑧桩承台工程量:按实体积计算(不除桩头所占体积)。

⑨预制桩钢筋制安工程量

$$G = G_{图} \times 1.02 \tag{2.17}$$

2.1.4 砌体工程量定额计算规则及计算方法

(1)砌体基础计算

砌体基础主要包括砖砌基础和毛石砌体基础,毛石砌体基础在多山的地区使用普遍,因为它可以就地取材,经济适用。一般砌体基础多做成墙下条形基础。

砌体基础工程量按图示尺寸以体积(m^3)计算。其中条形基础计算公式可表达为:

砌体条基工程量=规定计算长度×基础断面面积±应扣(应并入)体积

$$V_{石} = (L_{中}\text{ 或 }L_{基}、L_{内}) \times F_{基} \pm V \tag{2.18}$$

1)计算长度确定

①外墙墙基按外墙中心线长度计算。

②内墙墙基按内墙基(顶)净长线计算。

2)应扣(应并入)体积的规定

①基础大放脚T形接头处的重叠部分以及嵌入基础的钢筋、铁件、管道、基础防潮层及单个体积在0.3 m^2以内孔洞所占体积不予扣除,但靠墙暖气沟的挑檐也不增加。

②附墙垛基础宽出部分体积应并入基础工程量内。

3)毛石基础计算

①外墙毛石基础计算公式为

$$V_{石} = L_{中} \times F_{基} \tag{2.19}$$

式中 $L_{中}$——外墙中心线长。

$F_{基}$——基础断面面积。

②内墙毛石基础计算公式为

$$V_{石} = L_{基} \times F_{基} \tag{2.20}$$

式中 $L_{基}$——内墙基(顶)净长线;

其他符号同上。

4)砖基础计算

①柱砖基础计算公式为

$$V_{砖} = a \times b \times h \tag{2.21}$$

式中 $a \times b$——砖柱基断面面积;

h——柱砖基高。

②外墙砖基础计算公式为

$$V_{砖} = L_{中} \times F_{砖} \tag{2.22}$$

式中　$L_{中}$——外纵墙石基础中心线长；

$F_{基}$——基础断面面积。

③内墙砖基础计算公式为

$$V_{砖} = L_{内} \times F_{砖} \tag{2.23}$$

式中　$L_{内}$——内墙基净长线；

其他符号同上。

(2)**砖墙计算**

砖墙工程量按扣除门窗洞口后的垂直面积乘以墙体计算厚度以体积(m^3)计算。其计算公式可表达为：

砖墙工程量 =(计算长度 × 计算墙高 − 门窗洞口面积)× 墙计算厚 ±应扣(增)体积

或

$$V_{墙} = (L \times H - F_{门窗}) \times h - V_{应扣} + V_{应增} \tag{2.24}$$

式中　$V_{墙}$——砖墙工程量；

L——计算长度；

H——计算墙高；

$F_{门窗}$——门窗洞口面积；

h——墙计算厚；

$V_{应扣}$——应扣体积；

$V_{应增}$——应增体积。

1)砖墙计算长度(L)的确定

①外墙长度按外墙中心线长度计算。

②内墙长度按内墙净长线计算。

2)砖墙计算高度(H)的确定

①外墙墙身高度：斜(坡)屋面无檐口天棚者算至屋面板底。有屋架，且室内外均有天棚者，算至屋架下弦底面再加 200 mm。无天棚者算至屋架下弦底面再加 300 mm。平屋面算至钢筋混凝土板顶面。

②内墙墙身高度：位于屋架下弦者，其高度算至屋架底。无屋架者算至天棚底面再加 100 mm。有钢筋混凝土楼板隔层者算至板底。

③女儿墙的高度，自外墙顶面至图示女儿墙顶面高度，分别不同墙厚并入外墙计算。

④内、外山墙高度，按其平均高度计算。

3)砖墙计算中应扣($V_{应扣}$)应增($V_{应增}$)的规定

①计算砖墙体时，应扣除门窗洞口(门窗框外围)、过人洞、空圈、嵌入墙身的钢筋混凝土柱、梁(包括过梁、圈梁、挑梁)、砖平碹、平砌砖过梁和暖气包槽、壁龛及内墙板头的体积。但不扣除梁头、外墙板头、檩木、垫木、木楞头、沿椽木、木砖、门窗走头、砖墙内的加固钢筋、木筋、铁件、钢管以及每个面积在 0.3 m^2 以下孔洞等所占的体积。突出墙面的窗台虎头砖、压顶线、山墙泛水、烟囱根、门窗套及三皮砖以内的腰线和挑檐等体积亦不增加。

②砖垛、三皮砖以上的腰线和挑檐等体积，并入墙身体积内计算。

③附墙烟囱(包括附墙通风道、垃圾道)按其外形体积计算，并入所依附的墙体积内，不扣

除每一个孔洞横截面在 0.1 m^2 以下的体积,但孔洞内的抹灰工程量亦不增加。

4)其他规定

①框架间砌体,分别内外墙以框架间的净空面积乘以墙厚计算,框架外表镶贴砖部分亦并入框架间砌体工程量内计算。

②空花墙按空花部分外形体积以 m^3 计算。空花部分不予扣除,其中实体部分以 m^3 另行计算。

③多孔砖、混凝土小型空心砌块按图示厚度以 m^3 计算。不扣除其孔、空心部分的体积。

④砖围墙按体积计算,砖柱、垛、三皮砖以外的压顶按体积并入墙身体积内计算。

⑤轻集料混凝土小型空心砌块墙按设计图示尺寸以 m^3 计算。

⑥加气混凝土砌块墙按设计图示尺寸以 m^3 计算,镶嵌砖砌体部分,已含在相应项目内,不另计算。

⑦砖砌台阶(不包括梯带)按水平投影面积(包括最上层踏步边沿加 300 mm)以 m^2 计算。

⑧厕所蹲台、小便池、水槽、灯箱、垃圾箱、台阶挡墙或梯带、花台、花池、地垄墙及支撑地楞的砖墩,房上烟囱、屋面架空隔热层砖墩及毛石墙的门窗立边、窗台虎头砖等及单件体积在 0.3 m^3 以内的实砌体积以 m^3 计算,套用零星砌体定额项目。

⑨砖、毛石砌地沟不分墙基、墙身合并以 m^3 计算。

⑩砌体与混凝土结构结合部分防裂构造(钢丝网片)按设计尺寸以 m^2 计算。

⑪砌筑沟、井、池按砌体设计图示尺寸以 m^3 计算。不扣除单个面积 0.3 m^2 以内孔洞所占面积。

⑫砖地坪按设计图示主墙间净空面积计算,不扣除独立柱、垛及 0.3 m^2 以内孔洞所占面积。

⑬轻质墙板按设计图示尺寸以 m^2 计算。不扣除 0.3 m^2 以内孔洞所占面积。

2.1.5 混凝土工程量定额计算规则

现浇、预制混凝土除注明者外,均按设计图示尺寸以 m^3 计算,不扣除钢筋、铁件、螺栓所占体积,扣除型钢混凝土中型钢所占体积。

(1)基础

①混凝土基础按图示尺寸实体体积以 m^3 计算,不扣除构件内钢筋、预埋铁件所占体积。

②带形混凝土基础,其肋高与肋宽之比在 4∶1以内的按有肋带形基础计算。超过 4∶1时,其底板按板式基础计算,以上部分按墙计算。

③箱式满堂基础应分别按无梁式满堂基础、柱、墙、梁、板有关规定计算,套相应定额项目。

④设备基础除块体以外,其他类型设备基础分别按基础、梁、柱、板、墙有关规定计算,套相应项目。

(2)柱

现浇混凝土柱工程量按设计图示截面面积乘以柱高以 m^3 计算,柱高按下列规定确定:

①有梁板间的柱高,应自柱基上表面(或楼板上表面)至上一层楼板上表面之间的高度计算。(柱连续不断,穿通有梁板)

②无梁板间的柱高,应自柱基上表面(或楼板上表面)至柱帽下表面之间的高度计算。(柱被无梁板隔断)

③框架柱的高度,应自柱基上表面至上、柱顶高度计算。(柱连续不断,穿通梁和板)

④构造柱按全高计算,与砖墙嵌接(马牙槎)部分的体积,并入柱身体积内计算。

⑤依附柱上的牛腿,并入柱身体积内计算。

(3)梁

现浇混凝土梁按设计图示断面积乘以梁长以 m^3 计算。伸入墙内的梁头、梁垫并入梁体积内计算。梁长按下列规定确定:

①梁与柱连接时,梁长算至柱侧面。

②主梁与次梁连接时,次梁算至主梁侧面。

(4)板

现浇混凝土板按设计图示面积乘以板厚以 m^3 计算,不扣除单个面积在0.3 m^2 以内的柱、垛、扣洞所占体积。其中:

①有梁板包括主次梁与板,按梁、板体积之和计算。

②无梁板按板与柱帽体积之和计算。

③平板按设计图示尺寸以体积计算。

④各类板伸入墙内的板头并入板体积内计算。

(5)墙

现浇混凝土墙按设计图示尺寸以体积计算,应扣除门窗洞口及0.3 m^2 以外孔洞的体积,墙垛及突出部分并入墙体积内计算。

(6)现浇混凝土楼梯

现浇混凝土整体楼梯(包括休息平台、平台梁、斜梁及楼梯的连接梁)按水平投影面积计算,不扣除宽度小于500 mm的楼梯井,伸入墙内部分不另增加。当整体楼梯与现浇楼板无梯梁连接时,以楼梯的最后一个踏步边缘加300 mm为界。

(7)其他现浇混凝土构件

①雨篷、悬挑板、阳台板按设计图示尺寸以墙外部分体积计算,包括伸出墙外的牛腿和雨篷反挑檐的体积。

现浇雨篷、悬挑板、阳台板、天沟、挑檐板与屋面板、楼板连接时,以外墙外边线或梁外边线为分界线,外墙边线或梁外边以外为雨篷、悬挑板、阳台板、天沟、挑檐板。

②构造柱按柱全高乘以断面积以体积计算。

③混凝土台阶按图示混凝土水平投影面积以 m^2 计算,若图示不明确时,以台阶的最后一个踏步边缘加300 mm计算。架空混凝土台阶按楼梯计算。

④混凝土栏板、栏杆按包括伸入墙内部分的长度以延长米计算。楼梯的栏板、栏杆长度,如图指无规定时,按水平投影长度乘以系数1.15计算。

⑤整体屋顶水箱按包括底、壁、盖的混凝土体积以 m^3 计算。

⑥池槽、门窗框、混凝土线条、挑檐天沟、压顶按体积以 m^3 计算。

⑦板式雨篷伸出墙外部分按水平投影面积以 m^2 计算,伸入墙内的梁按相应定额执行。

⑧商品混凝土泵送工程量按设计图示尺寸的混凝土体积以 m^3 计算。

(8)预制混凝土构件

①混凝土工程量按图示尺寸实体积以 m^3 计算或按设计图示尺寸以“数量”计算(如:根、块、套、榀等),不扣除构件内钢筋、铁件及小于 300 mm×300 mm 以内的孔洞面积。

②预制桩按设计图示尺寸以桩长(包括桩尖)或根数计算。

③混凝土与钢构件组合的构件,混凝土部分按构件实体积以 m^3 计算,钢构件部分按 t 计算,分别套相应的清单项目。

④固定预埋螺栓、铁件的支架,固定双层钢筋的铁马凳,垫铁件,按审定的施工组织设计规定计算,套相应的清单项目。

⑤预制混凝土构件运输及安装均按构件图示尺寸,以实体积计算。

预制混凝土构件运输及安装损耗率,按表 2.97 规定计算后并入构件工程量内。其中预制混凝土屋架、桁架、托架及长度在 9 m 以上的梁、板、柱不计算损耗率。

表 2.97　预制混凝土构件制作、运输及安装损耗率表

名称	制作废品率/%	运输堆放损耗/%	安装(打桩)损耗/%
各类预制构件	0.2	0.8	0.5
预制钢筋混凝土桩	0.1	0.4	1.5

⑥钢筋混凝土构件接头灌缝:包括构件坐浆、灌缝、堵板孔、塞板梁缝等。均按预制钢筋混凝土构件实体积以 m^3 计算。

⑦柱与柱基的灌缝,按首层柱体积计算;首层以上柱灌缝按各层柱体积计算。

⑧空心板堵头,按实体积以 m^3 计算。

2.1.6　钢筋工程量定额计算规则

①钢筋工程量应区别现浇、预制构件、预应力、钢种和规格,按图示尺寸(设计长度)乘以钢筋的线密度(单位理论质量)以 t 计算。

②现浇钢筋混凝土中用于固定钢筋位置的支撑钢筋、双层钢筋用的“铁马”、伸出构件外的锚固钢筋按相应项目的钢筋工程量计算。如果设计未明确,结算时按现场签证数量计算。

③钢筋的电渣压力焊接头、锥螺纹接头、直螺纹接头、冷挤压接头、气压力焊接头以个计算。

2.1.7　钢结构工程量定额计算规则

①金属结构制作按图示钢材尺寸以 t 计算,不扣除孔眼、切边的质量,焊条、铆钉、螺栓等不另增加质量。在计算不规则或多边形钢板质量时均以其外接矩形面积乘以厚度乘以单位理论质量计算。

②实腹柱、吊车梁、H 型钢按图示尺寸以质量计算。

③制动梁的制作工程量包括制动梁、制动桁架、制动板质量;墙架的制作工程量包括墙架柱、墙架梁及连接柱杆质量;钢柱制作工程量包括依附于柱上的牛腿及悬臂梁质量。

④轨道制作工程量,只计算轨道本身质量,不包括轨道垫板,压板、斜垫、夹板及连接角钢等质量。

⑤钢漏斗制作工程量,矩形按图示分片,圆形按图示展开尺寸,并依钢板宽度分段计算,

每段均以其上口长度(圆形以分段展开上口长度)与钢板宽度,按矩形计算,依附漏斗的型钢并入漏斗质量内计算。

⑥钢构件运输及安装按构件设计图示尺寸以t计算,所需螺栓、电焊条等质量不另计算。

2.1.8　屋面防水工程量定额计算规则

(1)屋面工程

①瓦屋面、型材屋面按设计图示尺寸按斜面积以 m^2 计算,亦可以按均屋面水平投影面积乘以屋面延尺系数(表2.98),以 m^2 计算。不扣除房上烟囱,风帽底座、风道、屋面小气窗、斜沟等所占面积,屋面小气窗的出檐部分亦不增加。坡屋面如图2.6所示。屋面挑出墙外的尺寸,按设计规定计算,如设计无规定时,彩色水泥瓦、小青瓦(含筒板瓦、琉璃瓦)按水平尺寸加70 mm计算。

表2.98　屋面坡度系数表

坡度 $B(A=1)$	坡度 $B/2A$	坡度 角度(α)	延尺系数 C ($A=1$)	偶延尺系数 D ($A=1$)
1	1/2	45°	1.414 2	1.732 1
0.75		36°52′	1.250 0	1.600 8
0.7		35°	1.220 7	1.577 9
0.666	1/3	33°40′	1.201 5	1.562 0
0.65		33°01′	1.192 6	1.556 4
0.6		30°58′	1.166 2	1.536 2
0.577		30°	1.154 7	1.527 0
0.55		28°49′	1.141 3	1.517 0
0.5	1/4	26°34′	1.118 0	1.500 0
0.45		24°14′	1.096 6	1.483 9
0.4	1/5	21°48′	1.077 0	1.469 7
0.35		19°17′	1.059 4	1.456 9
0.30		16°42′	1.044 0	1.445 7
0.25		14°02′	1.030 8	1.436 2
0.20	1/10	11°19′	1.019 8	1.428 3
0.15		8°32′	1.011 2	1.422 1
0.125		7°8′	1.007 8	1.419 1
0.100	1/20	5°42′	1.005 0	1.417 7
0.083		4°45′	1.003 5	1.416 6
0.066	1/30	3°49′	1.002 2	1.415 7

②计算瓦屋面时应扣除勾头、滴水所占面积。8寸瓦扣0.23 m宽,6寸瓦扣0.175 m宽,长度按勾头、滴水设计长度计。勾头、滴水另行计算。

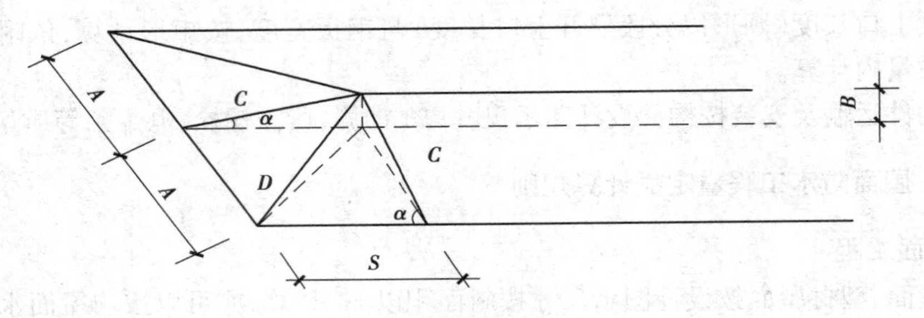

图 2.6 坡屋面示意图

③勾头、滴水按设计图示尺寸以延长米计算。

④采光屋面按斜面积设计图示尺寸以 m^2 计算,亦可以按均屋面水平投影面积乘以屋面延尺系数以 m^2 计算,不扣除屋面面积≤0.3 m^2 孔洞所占面积。

⑤膜结构屋面按设计图示尺寸覆盖的水平投影面积以 m^2 计算。

⑥卷材斜屋面按其设计图示尺寸以 m^2 计算,亦可以按均屋面水平投影面积乘以屋面延尺系数以 m^2 计算;卷材平屋面按水平投影面积以 m^2 计算。不扣除房上烟囱、风帽底座、风道、屋面小气窗和斜沟所占的面积,屋面的女儿墙、伸缩缝和天窗等处的弯起部分,按图示尺寸并入屋面工程量计算,如图纸无规定时,伸缩缝、女儿墙的弯起部分可按 250 mm 计算,天窗弯起部分可按 500 mm 计算。

⑦涂膜屋面的工程量计算同卷材屋面。

⑧屋面刚性防水按其设计图示尺寸以 m^2 计算,不扣除房上烟囱、风帽底座及单孔小于 0.3 m^2 的孔洞所占面积。

⑨屋面隔气层、隔离层的工程量计算方法同卷材屋面以 m^2 计算。

⑩铸铁、塑料、不锈钢、虹吸排水管区别不同直径按图示尺寸以延长米计算,雨水口、水斗、弯头以个计算。

⑪屋面排(透)气管及屋面出入孔盖板按设计图示数量以套计算。

⑫屋面泛水、天沟按设计图示尺寸展开面积以 m^2 计算。

(2)防水工程

①建筑物地面防水、防潮层,按主墙间净空面积以 m^2 计算,扣除大于 0.3 m^2 的凸出地面的构筑物、设备基础等所占面积,不扣除柱、垛、间隔墙、烟囱以及 0.3 m^2 以内孔洞所占面积。与墙面连接处高度在 500 mm 以内者按展开面积计算,并入平面工程量内;超过 500 mm 时,均按立面防水层计算。

②建筑物墙基、墙身防水、防潮层按设计图示尺寸以面积计算。外墙按中心线长度,内墙按净长线长度乘以宽度以 m^2 计算。墙与墙交接处、墙与构件交接处的面积不扣除,应扣除 0.3 m^2 以上孔洞所占面积。

③地下室满堂基础的防水、防潮层,按设计图示尺寸以面积计算,即按梁、板、坑(沟)、槽等的展开面积计算,不扣除 0.3 m^2 以内的孔洞面积。平面与立面交接处的防水层,高度在 500 mm 以内者按展开面积计算,并入平面工程量内;其上卷高度超过 500 mm 时,均按立面防水层计算。

④变形缝按设计图示尺寸以延长米计算。

⑤后浇带防水按设计图示尺寸以 m^2 计算。

⑥通风篦子按设计图示尺寸以 m^2 计算。

2.1.9　楼地面工程量定额计算规则

①地面垫层按室内主墙间的净面积乘以设计厚度以 m^3 计算。应扣除凸出地面构筑物、设备基础、室内管道、地沟等所占体积，不扣除柱、垛、间壁墙、附墙烟囱及面积在 0.3 m^2 以内孔洞所占体积。

②找平层的工程量按相应面层的工程量计算规则计算。

③整体面层按设计图示尺寸面积以 m^2 计算。扣除凸出地面构筑物、设备基础、室内管道、地沟等所占面积，不扣除间壁墙及 0.3 m^2 以内柱、垛、附墙烟囱及孔洞所占面积。门洞、空圈、暖气包槽、壁龛的开口部分面积不增加。

④石材、块料面层按图示面积以 m^2 计算；拼花块料面层按图示面积以 m^2 计算；点缀按个计算，计算主体铺贴地面面积时，不扣除点缀所占面积。

⑤橡胶板、橡胶板卷材、塑料板、塑料卷材、地毯、竹木地板、防静电活动地板、运动场地面层均按设计图示尺寸面积以 m^2 计算。

⑥楼梯面层按设计图示尺寸以楼梯（包括踏步、休息平台及≤500 mm 宽的楼梯井）水平投影面积计算。楼梯与楼地面相连时，算至梯口梁内侧边沿；无梯口梁时，算至最上一层踏步边沿加 300 mm。楼梯牵边、踢脚线和侧面镶贴块料面层按其展开面积套用零星装饰项目另行计算。塑料卷材、橡胶板楼梯面层按展开面积以 m^2 计算，执行楼地面塑料卷材、橡胶板面层定额。

⑦台阶面层按设计图示尺寸以台阶（包括最上层踏步沿 300 mm）水平投影面积计算。台阶牵边、踢脚线和侧面镶贴块料面层按其展开面积套用零星装饰项目另行计算。

⑧整体面层、成品踢脚线按设计图示尺寸以延长米计算；块料面层踢脚线按设计图示长度乘以高度以 m^2 计算。

⑨栏杆、栏板、扶手均按其中心线长度以延长米计算，计算扶手时不扣除弯头所占的长度，弯头另行计算。

⑩防滑条工程量按实际长度以延长米计算。

2.1.10　墙柱面工程量定额计算规则

（1）墙面抹灰

①外墙面抹灰面积，按其垂直投影面积以 m^2 计算，应扣除门窗洞口和 0.3 m^2 以上的孔洞所占面积，门窗洞口及洞周边面积亦不增加。

②内墙面抹灰面积，按抹灰长度乘以高度以 m^2 计算，附墙柱侧面抹灰并入内墙面工程量计算。

A.抹灰长度：外墙内壁抹灰按主墙间图示净长计算，内墙面抹灰按内墙净长计算。

B.抹灰高度：按室内地坪面至楼屋面底面。

a.无墙裙的，高度按室内楼地面至天棚底面计算。

b.有墙裙的，高度按墙裙顶至天棚底面计算。

c.有吊顶天棚时，高度算至天棚底 100 mm。

C.墙裙以 m^2 计算，长度同墙面计算规则，高度按图示尺寸。

D.女儿墙内墙面抹灰,按展开面积计算,执行外墙抹灰定额。

E.“零星项目”抹灰按设计图示尺寸以 m^2 计算。阳台、雨篷抹灰套用零星项目抹灰定额。

(2)柱(梁)面抹灰

①柱面抹灰,按设计图示柱断面周长乘以高度以面积计算。

②单梁抹灰参照独立柱面相应定额子目计算。

(3)块料镶贴面层

①墙面块料面层,按实贴面积以 m^2 计算。

②柱(梁)面贴块料面层,按实贴面积以 m^2 计算。

③干挂石材钢骨架,按设计图示以 t 计算。

(4)墙柱面装饰

①墙饰面工程量,按设计图示饰面外围尺寸展开面积以 m^2 计算,扣除门窗洞口及单个 0.3 m^2以上的孔洞所占面积。

②龙骨、基层工程量,按设计图示尺寸以 m^2 计算,扣除门窗洞口及 0.3 m^2 以上的孔洞所占面积。

③花岗岩、大理石柱墩、柱帽按最大外围周长乘以高度以 m^2 计算。

(5)幕墙工程

①带骨架幕墙按设计图示框外围尺寸以 m^2 计算。

②全玻幕墙按设计图示尺寸面积以 m^2 计算,如有加强肋者按平面展开单面面积并入计算。

③玻璃幕墙悬窗按设计图示窗扇面积以 m^2 计算。

(6)隔断

①隔断按墙的净长乘以净高以 m^2 计算。扣除门窗洞口及 0.3 m^2 以上的孔洞所占面积。

②浴厕门的材质与隔断相同时,门的面积并入隔断面积内。

③成品浴厕隔断按设计图示隔断高度(不包括支腿高度)乘以隔断长度(包括浴厕门部分)以 m^2 计算。

④全玻隔断的不锈钢边框工程量按边框展开面积以 m^2 计算。

2.1.11 天棚面工程量定额计算规则

(1)天棚抹灰

①天棚抹灰按设计图示尺寸按水平投影面积以 m^2 计算,不扣除间壁墙、垛、柱、附墙烟囱、检查口和管道所占的面积。带梁天棚、梁两侧抹灰面积并入天棚面积内。板式楼梯底面抹灰按斜面积以 m^2 计算,锯齿型楼梯底面抹灰按展开面积以 m^2 计算。

②密肋梁和井字梁天棚抹灰面积,按设计图示尺寸按展开面积以 m^2 计算。

③天棚抹灰如带有装饰线时,区别三道线以内或五道线以内。按设计图示尺寸以延长米计算。

(2)天棚吊顶

①各种吊顶天棚龙骨按设计图示尺寸按水平投影面积以 m^2 计算,不扣除检查洞、附墙烟囱、风道、柱、垛和管道所占面积。

②天棚吊顶基层和装饰面层,按主墙间实钉(胶)面积以 m^2 计算,不扣除检查口、附墙烟

囱、风道、柱、垛和管道所占面积，但应扣除0.3 m² 以上的孔洞、独立柱及与天棚相连的窗帘盒所占的面积。跌级天棚立口部分按图示尺寸计算并入基层及面层。

③格栅吊顶、藤条悬挂吊顶、吊筒式吊顶按设计图示尺寸水平投影面积以m² 计算。

(3)**其他**

①楼梯底面的装饰工程量：板式楼梯按水平投影面积乘以1.15，梁式及螺旋楼梯按展开面积以m² 计算。

②镶贴镜面按实贴面积以m² 计算。

③灯光槽、铝扣板收边线按延长米计算，石膏板嵌缝按石膏板面积以m² 计算。

④天棚内保温层、防潮层按实铺面积以m² 计算。

⑤拱廊式采光天棚按设计图示尺寸展开面积以m² 计算。其余采光天棚、雨棚按设计图示尺寸水平投影面积以m² 计算。

2.2　案例解析

【案例2.1】请根据《建筑工程建筑面积计算规范》，计算图2.7所示某单层服务用房的建筑面积。

【解】一般在考试中，单层建筑计算建筑面积，只要读平面图即得计算需要的数据。本例相对来说较简单，在平面图中读得开间方向外墙外边线长为14.24 m，进深方向外墙外边线长为6.24 m，门外走廊有围护设施(或柱)的，应按其围护设施(或柱)外围水平面积的1/2计算，也就是先按外墙外边围成的面积计算，再扣减走廊部分的1/2。即

$$14.24 \times 6.24 - (4.5 + 5.0) \times 2.0/2 = 79.36(\text{m}^2)$$

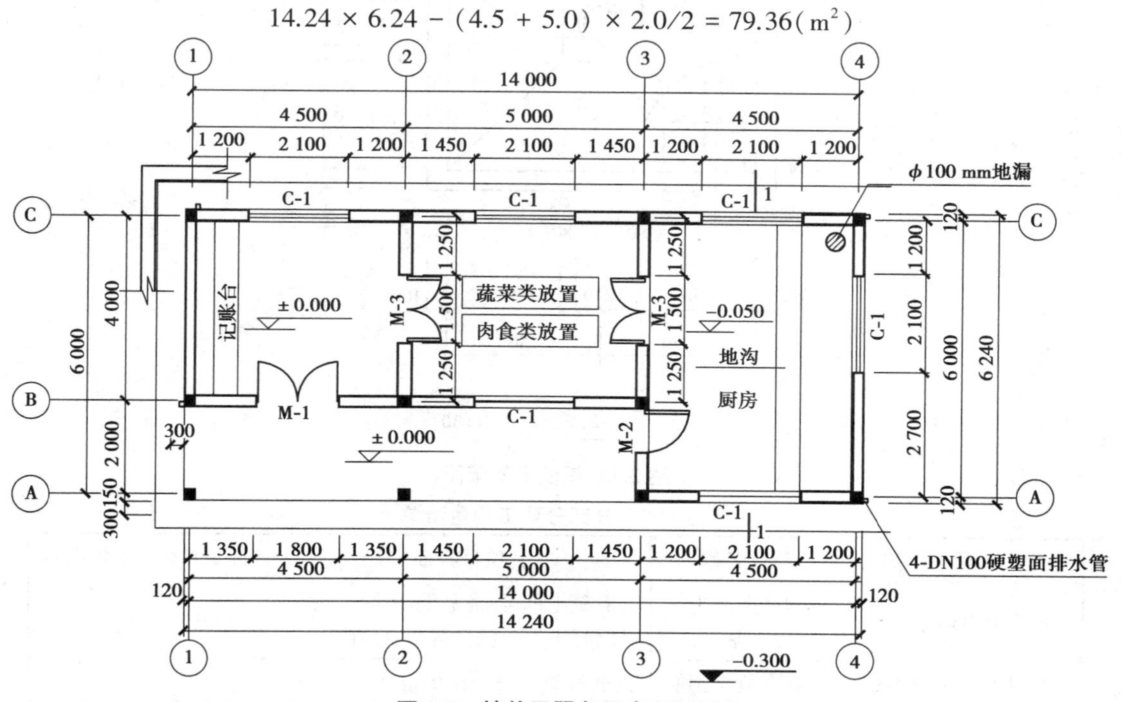

图2.7　某单层服务用房平面图

【案例 2.2】根据附图《住宅》施工图纸(图 2.8)和《房屋建筑与装饰工程工程量清单计算规范》(GB 50854—2013),计算以下项目的工程量,填完表 2.99。

①C20 钢筋混凝土独立基础(图示 J-2 独立基础)的单体工程量。

②独立基础的钢筋工程量。

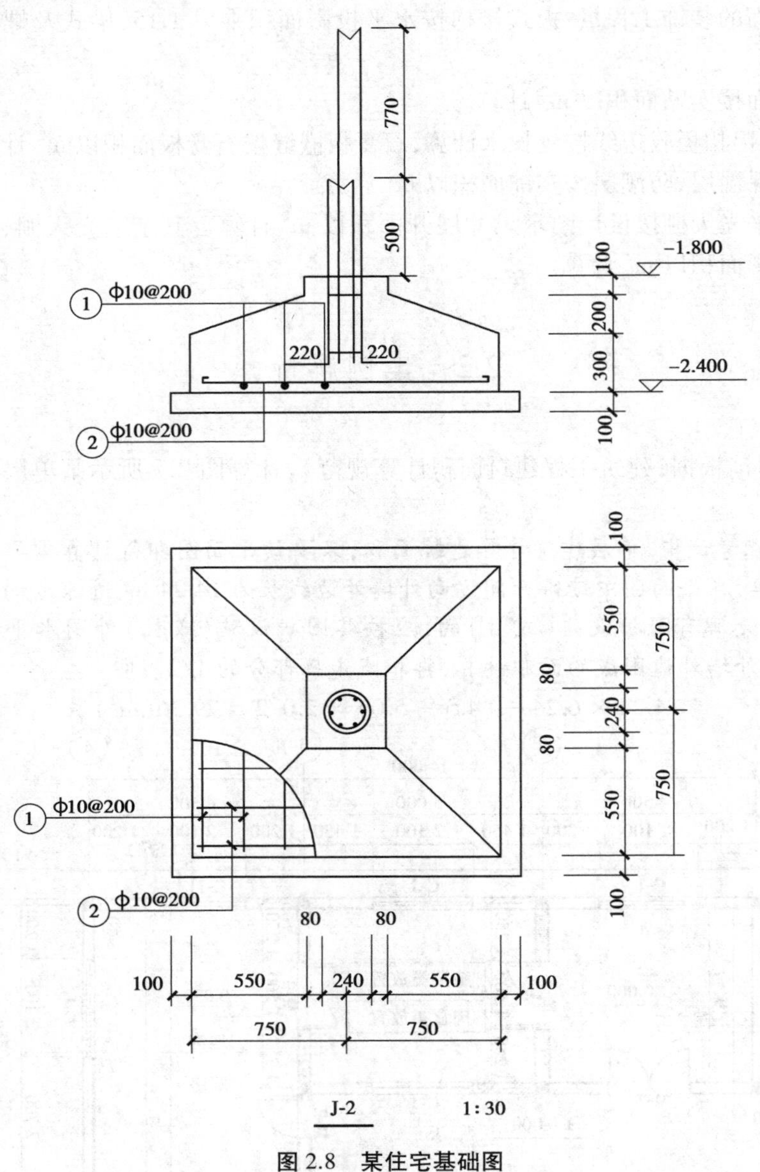

图 2.8　某住宅基础图

表 2.99　分部分项工程量清单

序号	项目编码	项目名称	项目特征	计量单位	工程数量
1	010501003001	钢筋混凝土独立基础	1.混凝土种类:商品混凝土 2.混凝土种类强度等级:C20	m^3	
2	010515001001	现浇混凝土钢筋	钢筋种类、规格:HPB,ϕ10	t	

【解】①本例混凝土独立基础可分解为3个几何体计算,即两个立方体和一个四棱台。读图得到以下数据:

底座立方体:底边长(A)均为1.5(0.75+0.75)m,高(H)为0.3 m。

$$V_1 = A^2 \times H = 1.5 \times 1.5 \times 0.3 = 0.675(\text{m}^3)$$

中间四棱台:下底面积(A^2)为1.5 m×1.5 m,上表面积(a^2)为0.4 m×0.4 m(80 mm+240 mm+80 mm),高(h)为0.2 m。

$$V_2 = \frac{h}{3} \times (A^2 + a^2 + \sqrt{A^2 \times a^2}) = \frac{0.2}{3} \times (1.5 \times 1.5 + 0.4 \times 0.4 + \sqrt{1.5^2 \times 0.4^2}) = 0.20(\text{m}^3)$$

上座立方体:边长(a)均为0.4 m,高(h)为0.1 m。

$$V_3 = a^2 \times h = 0.4 \times 0.4 \times 0.1 = 0.016(\text{m}^3)$$

混凝土独立基础:$V=V_1+V_2+V_3=0.675+0.20+0.016=0.89(\text{m}^3)$

②独立基础底板钢筋为双向配置的ф10@200,若为光圆钢筋,计算时应加弯钩。因为有垫层,保护层厚度取40 mm。

单支长:1.5−2×0.04+2×6.25×0.01=1.55(m)

支数:(1.5−2×0.04)/0.2+1=9(支),双向18支

质量:1.55×18×0.617=17.21(kg)=0.018(t)

③填完表2.99后见表2.100。

表2.100　分部分项工程量清单(答案)

序号	项目编码	项目名称	项目特征	计量单位	工程数量
1	010501003001	钢筋混凝土独立基础	1.混凝土种类:商品混凝土 2.混凝土种类强度等级:C20	m^3	0.89
2	010515001001	现浇混凝土钢筋	钢筋种类、规格:HPB,ϕ10	t	0.018

【案例2.3】请根据《××省2013版建设工程造价计价依据》及××现行建设工程造价管理有关规定,计算表2.101所列项目的工程量,填写表中的“工程量”和“工程量计算式”栏,并结合设计图示(全套图见第9章)和表中项目特征的内容选择适用的计价定额子目填写表中的“定额编号”和“定额单位”,其中清单工程量小数点位数按相应规范,定额工程量计算结果取小数点后两位。(注:为方便计算,不要求计算混凝土天沟两端堵头的工程量及列写其计价适用定额子目。)

表2.101　工程量计算表

序号	项目编码	项目名称	项目特征	单位	工程量计算式	工程量	对应的消耗量定额				
							定额编号	项目名称	单位	工程量计算式	工程量
1		现浇混凝土钢筋(独立基础)	1.钢筋种类、规格:HPB235、ϕ10以内								

续表

序号	项目编码	项目名称	项目特征	单位	工程量计算式	工程量	对应的消耗量定额				
							定额编号	项目名称	单位	工程量计算式	工程量
2		基础梁	1.梁底标高、梁截面:-0.6 m,240 mm×300 mm 2.混凝土强度等级:C25 3.混凝土拌合料要求:商品混凝土								
3		天沟	1.混凝土强度等级:C25 2.混凝土拌合料要求:商品混凝土								
4		陶瓷地砖块料楼地面(厨房)	1.垫层材料种类、厚度:C15 混凝土 100 mm 厚 2.结合层厚度、砂浆配合比:20 mm 厚 1∶2.5 水泥砂浆 3.面层材料品种、规格:防滑地砖 8 mm 厚 600 mm×600 mm								
5		砖块墙面(厨房)	1.墙体类型:砖墙 2.底层厚度、砂浆配合比:13 mm 厚 1∶3 水泥砂浆 3.黏结层厚度、砂浆配合比:8 mm 厚 1∶2 水泥砂浆 4.面层材料品种、规格:5 mm 厚200 mm×300 mm								
6		塑料制品天棚吊顶(厨房)	1.吊顶形式:平顶 2.龙骨类型、种类、中距:不上人型 U50 系列轻钢龙骨中距 1 200 mm 3.面层材料品种规格:空腹 PVC 扣板								

【解】①独立基础钢筋工程量计算。

计算数据应从图 2.9 中读取。

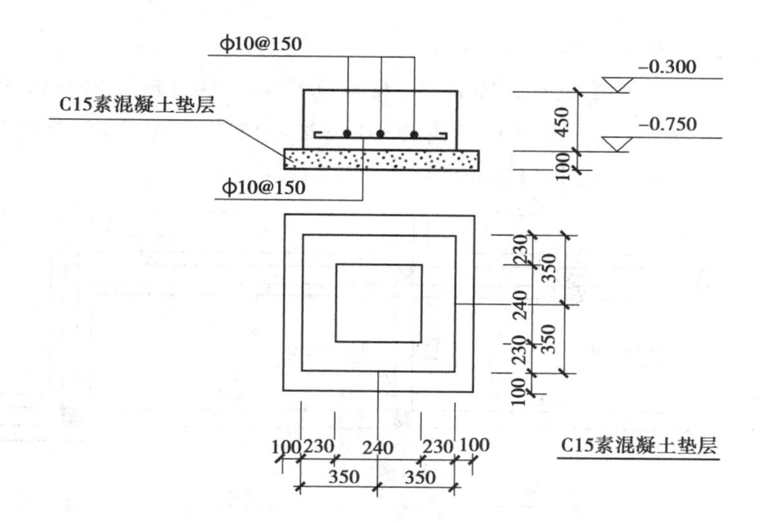

图 2.9　独立基础配筋图

图中独立基础底板钢筋为双向配置的ф 10@ 150，项目特征提示 HPB235 为光圆钢筋，计算时应加弯钩。图中规定保护层厚度取 35 mm。构件边长为 700 mm(350+350)。

清单量计算结果见表 2.102。

表 2.102　清单量计算结果

序号	项目编码	项目名称	项目特征	单位	工程量计算式	工程量
1	010515001001	现浇混凝土钢筋(独立基础)	钢筋种类、规格:HPB235 ϕ10 以内	t	0.7−2×0.035+12.5×0.01＝0.755(m)	0.011
					[(0.7−2×0.035)/0.15+1]×2＝12(支)	
					(0.755×12×0.617×2)/1 000＝0.011 18	

定额量计算结果见表 2.103。

表 2.103　定额量计算结果

对应的消耗量定额				
定额编号	项目名称	单位	工程量计算式	工程量
01050352	现浇构件圆钢 ϕ10 内	t	0.7−2×0.035+12.5×0.01＝0.755(m)	0.011
			[(0.7−2×0.035)/0.15+1]×2＝12(支)	
			0.755×12×0.617×2/1 000＝0.011 18(t)	

②基础梁混凝土工程量计算。

本题图中基础梁平面布置如图 2.10 所示,应与地圈梁(DQL)形成闭合结构,基础梁高度为 300 mm,梁底标高为-0.6 m,则梁顶标高为-0.3,这些标高是错误的,应改为梁底标高为-0.3 m,梁顶标高为±0.00,如图 2.11 所示。

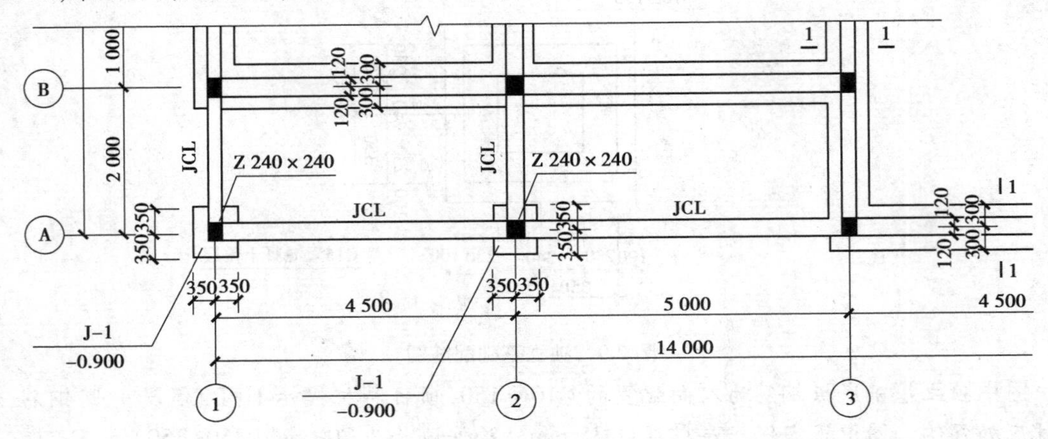

图 2.10 基础梁平面布置

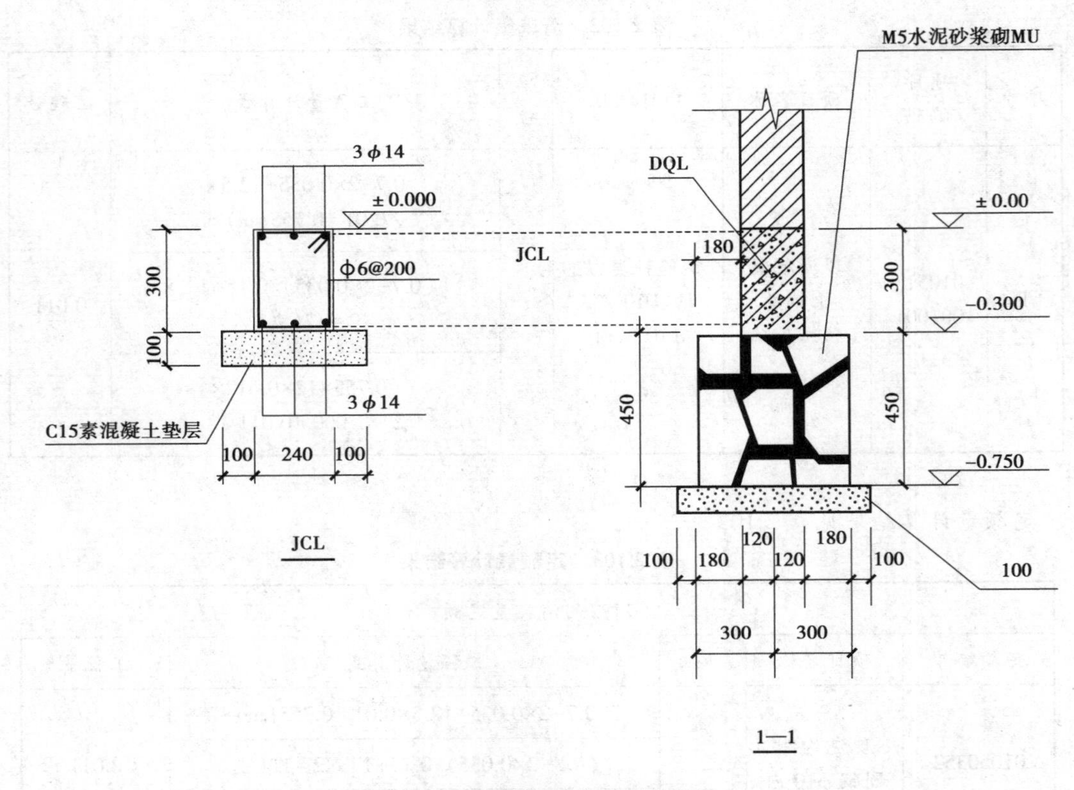

图 2.11 基础梁与地圈梁剖面图

清单量计算结果见表2.104。

表2.104　清单量计算结果

序号	项目编码	项目名称	项目特征	单位	工程量计算式	工程量
2	010503001001	基础梁	1.梁底标高:−0.3 m(应与DQL同位置才符合实际,JCL接构造柱侧面) 2.梁截面:240×300 3.混凝土强度等级:C25 4.混凝土拌合料:商品混凝土 5.垫层:C15混凝土	m^3	(4.5−0.24)×0.24×0.3+(5−0.24)×0.24×0.3+(2−0.24)×0.24×0.3×2=0.903	0.903

定额量计算结果见表2.105。

表2.105　定额量计算结果

对应的消耗量定额				
定额编号	项目名称	单位	工程量计算式	工程量
01050026	基础梁	10 m^3	0.903/10=0.090 3	0.09
01050001	基础垫层	10 m^3	[(4.5−0.35×2)×0.44×0.1+(5−0.35−0.3)×0.44×0.1+(2−0.35−0.3)×0.44×0.1×2]/10=0.047 74	0.05

③天沟混凝土工程量计算。

天沟平面布置及剖面大样如图2.12所示。

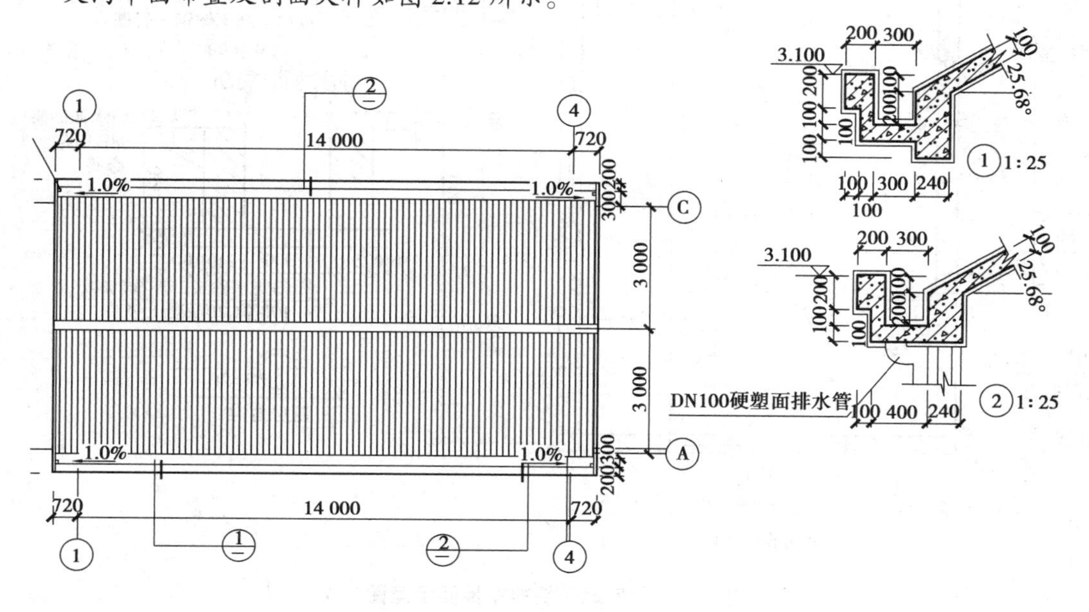

图2.12　天沟平面布置及剖面大样

清单量计算结果见表 2.106。

表 2.106 清单量计算结果

序号	项目编码	项目名称	项目特征	单位	工程量计算式	工程量
3	010505007001	天沟	1.混凝土强度等级:C25 2.混凝土种类:商品混凝土	m^3	(14+0.72×2)×(0.3×0.1+0.2×0.1+0.2×0.2)×2=2.78	2.78

定额量计算结果见表 2.107。

表 2.107 定额量计算结果

对应的消耗量定额				
定额编号	项目名称	单位	工程量计算式	工程量
01050058	天沟	10 m^3	2.78/10=0.28	0.28

④厨房陶瓷地砖块料楼地面工程量计算。

厨房地砖块料楼地面如图 2.13 所示。

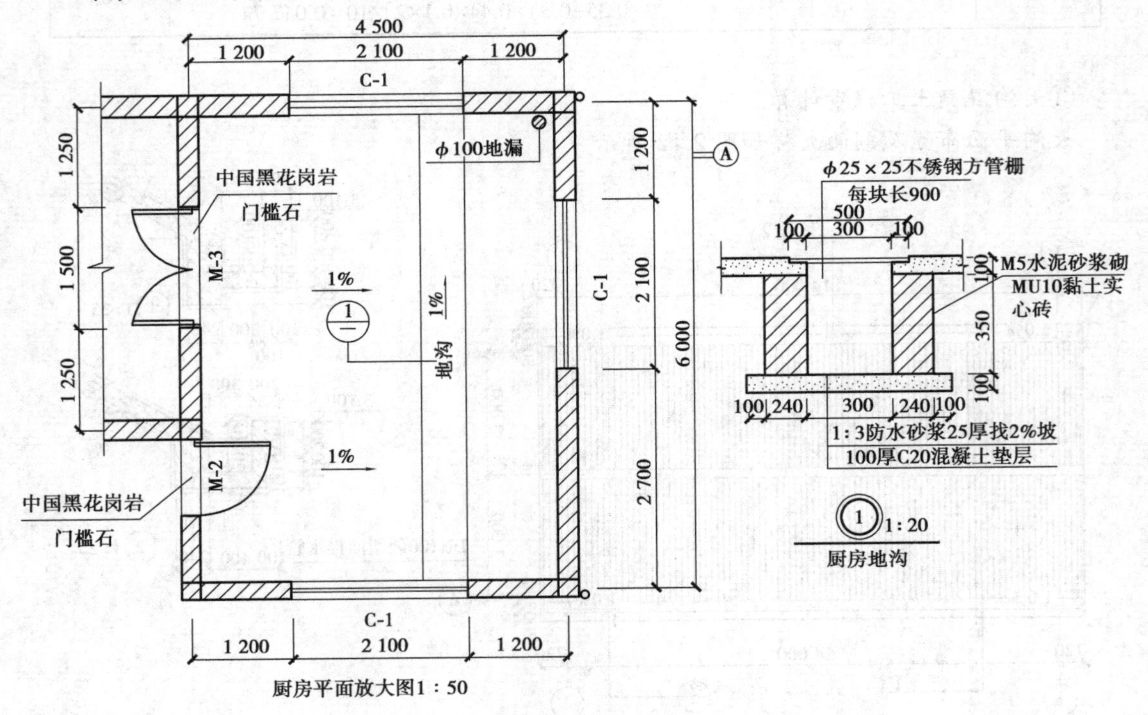

图 2.13 厨房地砖块料楼地面示意图

块料楼地面计算室内净面积，门洞开口部分为花岗岩另行计算，应扣除地沟不锈钢方管栅所占面积。

清单量计算结果见表2.108。

表2.108　清单量计算结果

序号	项目编码	项目名称	项目特征	单位	工程量计算式	工程量
4	011102003001	陶瓷地砖块料楼地面（厨房）	1.垫层材料厚度：C15混凝土100厚 2.结合层厚砂浆配比：20厚1∶2.5水泥砂浆 3.面层：防滑地砖8厚600×600	m^2	(6−0.24)×(4.5−0.24)−(6−0.24)×0.5=21.66	21.66

定额量计算结果见表2.109。

表2.109　定额量计算结果

对应的消耗量定额				
定额编号	项目名称	单位	工程量计算式	工程量
01090013	混凝土地坪垫层	10 m^3	(6−0.24)×(4.5−0.24)×0.1−(6−0.24)×0.3×0.1=2.28	0.23
01090110	陶瓷地砖楼地面	m^2	(6−0.24)×(4.5−0.24)−(6−0.24)×0.5=21.66	21.66

⑤厨房砖块墙面工程量计算。

厨房砖块墙面计算，室内墙面净长度读图2.13，设计说明规定计算高度2.9 m，门窗洞口尺寸见表2.110。

表2.110　门窗洞口尺寸

类别	设计编号	洞口尺寸/mm		数量	备注
		宽	高		
门	m-1	1 800	2 100	1	双开实木门，齐墙内表面
	m-2	1 000	2 100	1	成品实木门，齐墙内表面
	m-3	1 500	2 100	2	双开实木门，齐墙内表面
窗	C-1	2 100	1 800	6	窗台高0.9 m，铝合金推拉窗居中立樘，窗框宽100 mm

清单量计算结果见表2.111。

表 2.111　清单量计算结果

序号	项目编码	项目名称	项目特征	单位	工程量计算式	工程量
5	011204003001	块料墙面(厨房)	1.墙体类型:砖墙 2.底层厚度、砂浆配合比:13 mm厚 1∶3水泥砂浆 3.贴结层厚度、材料种类:8 mm厚 1∶2水泥砂浆 4.面层材料品种、规格:内墙面砖 5 厚 200 mm×300 mm 5.缝宽:密缝	m^2	(5.76×2+4.26×2)×2.9−1×2.1−1.5×2.1−2.1×1.8×3+(1.5+2.1×2)×(0.24−0.09)+(2.1×2+1.8×2)×(0.24−0.1)/2×3=44.019	44.02

定额量计算结果见表 2.112。

表 2.112　定额量计算结果

对应的消耗量定额				
定额编号	项目名称	单位	工程量计算式	工程量
01100059	水泥砂浆打底抹灰	m^2	(5.76×2+4.26×2)×2.9−1×2.1−1.5×2.1−2.1×1.8×3=41.526	41.53
01100134	墙面砂浆贴瓷板	m^2	(5.76×2+4.26×2)×2.9−1×2.1−1.5×2.1−2.1×1.8×3+(1.5+2.1×2)×(0.24−0.09)+(2.1×2+1.8×2)×(0.24−0.1)/2×3=44.019	44.02

⑥厨房塑料制品天棚吊顶。

厨房塑料制品天棚吊顶骨和面层均按室内主墙间净空面积计算。

清单量计算结果见表 2.113。

表 2.113　清单量计算结果

序号	项目编码	项目名称	项目特征	单位	工程量计算式	工程量
6	011302001001	天棚吊顶(厨房)	1.吊顶形式:平顶 2.龙骨类型、种类、规格、中距:不上人型 U50 系列轻钢龙骨中距 1 200 mm 3.面层材料品种规格:空腹 PVC 扣板	m^2	(6−0.24)×(4.5−0.24)=24.538	24.54

定额量计算结果见表 2.114。

表 2.114　定额量计算结果

对应的消耗量定额				
定额编号	项目名称	单位	工程量计算式	工程量
01110039	不上人型 U50 系列轻钢龙骨中距 1 200 mm	m^2	(6−0.24)×(4.5−0.24)= 24.538	24.54
01110128	空腹 PVC 扣板	m^2	(6−0.24)×(4.5−0.24)= 24.538	24.54

【案例 2.4】请根据表 2.115 描述内容和给定条件，填写表中空格内容，并依据《××省 2013 版建设工程计价依据》的相关规定，在表中完成指定项目的工程量计算。（注：计算结果小数点后保留 2 位。）

给定条件：±0.00 以上砖墙中所含圈梁混凝土为 1.88 m^3，梁头混凝土为 0.1 m^3，构造柱混凝土 2.3 m^3。

表 2.115　工程量计算表

序号	定额编号	项目名称	定额单位	工程量	工程量计算式
		场地平整			
		一砖混水砖墙			
		预制过梁钢筋制安			
		外墙水刷白石子			
		混凝土散水			

【解】①场地平整。

填写定额编号、定额单位查看《××省房屋建筑与装饰工程消耗量定额》。计算工程量看一层平面图，见图 2.14。

解答结果见表 2.116。

②一砖混水砖墙。

填写定额编号、定额单位查看《××省房屋建筑与装饰工程消耗量定额》。计算工程量一看一层平面图，如图 2.14 所示，二看建筑剖面图，如图 2.15 所示，三看门窗表（表 2.117）扣减洞口面积。

③预制过梁钢筋制安。

填写定额编号、定额单位查看《××省房屋建筑与装饰工程消耗量定额》。计算工程量看过梁大样图，如图 2.16 所示。过梁长在设计说明中规定：门窗洞口宽度两边各加250 mm，本例一层平面图 M-1 两边均不靠混凝土柱，计算长度为 M-1 洞口宽 1 800 mm 两边各加 250 mm。

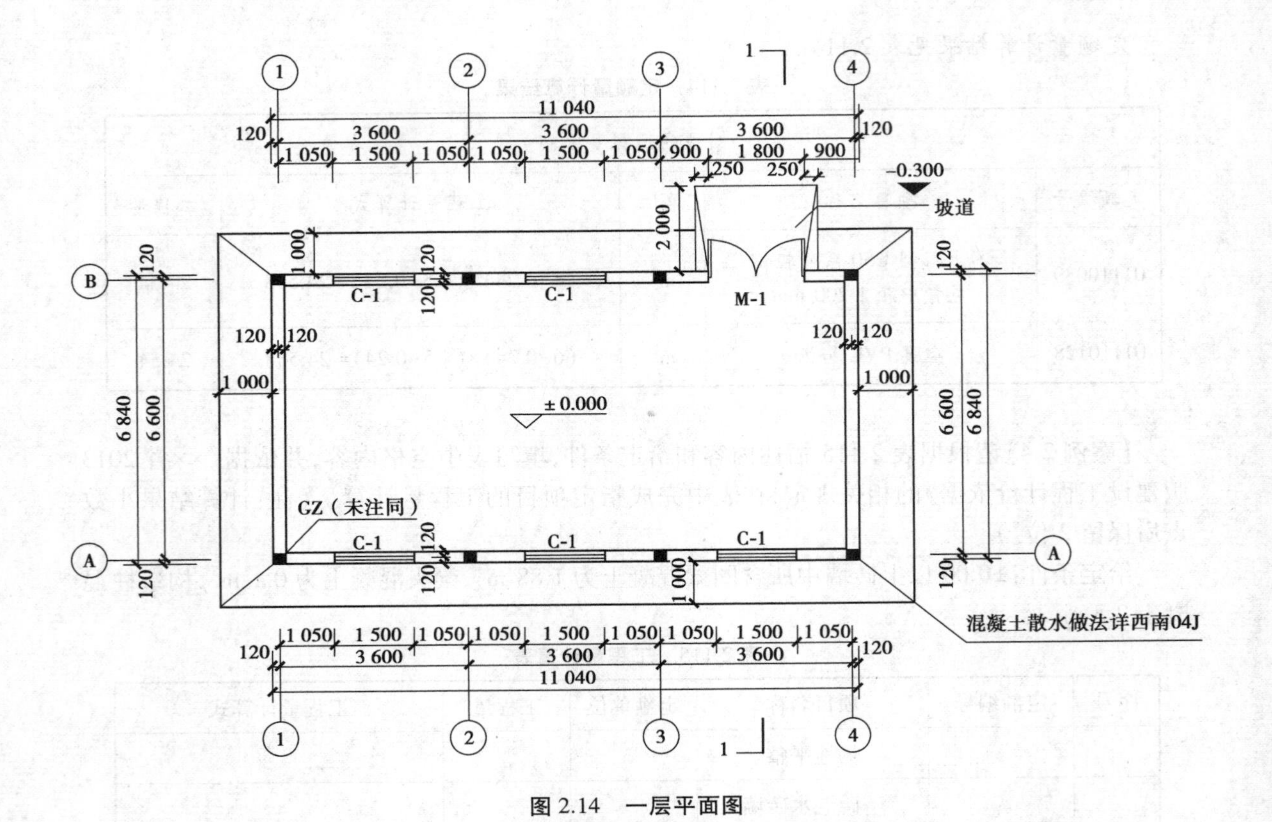

图 2.14　一层平面图

表 2.116　工程量计算表(答案一)

序号	定额编号	项目名称	定额单位	工程量	工程计算式
1	01010121	场地平整	100 m²	1.63	(11.04+4)×(6.84+4)=163.03

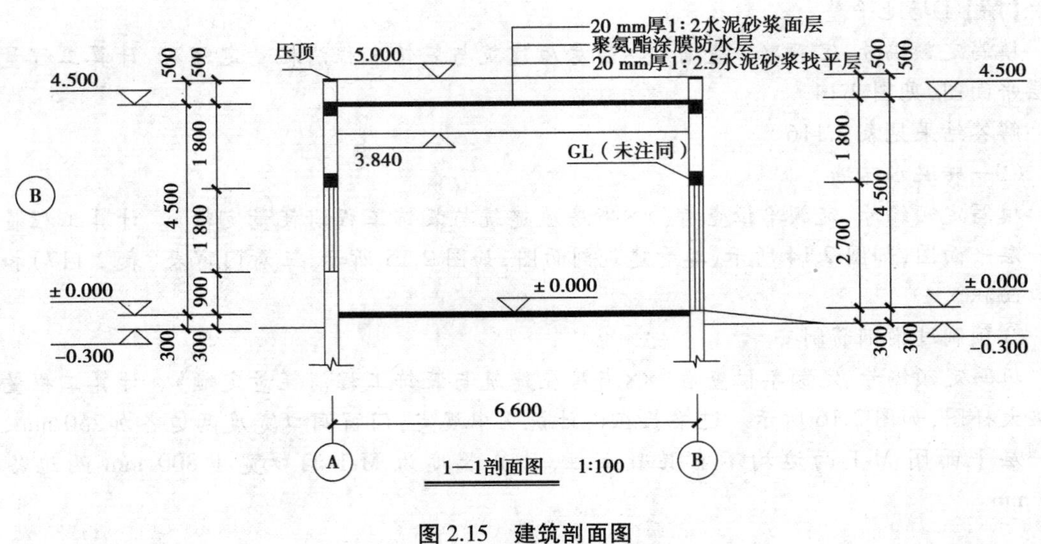

图 2.15　建筑剖面图

表2.117　附图门窗表

类型	设计编号	洞口尺寸/mm		框宽	立樘位置
		宽	高		
门	M-1	1 800	2 700	100	平墙内侧
窗	C-1	1 500	1 800	100	墙中

解答结果见表2.118。

表2.118　工程量计算表(答案二)

序号	定额编号	项目名称	定额单位	工程量		工程计算式
2	01040009	一砖混水砖墙	10 m^3	3.20	GL	(1.8+0.25×2)×0.24×0.24×1+(1.5+0.25×2)×0.24×0.24×5=0.71
					体积	[(3.6×3×2+6.6×2)×(4.5+0.5−0.06)−1.8×2.7−1.5×1.8×5]×0.24−1.88−2.3−0.71=31.96

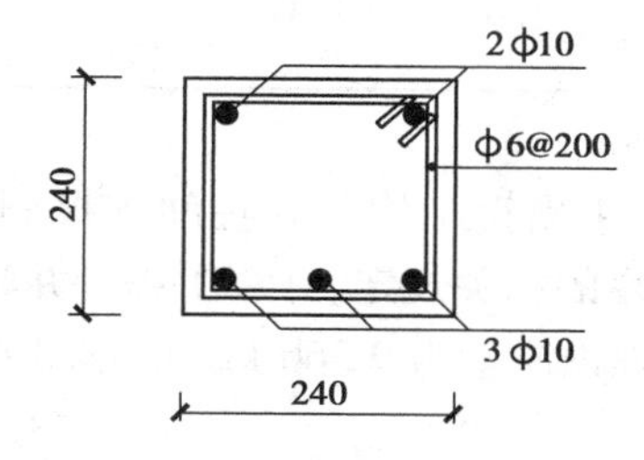

图2.16　过梁大样图

解答结果见表2.119。

表2.119　工程量计算表(答案三)

序号	定额编号	项目名称	定额单位	工程量		工程计算式
3	01050358	预制构件钢筋制安(过梁)	t	0.052	门直筋长	(1.8+0.25×2)−2×0.03+12.5×0.01=2.365
					窗直筋长	(1.5+0.25×2)−2×0.03+12.5×0.01=2.065
					ϕ10 重	(2.365×5×1+2.065×5×5)×0.617=39.15
					箍长	0.24×4−8×0.03+2×11.9×0.006=0.86
					门箍支	(1.8+0.25×2−2×0.03)/0.2+1=13
					窗箍支	(1.5+0.25×2−2×0.03)/0.2+1=11
					ϕ6 重	(13×1+11×5)×0.86×0.222=12.98
					小计	39.15+12.98=52.13(kg)/1 000=0.052(t)

④外墙水刷白石子。

填写定额编号、定额单位查看《××省房屋建筑与装饰工程消耗量定额》。计算工程量一看建筑平面图读取外墙外边线长度，二看建筑剖面图读取高度，三看门窗表(表2.117)扣减洞口面积。由于装饰抹灰计算规则规定“扣洞不增侧壁”，所以无须关注门扇开启方向和框料宽度。

解答结果见表2.120。

表 2.120　工程量计算表(答案四)

序号	定额编号	项目名称	定额单位	工程量	工程计算式
4	01100037	外墙水刷白石子	m^2	170.55	(11.04×2+6.84×2)×(4.5+0.5+0.3)−1.8×2.7−1.5×1.8×5−(1.8×0.3+0.25×0.3)= 170.55

⑤混凝土散水。

填写定额编号、定额单位查看《××省房屋建筑与装饰工程消耗量定额》。计算工程量看建筑平面图读取外墙外边线长度和散水离墙宽度,如图 2.14 所示。

解答结果见表 2.121。

表 2.121　工程量计算表(答案五)

序号	定额编号	项目名称	定额单位	工程量	工程计算式
5	01090040	混凝土散水	100 m^2	0.37	[11.04×2+6.84×2−(1.8+0.25×2)]×1+1×1×4=37.46

【案例 2.5】某项目中设计有 4 榀钢结构单式柱间支撑,其大样如图 2.17 所示。请依据《××省通用安装工程消耗量定额》的相关规定,计算工程量并将过程填入表 2.122 中。

给定条件:角钢∟100×6 的理论质量为 9.366 kg/m,钢材密度为 7 850 kg/m^3,计算结果小数点后保留 3 位。

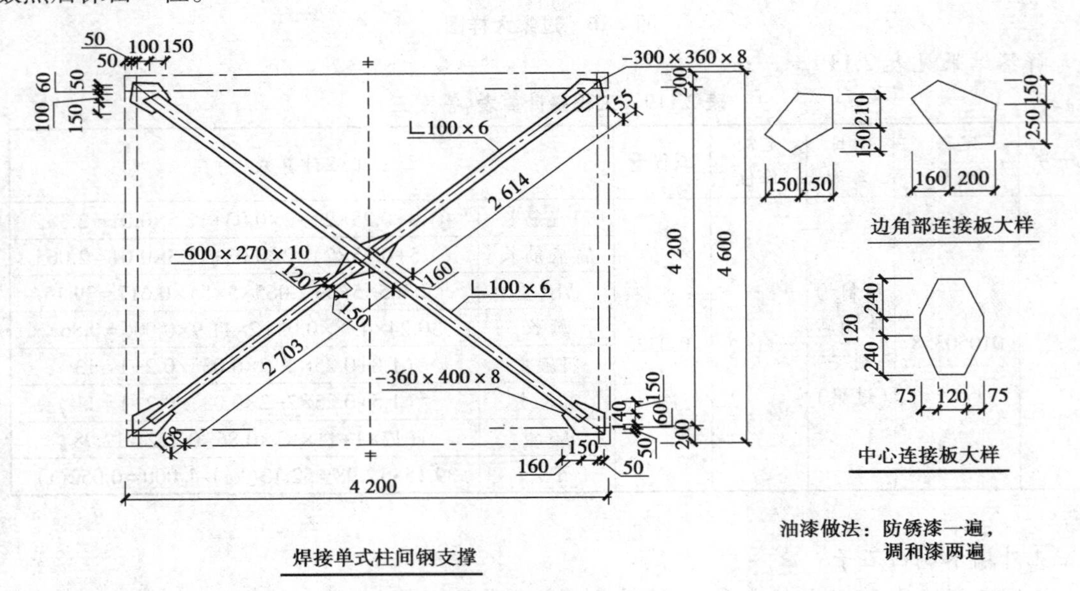

图 2.17　柱间支撑大样图

表 2.122　工程量计算过程表

步骤一	杆件				
	连接板				
	合计				
步骤二	定额套用过程				
	序号	定额编号	项目名称	单位	工程量
			制作(钢支撑制作)		
			运输(钢支撑运输 5 km)		
			安装		
			油漆		

【解】工程量计算过程见表 2.123。

表 2.123　工程量计算过程表(答案一)

步骤一	钢支撑	杆件	$(\sqrt{4.2^2+(4.2-2\times0.1)^2}-0.168-0.155+2.703+2.614)\times9.366=101.1$(kg)
		连接板	$(0.4\times0.36\times0.008\times2+0.36\times0.3\times0.008\times2+0.6\times0.27\times0.01)\times7\ 850=44.37$(kg)
		合计	$(101.1+44.37)\times4/1\ 000=0.582$(t)

【特别说明】本例计算如果换一种思路，就是两根角钢构成的钢支撑长度是相等的，那么由于从左下角斜向右上角的角钢从中间连接板处被切割为两段，两段的实长分别为 2 703 mm 和 2 614 mm，切开部分长为 160 mm，则总长为 2 703+2 614+160 就是右下角斜向左上角的角钢的实长。角钢质量计算如下：

$$(2.703\times2+2.614\times2+0.16)\times9.366=101.1(\text{kg})$$

定额套用过程见表 2.124。

表 2.124　定额套用过程表(答案二)

序号	定额编号	项目名称	单位	工程量
1	03130031	制作(钢支撑制作)	t	0.582
2	03130079	运输(钢支撑运输 5 km)	t	0.582
3	03130044	安装(增加 1.5%焊缝重)	t	0.591
4	03130512+03130513	油漆(二遍调和漆)	t	0.582

【案例 2.6】(1)请按图 2.18 所示，依据《××省房屋建筑与装饰工程消耗量定额》的规定，计算该工程圈梁(不含地圈梁)钢筋的工程量(不计算加强筋、附加钢筋等构造钢筋；工程量以 kg 为单位)。

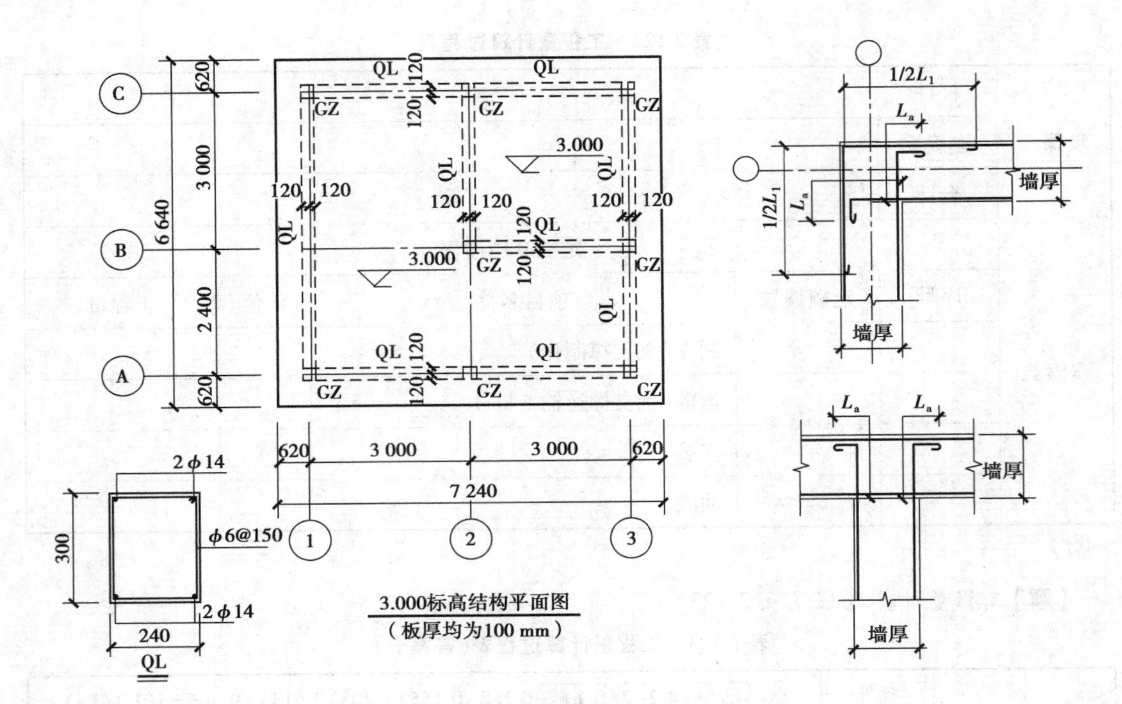

图 2.18　与圈梁有关的图形组合

(2)请认真阅读附图,在"工程量计算表"(表 2.125)中计算本表所列分部分项工程清单项目以及对应定额子目的工程量。(混凝土施工现场拌制)

表 2.125　工程量计算表

序号	项目编码	项目名称	项目特征	单位	清单工程量计算式	工程量	对应的消耗量定额					
							定额编码	项目名称	单位	定额工程量计算式	工程量
1		毛石混凝土带形基础	1.C10 混凝土垫层,厚 100 mm 2.混凝土强度等级 C15 3.混凝土拌合料要求:现场搅拌								
2		厚度10 cm以内平板	1.板底标高:2.90 m 2.板厚度:100 mm 3.混凝土强度等级:C20 4.混凝土拌合料要求:现场搅拌								
3		内墙面喷刷涂料	1.基层类型:抹灰面 2.涂料品种、刷喷遍数:双飞粉两遍								

【难点分析】本例附图在考题中是分散的，对初学者来说，仅读懂图就有很大的难度。当人们将分散的图组合在一起时，看图就显得容易一些。首先，3 m标高结构平面图上显示的QL就是圈梁，在内外墙上都有；其次，圈梁的配筋剖面图显示配置4根直径14的光圆钢筋，箍筋为$\phi6@150$；再则，L形转角处外侧钢筋自转角延伸$1/2L_1$（L_1为搭接长度，取值$42d$），内侧钢筋自转角延伸L_a（L_a为锚固长度，取值$35d$），T形转角处4支钢筋自转角延伸L_a。当人们在L形转角处标明定位轴线，仔细研究便会发现，圈梁外侧钢筋（上下为2支）自定位轴线到外角的长度恰好等于内侧钢筋（上下为2支）自内角到定位轴线的长度，如果人们用"外墙中心线"的概念来计算外墙圈梁的4根直径14的光圆钢筋（不考虑延伸长度时）是最简单明了的，同样内墙圈梁用"内墙净长线"的概念来计算4根直径14的光圆钢筋（不考虑延伸长度时）也是显而易见的，最后再去计算转角处的延伸长度，就可完成圈梁钢筋工程量的计算。

【解】(1)按附图（图2.18）计算圈梁（不含地圈梁）钢筋的工程量。

①纵筋（$4\phi14$）计算。

纵筋图示长：

$L_{图}$=外墙中心线×4+内墙净长线×4

=(3.0×3+2.4)×2×4+(3.0×2−0.12×2)×4

=22.8×4+5.76×4=114.24(m)

L形转角锚固钢筋长（每个转角内外侧各4支，5个转角内外侧各20支）：

$L_L=(1/2L_1+6.25d+L_a+6.25d)$×支数

=(1/2×42×0.014+6.25×0.014)×20+(35×0.014+6.25×0.014)×20

=19.18(m)

T形转角锚固钢筋长（每个转角4支，2个转角共8支）

$L_T=(L_a+6.25d)$×支数=(35×0.014+6.25×0.014)×8=4.62(m)

总长：114.24+19.18+4.62=138.04(m)

质量：138.04×1.208=166.75(kg)　(1.4×1.4×0.617=1.208)

②箍筋（$\phi6@150$）计算

单长=断面周长=2×(0.24+0.3)=1.08(m)（在考试时可按指南规定）

支数=(22.8+5.76)/0.15+1×6段×1=197(支)

质量=1.08×197×0.222=47.23(kg)

(2)对表2.125中指定项目计算如下。

①毛石混凝土带形基础如图2.19所示（图中$A—A$剖面基底宽为450+450，$B—B$剖面基底宽为400+400）。

计算过程见表2.126。

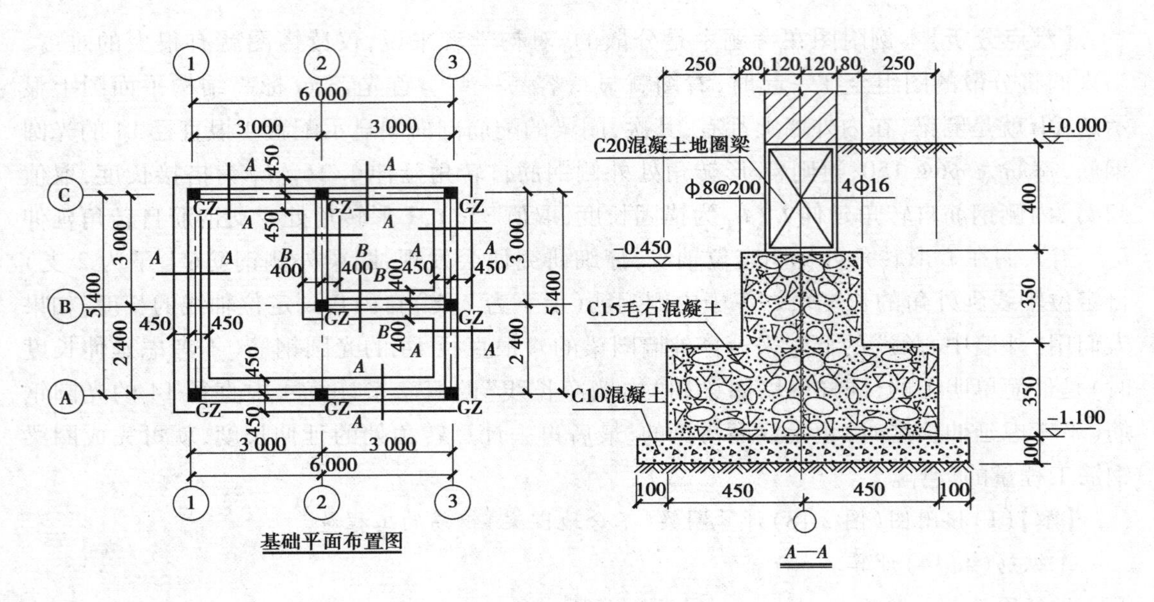

图 2.19 与带形基础有关的图形组合

表 2.126 工程量计算表(答案一)

序号	项目编码	项目名称	项目特征	单位	清单工程量计算式	工程量
1	010501002001	带形基础	1.C10 混凝土垫层,厚 100 mm 2.混凝土强度等级 C15 3.混凝土拌合料要求:现场搅拌	m^3	$(6+5.4)\times2\times(0.9\times0.35+0.4\times0.35)+5.1\times0.8\times0.35+5.6\times0.4\times0.35=12.59\ m^3$	12.59
对应的消耗量定额						
序号	定额编码		项目名称	单位	定额工程量计算式	工程量
1	01050001		基础垫层	10 m^3	$(6+5.4)\times2\times0.1\times1.1+4.9\times1\times0.1=3.0\ m^3$	0.3
2	01050002		毛石混凝土带形基础	10 m^3	$(6+5.4)\times2\times(0.9\times0.35+0.4\times0.35)+5.1\times0.8\times0.35+5.6\times0.4\times0.35=12.59\ m^3$	1.26

②厚度 10 cm 以内的平板如图 2.20 所示。

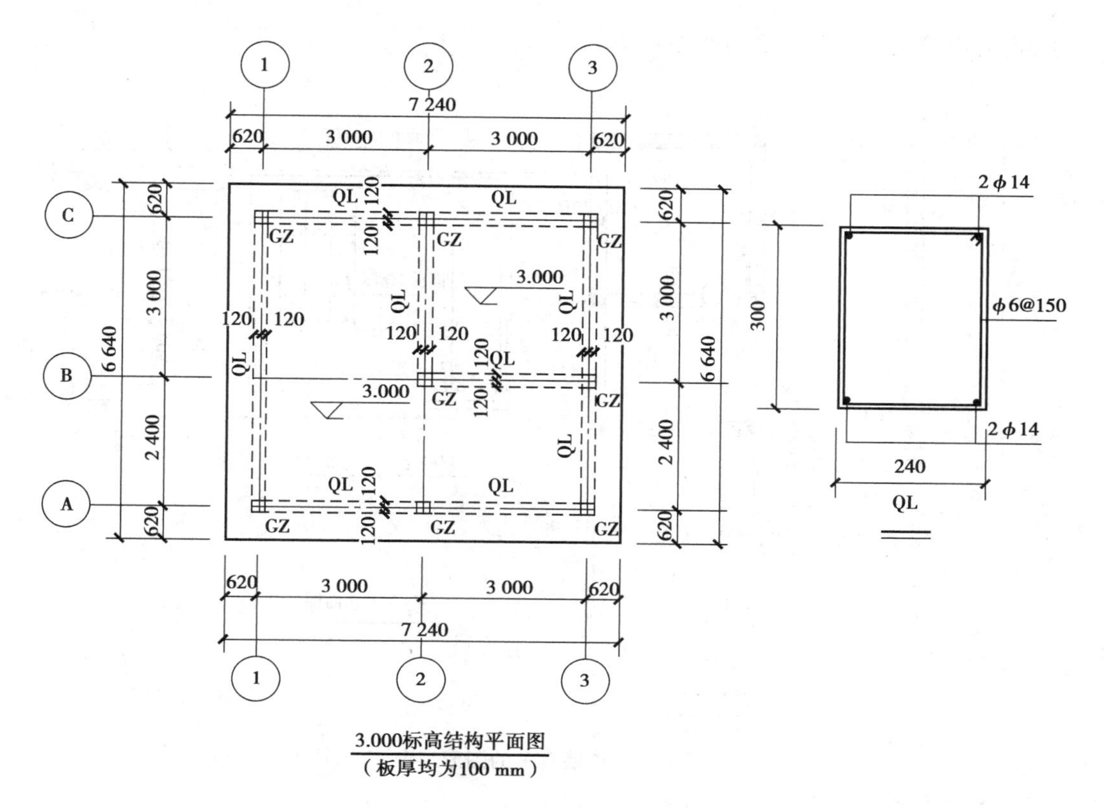

图 2.20　平板有关的图形组合

【**难点分析**】本问题的难点在于区分平板与圈梁的关系,因为一般平板与圈梁是整浇为一体的,而且板面就是梁面,所以当平板与圈梁分开计算时,平板应算至圈梁侧面。另外,悬空于墙外的板不按平板计算,应单列挑檐板计算,以圈梁外皮为界。本例计算的关键是取平面图中圈梁间的净面积。

计算过程见表 2.127。

表 2.127　工程量计算表(答案二)

<table>
<tr><th>序号</th><th>项目编码</th><th>项目名称</th><th>项目特征</th><th>单位</th><th>清单工程量计算式</th><th>工程量</th></tr>
<tr><td>2</td><td>010505003001</td><td>平板</td><td>1.板底标高:2.90 m
2.板厚度:100 mm
3.混凝土强度等级:C20
4.混凝土拌合料要求:现场搅拌</td><td>m³</td><td>(5.76×5.16−5.76×0.24)×0.1=2.83 m³</td><td>2.83</td></tr>
<tr><td colspan="7">对应的消耗量定额</td></tr>
<tr><td colspan="2">定额编码</td><td colspan="2">项目名称</td><td>单位</td><td>定额工程量计算式</td><td>工程量</td></tr>
<tr><td colspan="2">01050044</td><td colspan="2">混凝土平板</td><td>10 m³</td><td>(5.76×5.16−5.76×0.24)×0.1=2.83 m³</td><td>0.28</td></tr>
</table>

③内墙面喷刷涂料如图 2.21 所示。

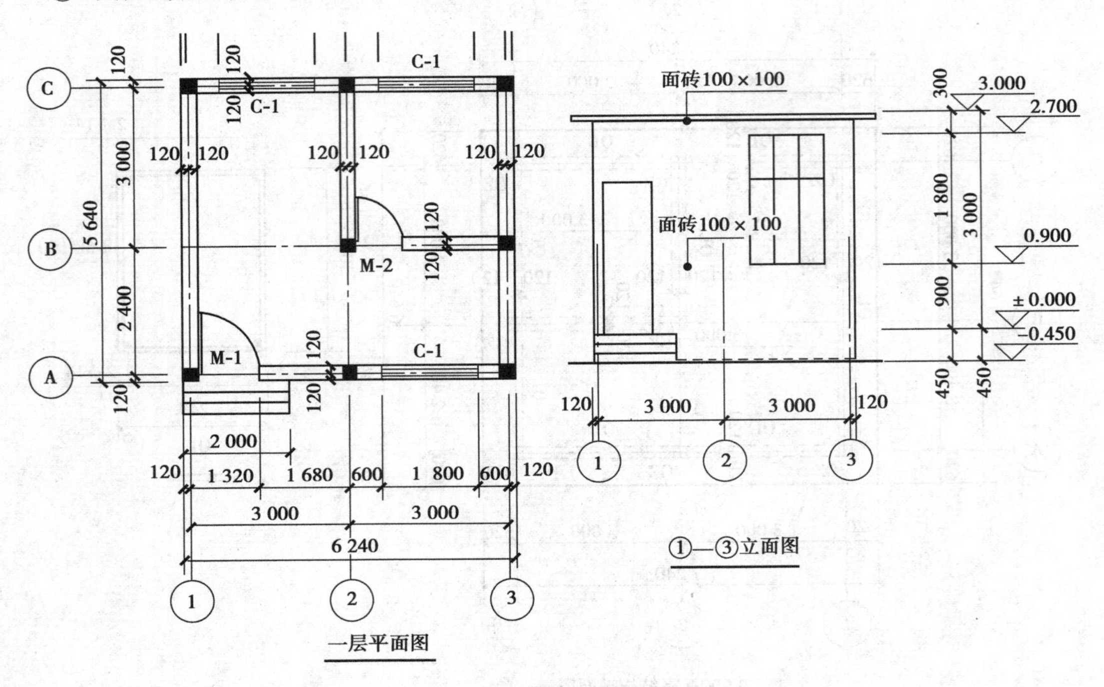

图 2.21　内墙有关的图形组合

门窗尺寸见表 2.128。

表 2.128　门窗表

序号	门窗编号	门窗名称	宽×高/mm	樘数	备注
1	C-1	铝合金推拉窗	1 800×1 800	3	窗台高 900 mm,成品,居中立樘,窗框型材宽 90 mm
2	M-1	防盗门	1 200×2 100	1	成品,居中立樘,门框型材宽 80 mm
3	M-1	防盗门	900×2 100	1	成品,居中立樘,门框型材宽 80 mm

计算过程如表 2.129 所示。

表 2.129　工程量计算表(答案三)

序号	项目编码	项目名称	项目特征	单位	清单工程量计算式	工程量
3	011407001001	墙面喷刷涂料	1.基层类型:抹灰面 2.涂料品种、刷喷遍数:双飞粉两遍	m^2	抹灰面涂料按“设计图示尺寸以面积计算”,即内墙面积应扣除门窗洞口及踢脚线面积,洞口侧壁增加计算 内室:$L_{净}$=(3−0.24)×4=11.04 m 外室:$L_{净}$=(3+3−0.24+3+2.4−0.24)×2=21.84 m 室内净高:H=3−0.1−0.15=2.75 m 扣门窗洞口面积:M1×1+C1×3+M2×2 =1.2×(2.1−0.15)+1.8×1.8×3+	

续表

序号	项目编码	项目名称	项目特征	单位	清单工程量计算式	工程量
					0.9×(2.1−0.15)×2 = 15.57 m^2 洞口侧壁宽度：(0.24−0.09)/2 = 0.075 m 洞口侧壁增面： (1.2+1.95×2)×0.08+1.8×4×0.075×3+(0.9+1.95×2)×0.08×2 = 2.8 m^2 图示尺寸面积： (11.04+21.84)×2.75−15.57+2.8 = 77.65 m^2	77.65
对应的消耗量定额						
定额编码		项目名称		单位	定额工程量计算式	工程量
01120266		双飞粉二遍，墙柱抹灰面		m^2	抹灰面涂料按“一般抹灰面工程量计算”，即内墙面积应扣除门窗洞口但洞口侧壁不增加计算 (11.04+21.84)×2.9−1.8×1.8×3−1.2×2.1−0.9×2.1×2 = 79.33 m^2	79.33

【**案例**2.7】请认真阅读附图，按限定条件计算某培训楼工程表所列（表2.130）分部分项工程量清单项目及对应定额子目工程量，要求在表中完成计算，工程量清单项目单位、工程量计算式、工程量、定额子目单位、工程量计算式、工程量均需填写。（计算结果保留小数点后两位）

表2.130 工程量计算表

序号	项目编码	项目名称	项目特征	单位	清单工程量计算式	工程量	对应的消耗量定额				
							定额编码	项目名称	单位	定额工程量计算式	定额量
1	010101001001	平整场地	1.土壤类别：三类土 2.弃土运距：不运输 3.取土运距：不运输				01010121	场地平整			
2	010402001001	砌块墙	1.240×240×190混凝土小型空小砌块 2.墙厚度：240 mm 3.砂浆强度等级：M5.0混合砂浆 4.勾缝要求：无				01040025	混凝土小型空小砌块厚240			

续表

序号	项目编码	项目名称	项目特征	单位	清单工程量计算式	工程量	对应的消耗量定额				
							定额编码	项目名称	单位	定额工程量计算式	定额量
3	010101003001	挖沟槽土方	1.土壤类别:三类土 2.基础类型:钢筋混凝土带形基础 3.不支模垫层底宽:1 500 mm 4.挖土深度:1.4 m 5.弃土运距:不运输				01010004	人工挖沟槽内三类土			
4	011105003001	块料踢脚线	1.踢脚线高度:150 mm 2.10 mm 厚 1∶2.5 水泥砂浆黏接层 3.150×600 深色瓷砖踢脚线 4.白色水泥勾缝				01090111	陶瓷地砖踢脚线			
5	010902001001	屋面卷材防水	1.三元乙丙橡胶卷材 2.冷粘满铺 3.20 mm 厚 1∶2水泥砂浆找平层				01090019	水泥砂浆找平层			
							01080054	三元乙丙橡胶卷材			

限定条件:①黏土空心砖墙仅计算二层;②踢脚线仅计算一层活动室;③场地土类别为三类土。

【解】(1)平整场地的计算,应读“一层平面图”(图 2.22)或“基础平面图”(图 2.25)来找到“外墙外边线”尺寸。

从图 2.22 中可以看到:一层平面图最外一道尺寸线 17 000 mm 和 13 700 mm 并不是外墙外边线长,也不是外墙中心线之和,应当读中间那道尺寸线,也就是开间和进深的尺寸。

开间方向外墙外边线长 = 6×2+4.5+0.12×2 = 16.74(m)

进深方向外墙外边线长 = 5.4×2+2.4+0.12×2 = 13.44(m)

工程量计算过程见表 2.131。

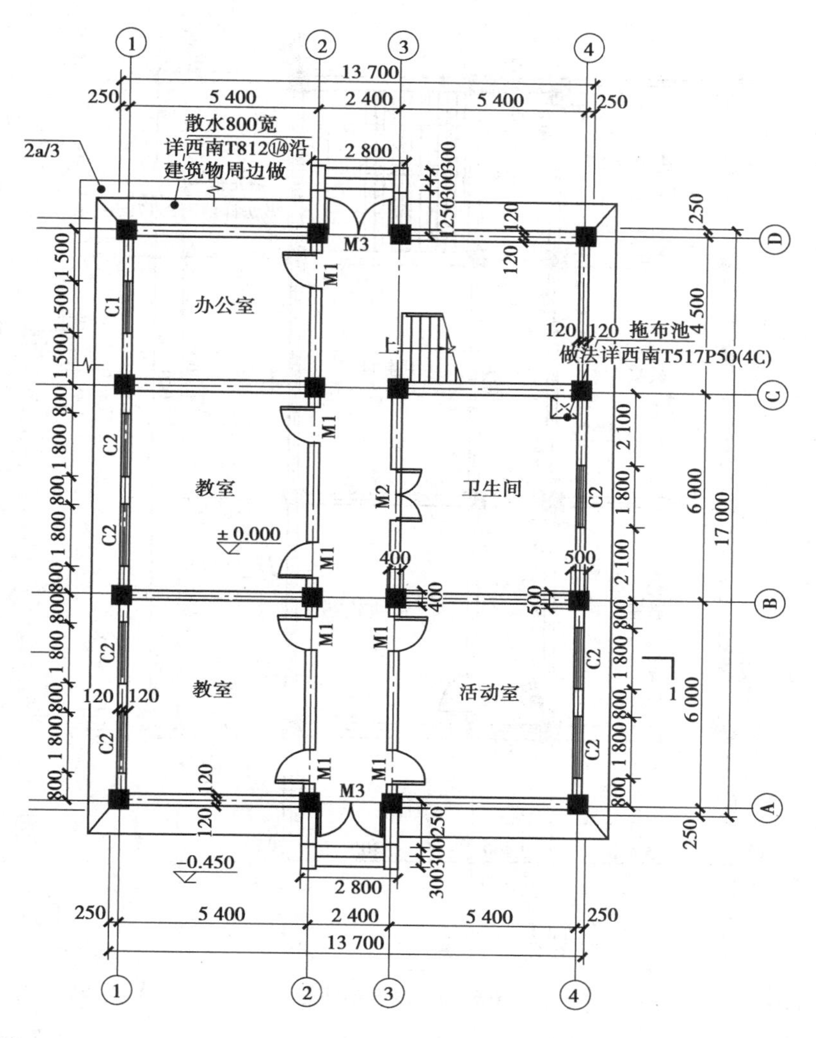

图 2.22　一层平面

表 2.131　工程量计算表(答案一)

序号	项目编码	项目名称	项目特征	单位	工程量计算式	工程量
1	010101001001	平整场地	省略	m^2	16.74×13.44 = 224.99	224.99
对应的消耗量定额						
序号	定额编码	项目名称		单位	工程量计算式	工程量
1	01010121	场地平整		100 m^2	(16.74+4)×(13.44+4) = 361.71	362

(2)砌块墙计算,应读二层平面图(图 2.23)、1—1 剖面图(图 2.24)和门窗表(表 2.132)。

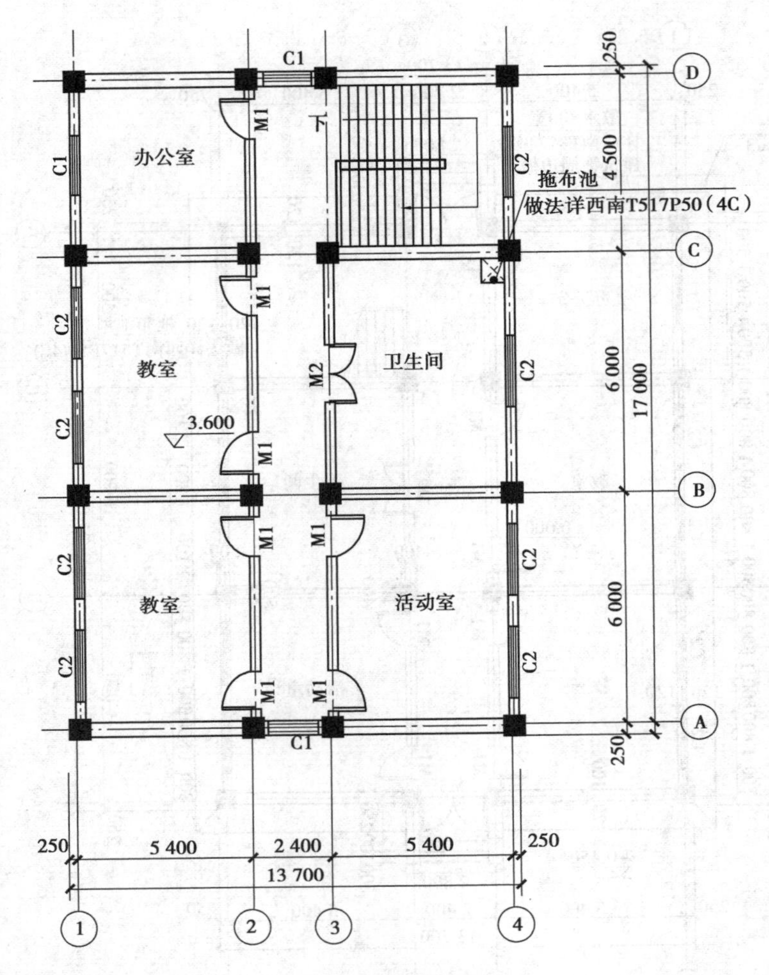

图 2.23　二层平面图

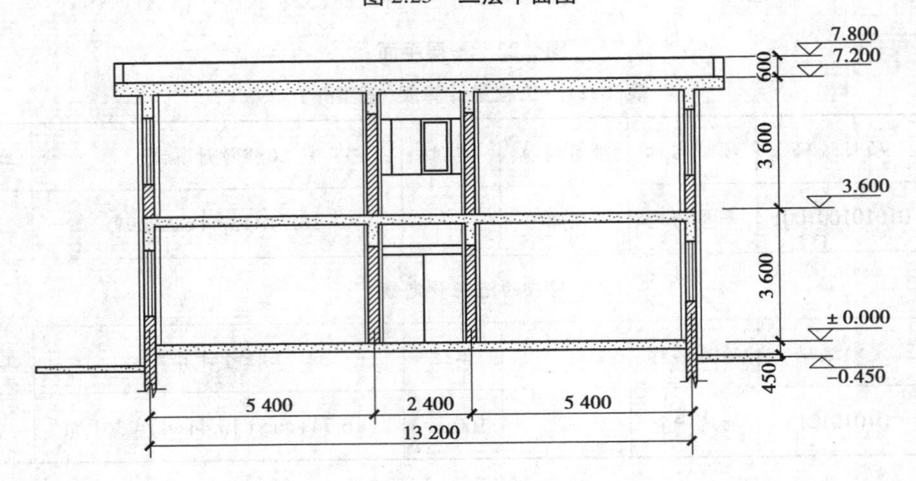

图 2.24　1—1 剖面图

表 2.132　门窗表

序号	门窗编号	门窗名称	洞口尺寸宽×高/mm	樘数			备注
				一层	二层	合计	
1	M1	实木门	1 000×2 100	7	7	14	成品,门框宽 60,居中
2	M2	实木门	1 500×2 400	1	1	2	成品,门框宽 60,居中
3	M3	铝合金平开门	2 000×2 700	2		2	门框型材宽 100,居中立
4	C1	铝合金推拉窗	1 500×1 500	1	3	4	窗框型材宽 90,居中立,平梁底
5	C2	铝合金推拉窗	1 800×1 800	7	8	15	窗框型材宽 90,居中立,平梁底

从图 2.24 中可以看到:因为内外墙都是框架间墙,所以计算长度都取柱间净长线。第二层层高 3.6 m,计算墙净高应扣框架梁高(在所给图纸的 7.2 m 标高层结构平面图中可以读得框架梁高 600 mm)。外墙上面开窗,内墙上开门,二层墙上应扣门窗洞口面积可利用门窗表计算。窗平框架梁底,无过梁。但门高不到框架梁底,应加设独立过梁,考虑墙体用 240×240×190 黏土空心砖砌筑,过梁断面假设为 240×190,长按门洞宽加 500 mm 计算。工程量计算过程见表 2.133。

表 2.133　工程量计算表(答案二)

序号	项目编码	项目名称	代号	单位	工程量计算式	工程量
2	010402001001	砌块墙	$L_{中}$	m	(17−0.5×4+13.7−0.5×2−0.4×2)×2	53.80
					(5.4×2+2.4+6×2+4.5)×2−8×0.5−0.4×4	53.80
			$L_{净}$	m	(5.4−0.25−0.2)×4+(6−0.4)×4+(4.5−0.4)	46.30
			H	m	3.6−0.6	3.00
			$F_{窗}$	m^2	1.8×1.8×8+1.5×1.5×3+1.5×2.4×1+1×2.1×7	50.97
			GL	m^3	(1.5+0.25×2)×0.24×0.19×1+(1+0.25×2)×0.24×0.19×7	0.59
			V	m^3	(53.8×3+46.3×3−50.97)×0.24−0.59	59.27
对应的消耗量定额						
序号	定额编码	项目名称	代号	单位	工程量计算式	工程量
1	01040025	混凝土小型空小砌块厚 240	V	10 m^3	(53.8×3+46.3×3−50.97)×0.24−0.59=59.27	5.93

(3)挖沟槽土方计算,应读基础平面图(图 2.25)、1—1 基础断面图(图 2.26)。

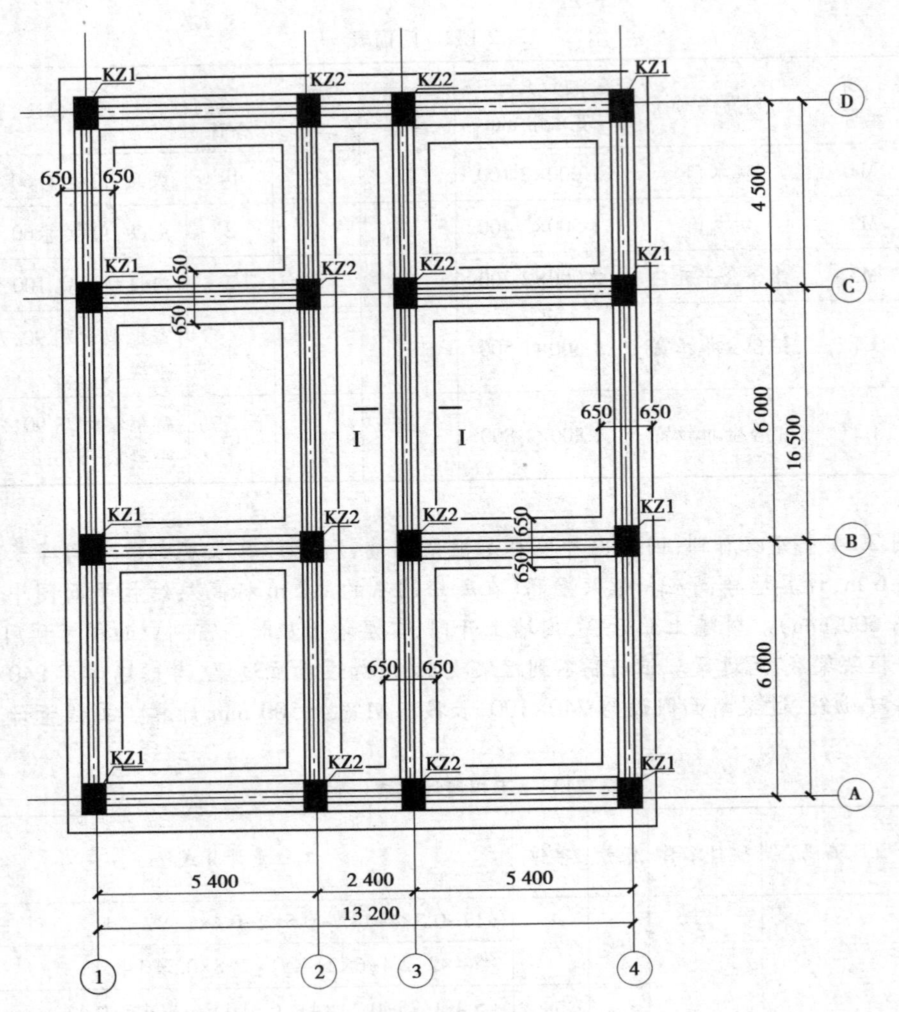

图 2.25　基础平面图

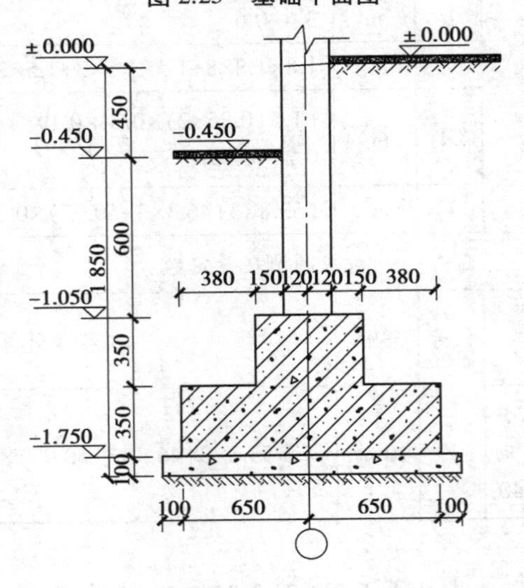

图 2.26　1—1 基础断面图

从图 2.25 和图 2.26 中可以看到：基础为混凝土条形基础，工作面宽应取 300 mm，基底宽为 1.3 m，基底标高−1.75 m，垫层厚 0.1 m，室外地坪标高为−0.45，所以挖深为 1.4 m，土壤为三类土，无须放坡。

工程量计算过程见表 2.134。

表 2.134　工程量计算表（答案四）

序号	项目编码	项目名称	代号	单位	工程量计算式	工程量
3	010101003001	挖沟槽土方	$L_{中}$	m	(16.5+13.2)×2	59.4
			L_{d}	m	(5.4×4+16.5×2)−12×(0.65+0.1)	45.6
			h	m	1.75+0.1−0.45	1.4
			V_{Q}	m^3	(59.4+45.6)×(0.65×2+0.1×2)×1.4	220.5
对应的消耗量定额						
序号	定额编码	项目名称	代号	单位	工程量计算式	工程量
1	01010004	人工挖沟槽（三类土）	$L_{中}$	m	(5.4×2+2.4+6×2+4.5)×2	59.4
			$L_{槽}$	m	(5.4×4+6×4+4.5×2)−12×(0.65+0.3)	43.2
			h	m	1.75+0.1−0.45	1.4
			V_{D}	100 m^3	(59.4+43.2)×(0.65×2+0.3×2)×1.4=272.92	2.73

（4）陶瓷块料踢脚线计算，应读一层平面图（图 2.22）。从图中可以看到：有 2 樘 M1，门框宽 60，居中立樘。墙厚 240，门洞口侧壁宽度为(240−60)/2。

工程量计算过程见表 2.135。

表 2.135　工程量计算表（答案五）

序号	项目编码	项目名称	单位	工程量计算式	工程量
4	011105003001	块料踢脚线	m^2	(6−0.24+5.4−0.24−1)×2×0.15+(0.24−0.06)/2×0.15×2×2	3.03
对应的消耗量定额					
序号	定额编码	项目名称	单位	工程量计算式	工程量
1	01090111	陶瓷地砖踢脚线	m^2	(6−0.24+5.4−0.24−1)×2×0.15+(0.24−0.06)/2×0.15×2×2	3.03

（5）屋面合成高分子防水计算，应读屋顶平面图（图 2.27）。

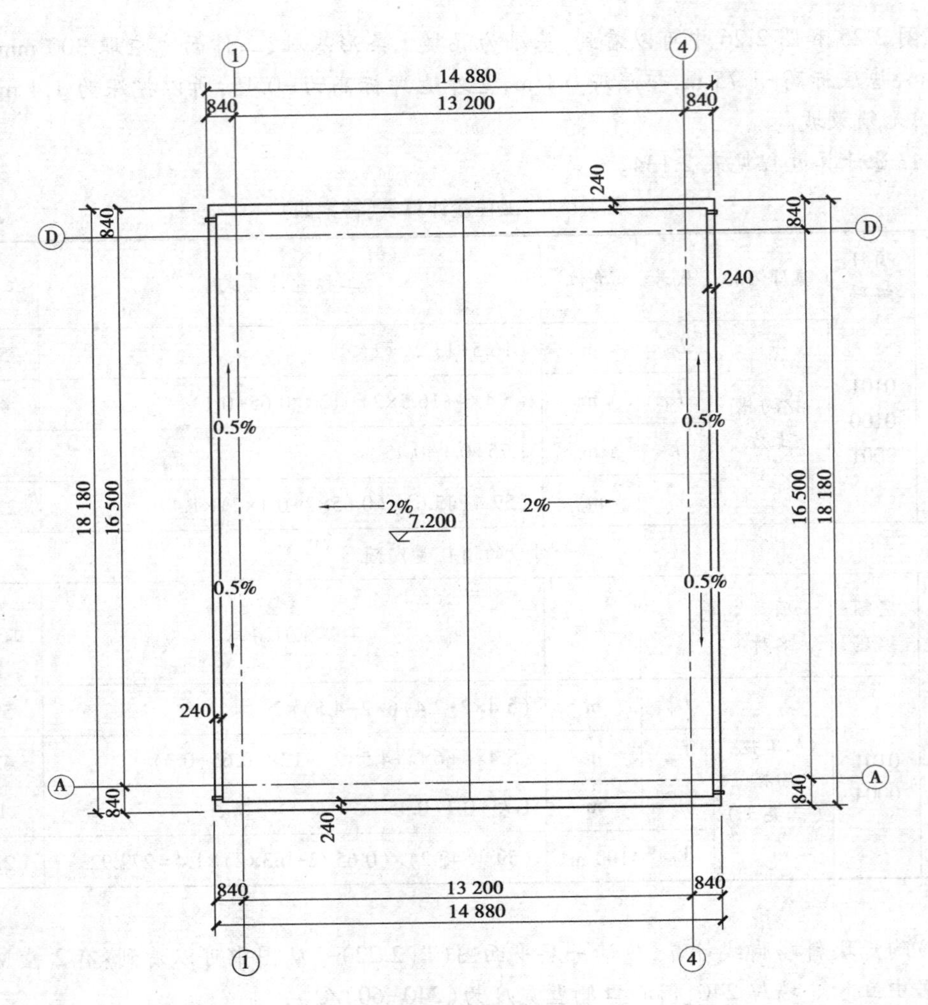

图 2.27　屋顶平面图

从图2.27中可以看到:最外一道尺寸线反映屋顶女儿墙的外墙外边线长,计算女儿墙的净长可用外墙外边线长减去两个女儿墙厚度。设计说明中规定女儿墙处的卷材弯起高度300 mm。工程量计算过程见表2.136。

表 2.136　工程量计算表(答案六)

序号	项目编码	项目名称	单位	工程量计算式	工程量
5	010902001001	屋面卷材防水	m^2	254.88+(18.18−0.24×2+14.88−0.24×2)×2×0.3=274.14	274.14
对应的消耗量定额					
序号	定额编码	项目名称	单位	工程量计算式	工程量
1	01090019	水泥砂浆找平层	100 m^2	(18.18−0.24×2)×(14.88−0.24×2)=254.88	2.55
2	01080054	三元乙丙橡胶卷材	100 m^2	254.88+(18.18−0.24×2+14.88−0.24×2)×2×0.3=274.14	2.74

第3章 土建工程工程量清单编制案例

本章要点

1.项目列项的意义及依据

2.项目列项的方法

3.工程量清单的含义及编制方法

4.项目特征的意义及描述方法

3.1 相关知识

3.1.1 项目列项

(1)清单项目列项

清单项目列项就是根据国家标准——《房屋建筑与装饰工程工程量计算规范》附录表中的项目划分要求,将拟建工程的分部分项工程项目和单价措施项目一一列出来进行计量与计价。每个项目都应有项目编码、项目名称、计量单位等基本要素。

(2)定额项目列项

定额项目列项就是根据地方标准——《××省房屋建筑与装饰工程消耗量定额》项目表中的项目划分要求,将拟建工程的分部分项工程项目和单价措施项目一一列出来进行计量与计价。每个项目都应有定额编码、项目名称、计量单位等基本要素。

3.1.2 清单编制

(1)一般规定

①招标工程量清单应由具有编制能力的招标人或受其委托,具有相应资质的工程造价咨询人编制。

②招标工程量清单必须作为招标文件的组成部分,其准确性和完整性应由招标人负责。

③招标工程量清单是工程量清单计价的基础,应作为编制招标控制价、投标报价、计算或

调整工程量、索赔等的依据之一。

④招标工程量清单应以单位(项)工程为单位编制,应由分部分项工程项目清单、措施项目清单、其他项目清单、规费和税金项目清单组成。

⑤编制工程量清单应依据:

a.国家标准《建设工程工程量清单计价规范》和《房屋建筑与装饰工程工程量计算规范》。

b.国家或省级、行业建设主管部门颁发的计价依据和办法。

c.建设工程设计文件。

d.与建设工程项目有关的标准、规范、技术资料。

e.拟定的招标文件。

f.施工现场情况、工程特点及常规施工方案。

g.其他相关资料。

(2)分部分项工程量清单编制

①分部分项工程量清单必须载明项目编码、项目名称、项目特征、计量单位和工程量。

②分部分项工程量清单应根据《房屋建筑与装饰工程工程量计算规范》附录规定的项目编码、项目名称、项目特征、计量单位和工程量计算规则进行编制。

③分部分项工程量清单的项目编码,应采用十二位阿拉伯数字表示。一至九位应按《房屋建筑与装饰工程工程量计算规范》附录的规定设置,十至十二位应根据拟建工程的工程量清单项目名称和项目特征设置。同一招标工程的项目编码不得有重码。

④分部分项工程量清单的项目名称应按《房屋建筑与装饰工程工程量计算规范》附录的项目名称结合拟建工程的实际确定。

⑤分部分项工程量清单项目特征应按《房屋建筑与装饰工程工程量计算规范》附录中规定的项目特征,结合拟建工程项目的实际予以描述。

⑥分部分项工程量清单中所列工程量应按《房屋建筑与装饰工程工程量计算规范》附录中规定的工程量计算规则计算。

⑦分部分项工程量清单的计量单位应按《房屋建筑与装饰工程工程量计算规范》附录中规定的计量单位确定。

⑧编制工程量清单出现《房屋建筑与装饰工程工程量计算规范》附录中未包括的项目,编制人应作补充,并报省级或行业工程造价管理机构备案,省级或行业工程造价管理机构应汇总报住房和城乡建设部标准定额研究所。

补充项目的编码由《房屋建筑与装饰工程工程量计算规范》的代码“01”与“B”和三位阿拉伯数字组成,并应从“01B001”起顺序编制,同一招标工程的项目不得重码。

补充的工程量清单中需附有补充项目的名称、项目特征、计量单位、工程量计算规则、工程内容。

(3)措施项目清单编制

①措施项目清单应根据拟建工程的实际情况,按《房屋建筑与装饰工程工程量计算规范》附录中规定的项目选择列项。若出现《房屋建筑与装饰工程工程量计算规范》未列的项目,可根据工程实际情况补充。措施项目见表3.1。

表3.1　措施项目一览表

序号	项目名称
1	安全文明施工（含环境保护、文明施工、安全施工、临时设施）
2	夜间施工
3	二次搬运
4	冬雨季施工
5	大型机械设备进出场及安拆
6	施工排水、降水
7	地上、地下设施，建筑物的临时保护设施
8	已完工程及设备保护
9	混凝土及钢筋混凝土模板及支架
10	脚手架
11	垂直运输
12	施工超高增加

②措施项目中可以计算工程量的项目，如模板、脚手架、垂直运输、施工排降水、大机三项费和施工超高增加等，宜采用单价措施项目清单的方式编制，列出项目编码、项目名称、项目特征、计量单位和工程量；不能计算工程量的项目，如安全文明施工措施费、夜间施工增加费、其他措施费等，以“项”为计量单位进行列项计价。

(4) **其他项目清单编制**

①其他项目清单应按照下列内容列项：

a.暂列金额；

b.暂估价：包括材料暂估单价、工程设备暂估单价、专业工程暂估价；

c.计日工；

d.总承包服务费。

②出现上一条未列的项目，应根据工程实际情况补充。

(5) **规费项目清单编制**

①规费项目清单应按照下列内容列项：

a.社会保障费：包括养老保险费、失业保险费、医疗保险费、工伤保险费、生育保险费；

b.住房公积金；

c.工程排污费。

②出现上一条未列的项目，应根据省级政府或省级有关部门的规定列项（例如××省规定还应计列“危险作业意外伤害保险”和“残疾人保障金”）。

(6) **税金项目清单编制**

①税金项目清单应包括下列内容：

a.营业税(现改为增值税);

b.城市维护建设税;

c.教育费附加;

d.地方教育附加。

②出现上一条未列的项目,应根据税务部门的规定列项。

3.1.3　项目特征描述

(1)描述依据

①《房屋建筑与装饰工程工程量计算规范》附录中项目特征描述的要求。

②建设工程设计文件中拟建项目的构造要求、施工要求及材料要求。

(2)描述的原则

清单项目特征的描述,应根据《建设工程工程量清单计价规范》附录中有关项目特征的要求,结合技术规范、标准图集、施工图纸,按照工程结构、使用材质及规格或安装位置等,予以详细而准确的表述和说明。

1)必须描述的内容

①涉及正确计量的内容必须描述:如门窗洞口尺寸或框外围尺寸,由于清单规范规定门窗可以“樘”计量,1 樘门或窗尺寸有大小,直接关系到门窗的价格,对门窗洞口或框外围尺寸进行描述就十分必要。《房屋建筑与装饰工程工程量计算规范》(GB 50854—2013)虽然增加了按 m^2 计量,但若还采用樘计量,上述描述是必需的。

②涉及结构要求的内容必须描述:如构件的混凝土强度等级,是使用 C20 还是 C30 或 C40 等,因混凝土强度等级不同时价格也不同,所以必须描述。

③涉及材质要求的内容必须描述:如油漆的品种是调和漆,还是硝基清漆等;管材的材质是碳钢管,还是塑钢管、不锈钢管等;另外还需对管材的规格、型号进行描述。

④涉及安装方式的内容必须描述:如管道工程中的钢管的连接方式是螺纹连接还是焊接;塑料管是粘接连接还是热熔连接等就必须描述。

2)可不描述的内容

①对计量计价没有实质影响的内容可以不描述:如对现浇混凝土柱的高度等的特征规定可以不描述,因为混凝土构件是按 m^3 计量,对此的描述实质意义不大。

②应由投标人根据施工方案确定的内容可以不描述:如挖土方的工作面宽度及放坡系数的特征规定,要清单编制人来描述是困难的,由投标人根据施工要求,在施工方案中确定,自主报价比较恰当。

③应由投标人根据当地材料和施工要求确定的内容可以不描述:如对混凝土构件中的混凝土拌合料使用的石子种类及粒径、砂的种类及特征规定可以不描述。因为混凝土拌合料使用石还是碎石,使用粗砂还是中砂、细砂或特细砂,除构件本身特殊要求需要指定外,主要取决于工程所在地砂、石子材料的供应情况。至于石子的粒径大小主要取决于钢筋配筋的密度。

④应由施工措施解决的内容可以不描述:如对现浇混凝土板、梁的标高的特征规定可以

不描述。因为同样的板或梁，都可以将其归并在同一个清单项目中，标高的不同，将会导致因楼层的变化对同一项目提出多个清单项目，可能有的人会讲，不同的楼层工效不一样，但这样的差异可以由投标人在报价中考虑，或在施工措施中去解决。

3）可不详细描述的内容

①无法准确描述的内容可不详细描述：如土壤类别，由于我国幅员辽阔，东西南北地区差异较大，特别是对于南方来说，在同一地点，由于表层土与表层土以下的土壤，其类别是不相同的，要求清单编制人准确判定某类土壤的所占比例是困难的，在这种情况下，可考虑将土壤类别描述为综合，注明由投标人根据地勘资料自行确定土壤类别，决定报价。

②施工图纸、标准图集标注明确的内容可不再详细描述：对这些项目可描述为“见××图集××页号及节点大样”等。由于施工图纸、标准图集是发、承包双方都应遵守的技术文件，这样描述，可以有效减少在施工过程中对项目理解的不一致。同时，对不少工程项目，真要将项目特征一一描述清楚，也是一件费力的事情，如果能采用这一方法描述，就可以达到事半功倍的效果。因此，建议这一方法在项目特征描述中能采用的尽可能采用。

③还有一些内容可不详细描述，但清单编制人在项目特征描述中应注明由招标人自定，如土石方工程中的“取土运距”“弃土运距”等。首先，要清单编制人决定在多远距离取土或取、弃土运往多远是困难的；其次，由投标人根据在建工程施工情况统筹安排，自主决定取、弃土方的运距可以充分体现竞争的要求。

4）多个计量单位的描述

①《房屋建筑与装饰工程工程量计算规范》对混凝土桩中的预制钢筋混凝土桩计量单位有“m、m^3、根”3个计量单位，但是没有具体的选用规定，在编制该项目清单时，清单编制人可以根据具体情况选择“m”或“m^3”或“根”其中之一作为计量单位。当以“根”为计量单位时单桩长度、桩截面应描述为确定值；当以“m”为计量单位时桩截面应描述为确定值。

②《房屋建筑与装饰工程工程量计算规范》对“砖砌体”中的“零星砌砖”的计量单位为“m^3、m^2、m、个”4个计量单位，但是规定了“砖砌锅台与炉灶”可按外形尺寸以“个”计算，砖砌台阶可按水平投影面积以“m^2”计算，小便槽、地垄墙可按长度以“m”计算，其他工程量按“m^3”计算，所以在编制该项目的清单时，应将零星砌砖的项目具体化，并根据计价规范的规定选用计量单位，再按照选定的计量单位进行恰当的特征描述。

3.2　案例解析

3.2.1　项目列项

【**案例**3.1】根据已知条件按定额和清单规范进行项目列项。

条件：根据某住宅基础部分施工图纸（图3.1）按清单计量规范和定额对该工程地圈梁以下（包含地圈梁）发生的实体工程项目列出相应的清单项目，并写出对应的工程内容，填写表3.2。

拟订施工方案为：土壤类别为二类土，人工挖土，人装自卸汽车运余土3 km；混凝土现场拌制。

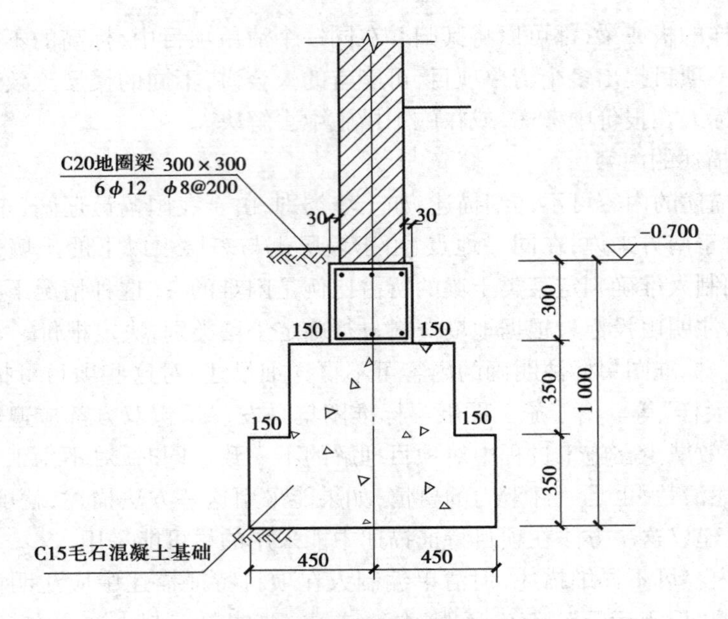

图 3.1 某住宅基础示意图

表 3.2 清单与定额项目列项表(空表样式)

序号	项目编码	项目名称	工程内容	
			定额编码	定额名称
1				

【**解**】本例解答结果见表 3.3。

表 3.3 清单与定额项目列项表(解答)

序号	项目编码	项目名称	工程内容	
			定额	名称
1	010101003001	挖沟槽土方	01010004 换	人工挖槽坑(二类土)
			01010102	人装自卸汽车运土 1 km 以内
			01010103×2	人装自卸汽车运土增 2 km
2	010103001001	回填方(基础)	01010125	基础夯填
3	010501002001	带形基础	01050002	毛石混凝土带形基础
4	010503004001	圈梁	01050029	圈梁
5	010515001001	现浇构件钢筋	01050352	现浇构件钢筋(圆钢 φ10 内)
6	010515001002	现浇构件钢筋	01050353	现浇构件钢筋(圆钢 φ10 外)

【案例 3.2】请认真阅读附图(图 3.2—图 3.8),按照《××省房屋建筑与装饰工程消耗量定额》,在表 3.4 中列出附图所示工程的至少 30 个定额子目。

表 3.4　定额子目列项表(空表样式)

序号	定额编号	项目名称

[**条件**]

①所列项目为标高度-1.200~+3.000 m 范围内的定额子目(措施项目不计列)。

②混凝土为施工现场拌制。

③土方人工开挖,坑槽边堆放,人力装车、自卸汽车运土 5 km。

④室外踏步因图纸上做法不详暂不列相关定额子目。

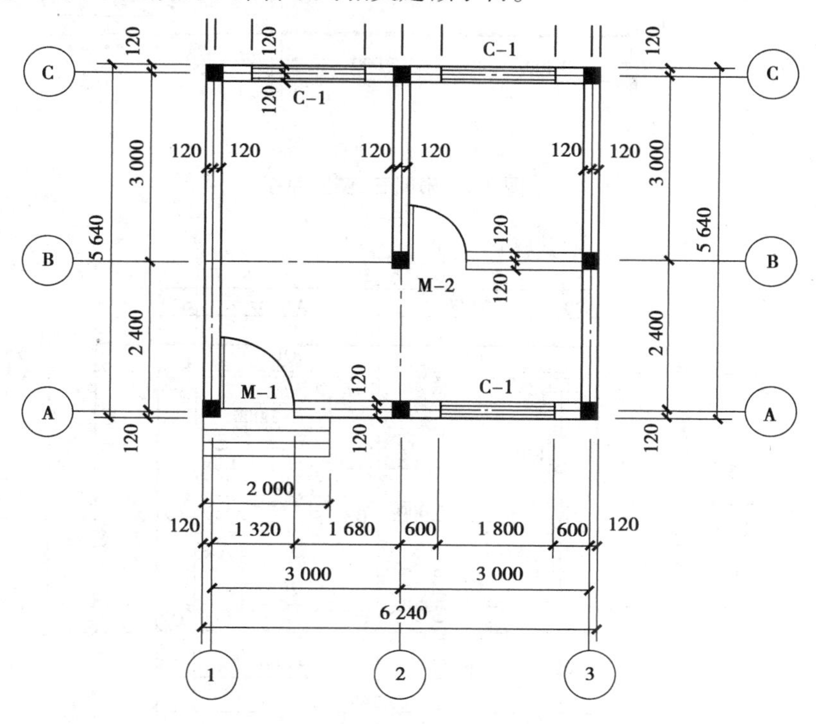

图 3.2　附图一:一层平面图

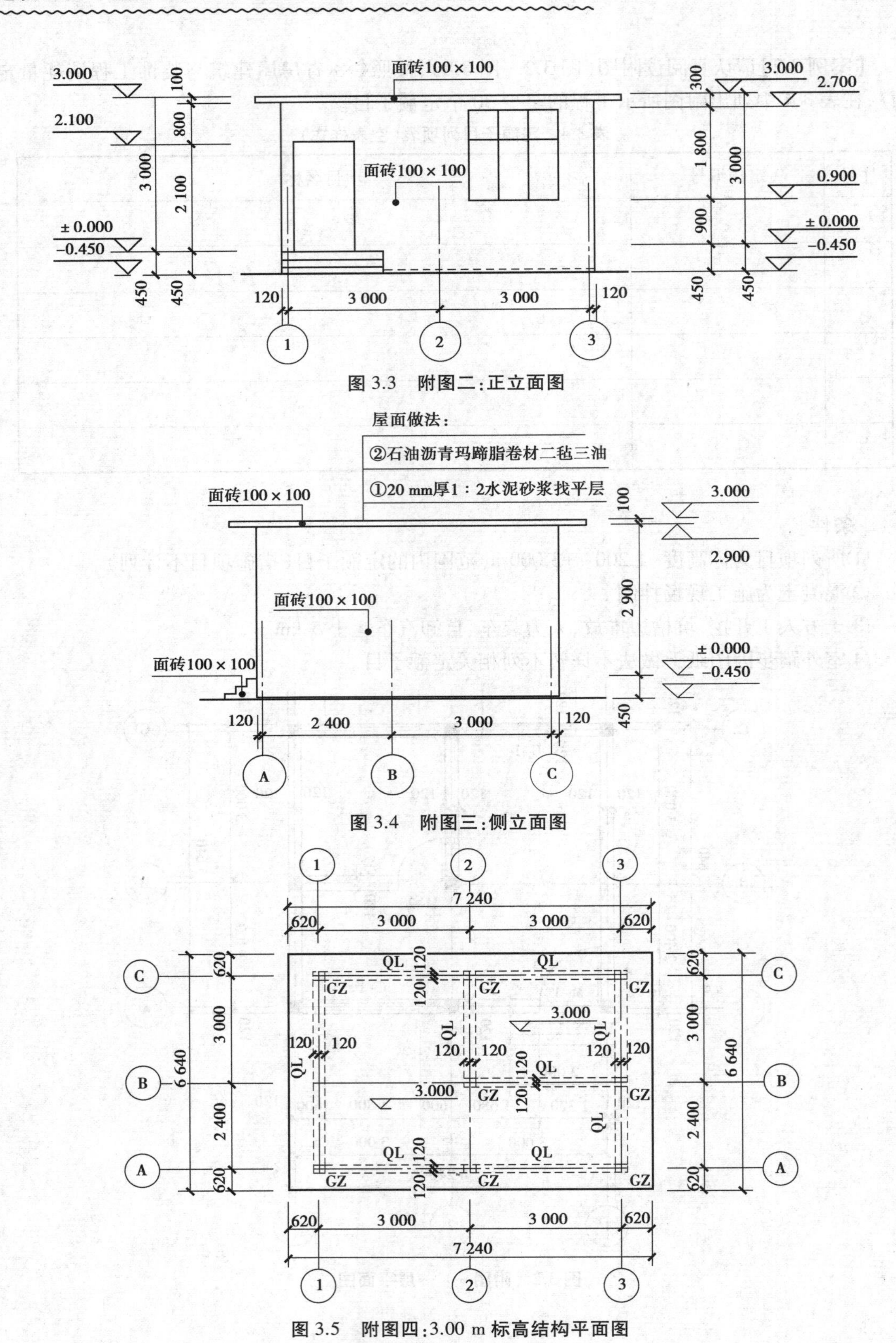

图 3.3 附图二:正立面图

图 3.4 附图三:侧立面图

图 3.5 附图四:3.00 m 标高结构平面图

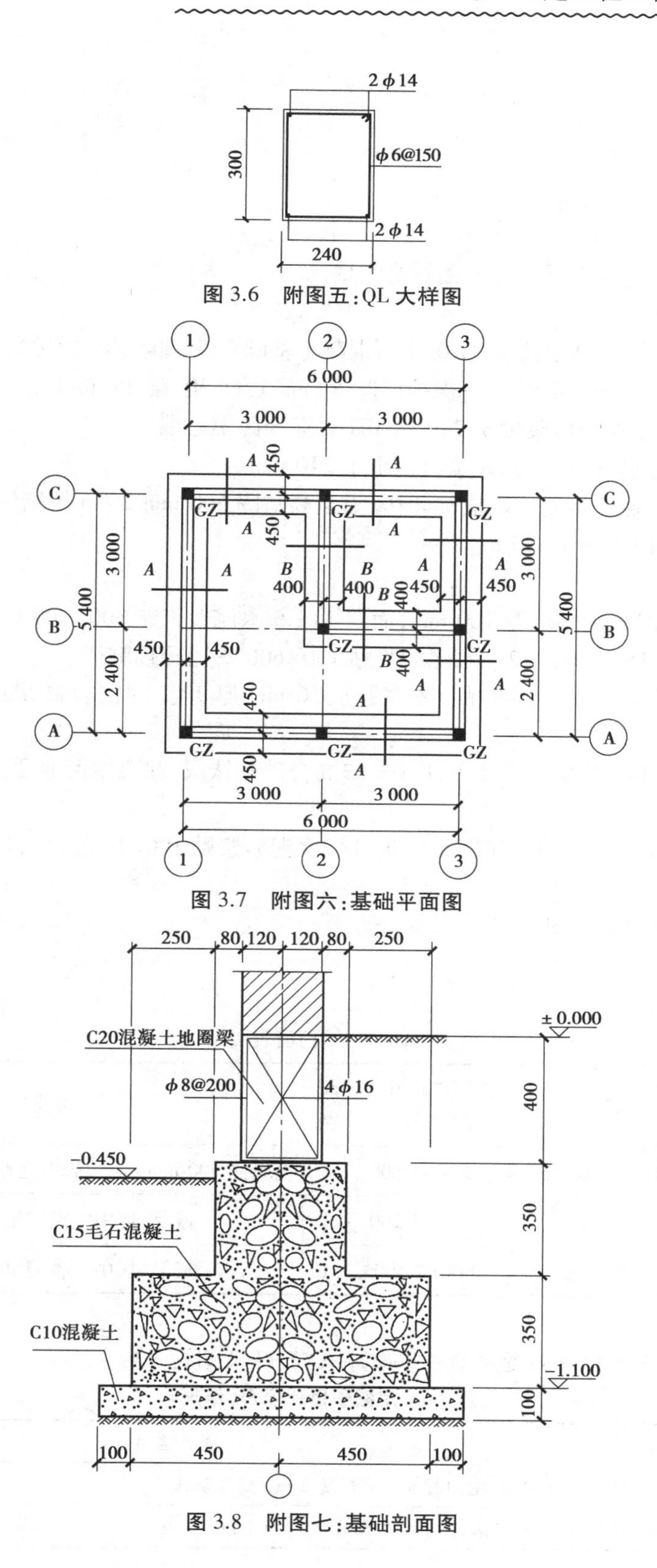

图 3.6　附图五:QL 大样图

图 3.7　附图六:基础平面图

图 3.8　附图七:基础剖面图

[附图说明]

(1)工程概况

①建筑层数:一层。

②结构形式:砖混结构。

③土壤类别:二类土。

④自然地面标高与设计室外地面标高一致。

(2)结构说明

①混凝土强度等级:基础垫层 C10,毛石混凝土基础 C15,圈梁、板、门过梁、构造柱为 C20。

②钢筋为光圆钢筋(HPB235);保护层厚度(mm):柱 30,梁 25,板 15。

③墙体为 M5.0 混合砂浆砌筑 240 厚 MU10 标准砖实心墙。

④圈梁代窗过梁,门过梁伸入墙内不小于 240 mm。

⑤构造柱与砖墙连接处应砌成马牙槎,沿墙高每隔 500 mm 2 Φ6 拉结钢筋设置于水平灰缝内、每边伸入墙内不小于 1.0 m。

(3)室内装饰

①地面:C10 混凝土垫层厚 100 mm,面层 1∶2.5 水泥砂浆贴 300×300 陶瓷地砖。

②踢脚线:高 150 mm,1∶2.5 水泥砂浆贴 150×600 陶瓷砖踢脚线。

③内墙面:14 mm 厚 1∶1∶6混合砂浆打底,6 mm 厚 1∶1∶4混合砂浆抹灰,面层双飞粉两遍。

④天棚面:1∶1∶4混合砂浆打底,1∶0.3∶3混合砂浆抹灰,双飞粉两遍罩面。

(4)室外装饰

外墙面为 13 mm 厚 1∶3水泥砂浆抹灰,1∶2水泥砂浆贴 100×100 面砖,1∶1水泥砂浆勾缝,缝宽 5 mm。

(5)屋面防水详见附图

(6)门窗做法

门窗做法见表 3.5。

表 3.5 门窗表

序号	门窗编号	门窗名称	洞口尺寸宽×高/mm	樘数	备注
1	C-1	铝合金推拉窗	1 800×1 800	3	窗台高 900 mm 成品,居中立樘窗框型材宽 90 mm
2	m-1	防盗门	1 200×1 200	1	成品,居中立樘门框厚 80 mm
3	m-2	防盗门	9 00×2 100	1	成品,居中立樘门框厚 80 mm

【解】定额列项可按消耗量定额分部顺序来列,结果见表 3.6。

表 3.6 定额子目列项表(结果)

序号	定额编号	项目名称
1	01010004 换	人工挖沟槽土方(深度 2 m 内、二类土)
2	01010102	人工装车自卸运土方丨运距 1 km 以内

续表

序号	定额编号	项目名称
3	01010103×4	人工装车自卸运土方｜运距增加4 km
4	01010121	场地平整(人工)
5	01010124	夯填地坪
6	01010125	夯填基础
7	01040009	1砖混水砖墙(M5.0混合砂浆)
8	01050001	基础垫层（C10现场搅拌混凝土）
9	01050002	毛石混凝土带形基础（C15现场搅拌混凝土）
10	01050021	构造柱（C20现场搅拌混凝土）
11	01050029	圈梁（C20现场搅拌混凝土）
12	01050030	过梁（C20现场搅拌混凝土）
13	01050044	平板（C20现场搅拌混凝土）
14	01050058	挑檐天沟（C20现场搅拌混凝土）
15	01050352	现浇构件圆钢Φ10内
16	01050353	现浇构件圆钢Φ10外
17	01050356	砖砌体加固钢筋
18	01070024	钢防盗门安装
19	01070074	铝合金推拉窗(成品)安装
20	01080042	二毡三油石油沥青玛蹄脂卷材屋面
21	01090012	现浇混凝土地坪垫层(C10)
22	01090019	水泥砂浆找平层｜硬基层上(1∶2水泥砂浆)
23	01090105	陶瓷地砖楼地面｜周长1 200 mm以内
24	01090111	陶瓷地砖踢脚线
25	01100015	砖基层混合砂浆抹灰｜9+7+5(16 mm 1∶1∶6+5 mm 1∶1∶4)
26	01100032×-2	混合砂浆每增减1 mm(1∶1∶6减2 mm)
27	01100032	混合砂浆每增减1 mm(1∶1∶4增1 mm)
28	01100059	砖墙1∶3水泥砂浆打底抹灰厚13 mm
29	01100142	外墙面水泥砂浆粘贴面砖｜周长600 mm以内｜灰缝5 mm以内(100×100)
30	01100062	零星(檐口)1∶3水泥砂浆打底抹灰厚13 mm
31	01110005	现浇混凝土天棚面混合砂浆抹灰(1∶1∶4+1∶0.3∶3)
32	01120266	墙柱抹灰面双飞粉二遍
33	01120267	天棚抹灰面双飞粉二遍

注：表中定额编号取自《云南省房屋建筑与装饰工程消耗量定额》(以下未注同)。

3.2.2 清单编制

【案例 3.3】根据某底层平面图(图 3.9)及图中设计说明编制花岗岩楼地面、垫层的工程量清单。

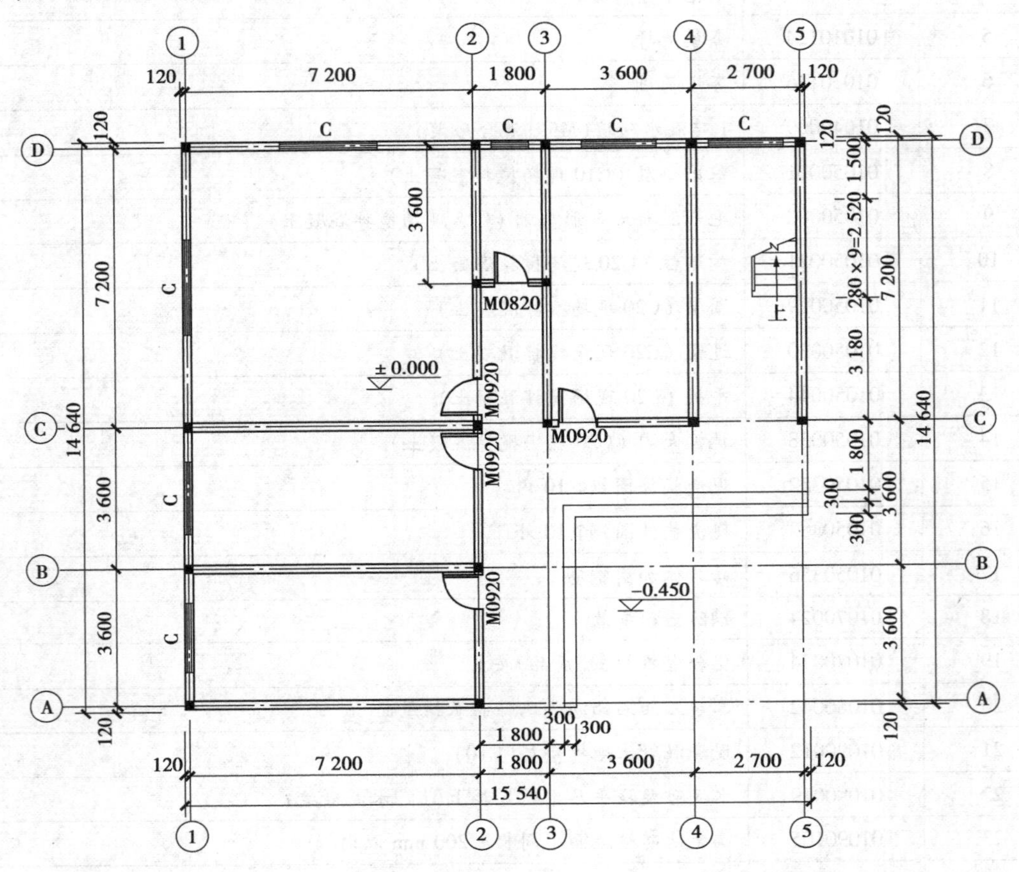

地面做法:
①80 mm厚C15混凝土垫层。
②20 mm厚1:2水泥砂浆找平层。
③20 mm厚600×600单色花岗岩板面层。

图 3.9 底层平面图

【解】工程量清单编制结果见表 3.7。

表 3.7 工程量清单表(结果)

序号	项目编码	项目名称	项目特征	计量单位	工程数量	计算规则
1	010501001001	垫层	1.混凝土种类:现浇混凝土 2.混凝土强度等级:C15	m^3	—	按设计图示尺寸以体积计算

续表

序号	项目编码	项目名称	项目特征	计量单位	工程数量	计算规则
2	011102 001001	石材楼地面（花岗岩）	1.找平层厚度、砂浆配合比：20 mm 厚 1∶2水泥砂浆 2.结合层厚度、砂浆配合比：20 mm 厚 1∶2.5 水泥砂浆 3.面层材料品种、规格、颜色：花岗岩板 600×600 单色 4.嵌缝材料种类：白水泥 5 防护材料种类：无 6.酸洗打蜡要求：无	m^2	—	按设计图示尺寸以面积计算。扣除突出地面构筑物、设备基础、室内铁道、地沟所占面积，不扣除间壁墙和 0.3 m^2 以内的柱、垛附墙烟囱及孔洞所占面积，门洞、空圈、暖气包槽、壁龛的开口部分不增加面积

【案例 3.4】假定某工程部分清单分项有如下描述：

①直形砖基础 58 m^3，工程内容为：铺设 80 mm 厚 C10 混凝土垫层、M5 水泥砂浆砌筑 MU10 机制砖、材料运输。

②陶瓷地砖块料楼地面 20 m^2，工程内容为基层清理、抹 20 mm 厚 1∶2水泥砂浆找平层、三元乙丙橡胶卷材防水层铺设、300×300 防滑地砖铺设、填缝、材料运输。

③陶瓷地砖块料楼地面 46 m^2，工程内容为基层清理、抹 20 mm 厚 1∶2水泥砂浆找平层、600×600 防滑地砖铺设、填缝、材料运输。

请根据以上内容，按照《房屋建筑与装饰工程工程量计算规范》（GB 50854—2013）规定，完成工程量清单表的编制。

【解】本题考查的是工程量清单编制的基本概念。只要将以上内容的字段分别对应工程量清单表中的不同空格填入，就完成了工程量清单的编制，结果见表 3.8。

表 3.8　工程量清单表（结果）

序号	项目编码	项目名称	项目特征	计量单位	工程数量
1	010501 001001	垫层	1.混凝土种类：现浇混凝土 2.混凝土强度等级：C10	m^3	
2	010401 001001	砖基础	1.砖品种、规格、强度等级：标准砖、240×115×53，MU10 2.基础类型：条形 3.砂浆强度等级：M5 水泥砂浆砌筑 4.防潮层材料种类：无	m^3	58
3	011102 003001	块料楼地面	1.找平层厚度、砂浆配合比：20 mm 厚 1∶2水泥砂浆 2.结合层厚度、砂浆配合比：20 mm 厚 1∶2.5 水泥砂浆 3.面层材料品种、规格、颜色：防滑地砖 300×300 4.嵌缝材料种类：白水泥 5.防护材料种类：无 6.酸洗打蜡要求：无	m^2	20

续表

序号	项目编码	项目名称	项目特征	计量单位	工程数量
4	011102 003002	块料 楼地面	1.找平层厚度、砂浆配合比:20 mm 厚 1:2水泥砂浆 2.结合层厚度、砂浆配合比:20 mm 厚 1:2.5 水泥砂浆 3.面层材料品种、规格、颜色:防滑地砖 600×600 4.嵌缝材料种类:白水泥 5.防护材料种类:无 6.酸洗打蜡要求:无	m^2	46

注:垫层工程量还需另行计算。

3.2.3 项目特征描述

【案例 3.5】某单位拟建一栋服务用房,给定条件为:本工程混凝土均使用商品混凝土,弃土运距 15 km,原场地自然地坪标高同图纸中设计室外地面标高。

【问题】请根据图示设计情况和本题给定条件,在表 3.9 的空白格及下划横线上补充填写相应内容,完成本题表格中工程量清单项目编制工作。

表 3.9 工程量清单表

序号	工程量清单项目编制			单位
	项目编码	项目名称	项目特征	
1		挖沟槽土方(带形基础)	1.土壤类别:______; 2.挖土深度:______; 3.弃土运距:______。	
2		平毛石基础	1.石料种类:______; 2.基础类型:______; 3.砂浆种类强度等级:______。	
3		砖地沟(厨房)	1.砖品种、规格、强度等级:______; 2.沟截面净空尺寸:______; 3.垫层材料种类、厚度:______; 4. 混凝土强度等级:______; 5. 砌筑砂浆种类强度等级:______。	
4		屋面卷材防水(改性沥青)	1.卷材品种、规格:______; 2.防水层数:______; 3.防水层做法:______。	
5		块料墙面(外墙面砖)	1.墙体类型:______; 2.安装方式:______; 3.面层材料品种、规格:______; 4. 缝宽、嵌缝材料种类:______; 5. 防护材料种类:______; 6.磨光、酸洗、打蜡要求:______。	

【解】本题解答的重点是读图描述项目特征，在浏览全部施工图的基础上，应针对问题读识相应的施工图和设计说明来完成项目特征描述（本题全套图见第9章）。

［问题1］　为带形基础下挖基础土方，重点读题给条件（弃土运距1 km），建筑设计说明（土壤类别三类土）和基础剖面图（图3.10）。

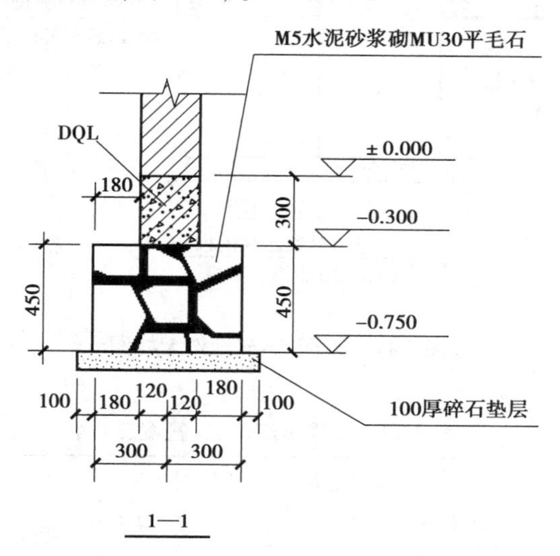

图3.10　基础剖面图

结果见表3.10。

表3.10　工程量清单表（答案一）

序号	工程量清单项目编制			单位
	项目编码	项目名称	项目特征	
1	010101003001	挖沟槽土方	1.土壤类别：三类土	m³
			2.挖土深度：0.55 m	
			3.弃土运距：15 km	

［问题2］项目为平毛石基础，重点读基础剖面图（图3.10），结果见表3.11。

表3.11　工程量清单表（答案二）

序号	工程量清单项目编制			单位
	项目编码	项目名称	项目特征	
2	010403001001	石基础	1.石料种类：MU30平毛石	m³
			2.基础类型：带形基础	
			3.砂浆种类强度等级：水泥砂浆，M5	

［问题3］项目为厨房砖地沟，重点读厨房砖地沟大样图，如图3.11所示。

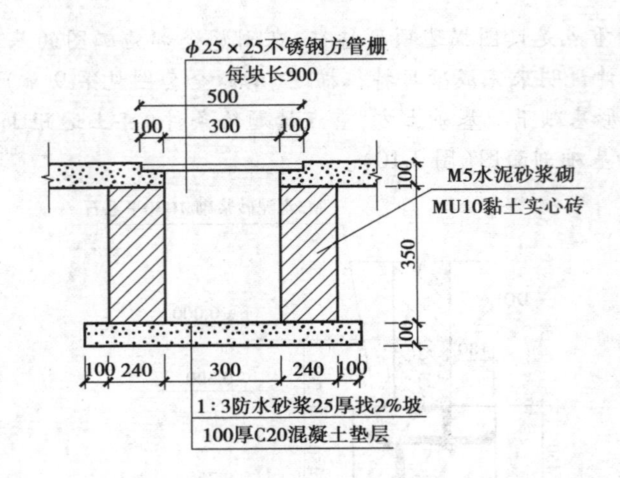

图 3.11　附图二:砖地沟大样图

结果见表 3.12。

表 3.12　工程量清单表(答案三)

序号	工程量清单项目编制			单位
	项目编码	项目名称	项目特征	
3	010401014001	砖地沟 (厨房)	1.砖品种、规格、强度等级:黏土实心砖,240×115×53,MU10	m
			2.沟截面净空尺寸:350 mm×300 mm	
			3.垫层材料种类厚度:混凝土,厚 100 mm	
			4.混凝土强度等级:C20	
			5.砌筑砂浆种类强度等级:水泥砂浆,M5	

[问题 4]项目为屋面改性沥青卷材防水,重点读屋面构造示意图,如图 3.12 所示。

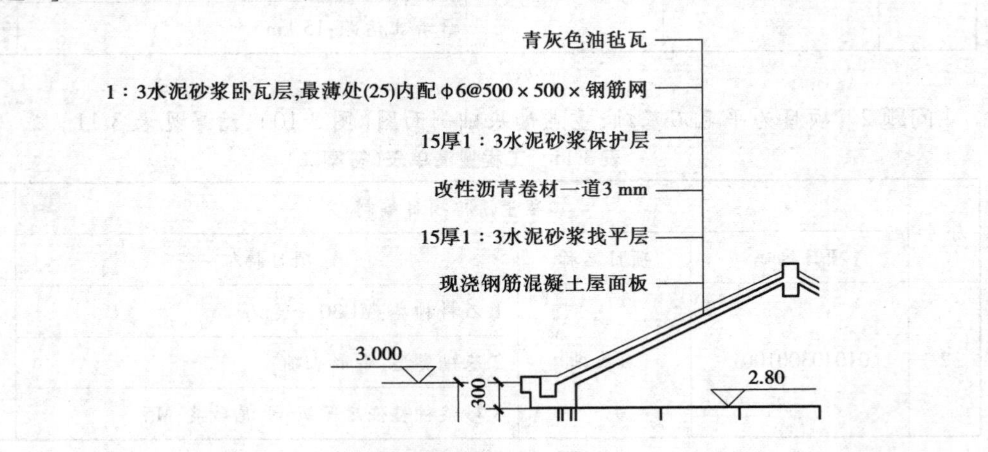

图 3.12　附图三:屋面构造示意图

结果见表3.13。

表3.13　工程量清单表(答案四)

<table>
<tr><td rowspan="2">序号</td><td colspan="3">工程量清单项目编制</td><td rowspan="2">单位</td></tr>
<tr><td>项目编码</td><td>项目名称</td><td>项目特征</td></tr>
<tr><td rowspan="3">4</td><td rowspan="3">010902001001</td><td rowspan="3">屋面
卷材防水
(改性沥青)</td><td>1.卷材品种、规格、厚度:改性沥青卷材3 mm厚</td><td rowspan="3">m²</td></tr>
<tr><td>2.防水层数:一道</td></tr>
<tr><td>3.防水层做法:满铺</td></tr>
</table>

[**问题**5]项目为外墙块料墙面(面砖),重点读建筑设计说明(墙面做法:13 mm厚1∶3水泥砂浆抹灰层;8 mm厚1∶2水泥砂浆粘贴200 mm×300 mm瓷砖墙面,1∶1水泥砂浆嵌缝)和建筑立面图,如图3.13所示。

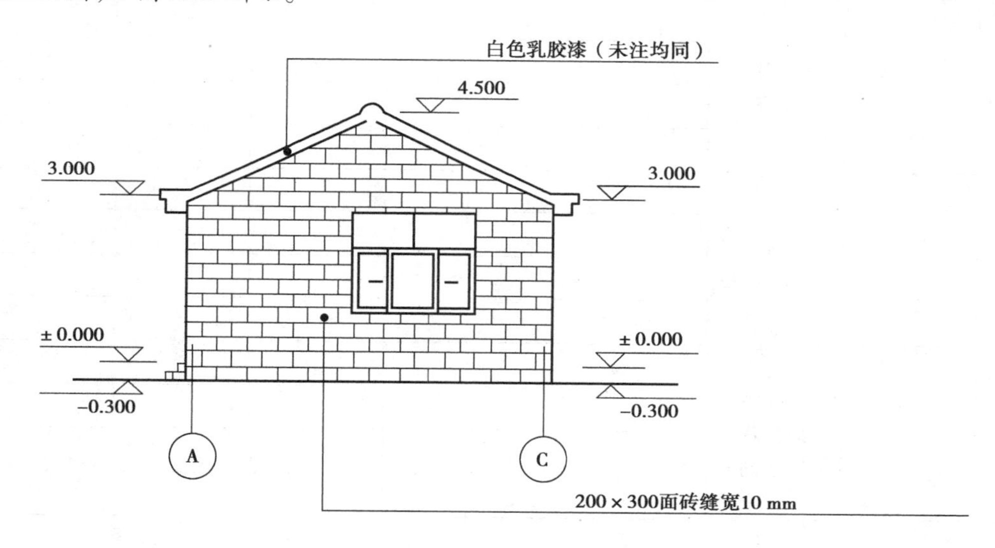

图3.13　附图四:侧立面图

结果见表3.14。

表3.14　工程量清单表(答案五)

<table>
<tr><td rowspan="2">序号</td><td colspan="3">工程量清单项目编制</td><td rowspan="2">单位</td></tr>
<tr><td>项目
编码</td><td>项目
名称</td><td>项目特征</td></tr>
<tr><td rowspan="6">5</td><td rowspan="6">0112040
03001</td><td rowspan="6">块料
墙面
(外墙面砖)</td><td>1.墙体类型:砖墙</td><td rowspan="6">m²</td></tr>
<tr><td>2.安装方式:粘贴</td></tr>
<tr><td>3.面层材料品种、规格、颜色:外墙面砖200 mm×300 mm</td></tr>
<tr><td>4.缝宽、嵌缝材料种类:10 mm,1∶1水泥砂浆</td></tr>
<tr><td>5.防护材料种类:无</td></tr>
<tr><td>6.磨光、酸洗、打蜡要求:无</td></tr>
</table>

【案例 3.6】某原料仓库的部分施工图附后,请根据《房屋建筑与装饰工程工程量计算规范》(GB 50854—2013)、《××省房屋建筑与装饰工程消耗量定额》的规定,以附图所示设计条件和下列给定条件,补充完成本题表格(表 3.15)中工程量清单项目编制和计价用对应消耗量定额的选用工作。

给定条件:

①基础土方拟订施工方案为人工挖土、预留回填用土槽边自然堆放,余土采用人工装车、双轮车运 100 m 场内堆置。

②混凝土采用现场搅拌。

表 3.15 清单项目编制和对应计价用消耗量定额的选用

序号	工程量清单项目编制				对应计价用消耗量定额		
	项目编码	项目名称	项目特征	单位	定额编号	项目名称	定额单位
1		挖沟槽土方					
2		砖基础					
3		墙面装饰抹灰(外墙面)					
4		屋面涂膜防水					
5		坡道					

【解】本题要解决两个问题:一是依据《房屋建筑与装饰工程工程量计算规范》填写指定项目的项目编码、项目特征、计量单位;二是依据《××省房屋建筑与装饰工程消耗量定额》选用对应的消耗量定额。

(1)挖沟槽土方

挖沟槽土方项目编码、计量单位查找《房屋建筑与装饰工程工程量计算规范》;特征值描述一看题给条件；二看设计说明土壤类别为二类土。选用定额参考《房屋建筑与装饰工程工程量计算规范》中对工作内容的要求并对应特征值。结果见表 3.16。

表 3.16　清单项目编制和对应计价用消耗量定额的选用（答案一）

序号	工程量清单项目编制				对应的消耗量定额子目选用		
	项目编码	项目名称	项目特征	单位	定额编号	项目名称	定额单位
1	010101003001	挖沟槽土方	1.人工挖土	m^3	01010004 换	人工挖沟槽土方（二类土）	100 m^3
			2.余土人装双轮车运土方（运距100 m）		01010033	双轮车运土方（100 m）	100 m^3

（2）直形砖基础

直形砖基础项目编码、计量单位查找《房屋建筑与装饰工程工程量计算规范》；特征值描述一看设计说明“±0.00 以下采用 M5 水泥砂浆砌筑”；二看基础大样图，如图 3.14 所示。

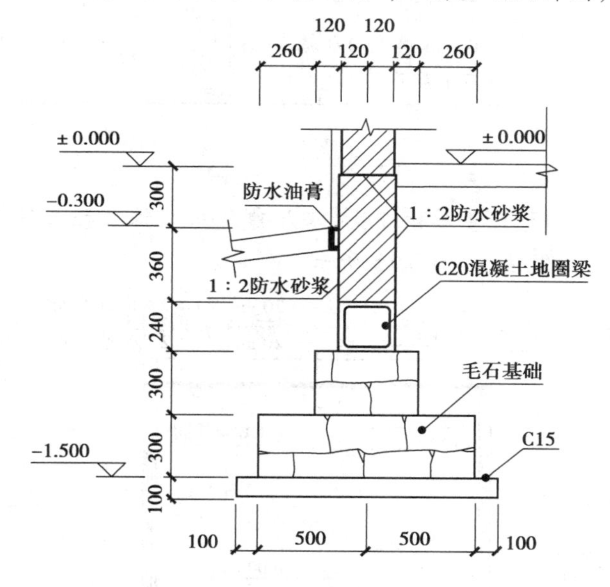

图 3.14　基础大样图

选用定额参考《房屋建筑与装饰工程工程量计算规范》中对工作内容的要求并对应特征值。结果见表 3.17。

表 3.17　清单项目编制和对应计价用消耗量定额的选用（答案二）

序号	工程量清单项目编制				对应的消耗量定额子目选用		
	项目编码	项目名称	项目特征	单位	定额编号	项目名称	定额单位
2	010401001001	砖基础	1.MU7.5 标准砖	m^3	01040001	砖基础	10 m^3
			2.直形基础		01080120	防水砂浆（平面）	100 m^2
			3.M5.0 水泥砂浆		01080121	防水砂浆（立面）	100 m^2
			4.1：2防水砂浆防潮层				

(3)外墙面装饰抹灰

外墙面装饰抹灰项目编码、计量单位查找《房屋建筑与装饰工程工程量计算规范》;特征值描述一看题给条件,二看设计说明:14 mm 厚 1∶3水泥砂浆打底;6 mm 厚 1∶2.5 水泥砂浆找平、扫毛;10 mm 厚 1∶2水泥白石子浆面层。选用定额参考《房屋建筑与装饰工程工程量计算规范》中对工作内容的要求并对应特征值。结果见表 3.18。

表 3.18 清单项目编制和对应计价用消耗量定额的选用(答案三)

序号	工程量清单项目编制				对应的消耗量定额子目选用		
	项目编码	项目名称	项目特征	单位	定额编号	项目名称	定额单位
3	011201002001	墙面装饰抹灰(外墙面)	1.14 mm 厚 1∶3水泥砂浆打底	m^2	01100001	墙面抹水泥砂浆(7+7+6)	m^2
			2.6 mm 厚 1∶2.5 水泥砂浆找平、扫毛				
			3.10 mm 厚 1∶2水泥白石子浆面层		01100037	砖墙面水刷白石子(10 mm)	m^2

(4)屋面涂膜防水

屋面涂膜防水项目编码、计量单位查找《房屋建筑与装饰工程工程量计算规范》;特征值描述看建筑剖面图上屋面做法,如图 3.15 所示。

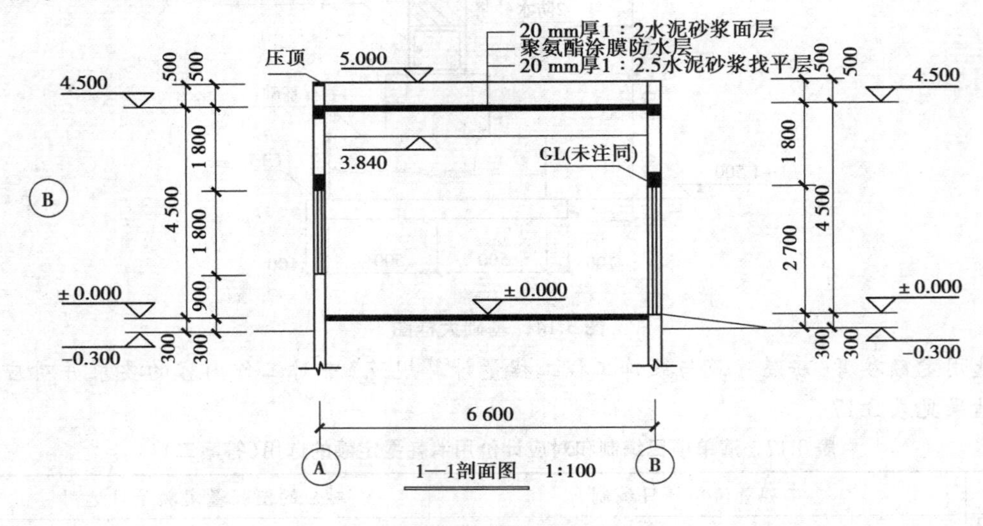

图 3.15 建筑剖面图

选用定额参考《房屋建筑与装饰工程工程量计算规范》中对工作内容的要求并对应特征值。结果见表 3.19。

表3.19　清单项目编制和对应计价用消耗量定额的选用(答案四)

序号	工程量清单项目编制				对应的消耗量定额子目选用		
	项目编码	项目名称	项目特征	单位	定额编号	项目名称	定额单位
4	010902 002001	屋面涂膜防水	聚氨酯涂膜防水层	m^2	01080153	聚氨酯涂膜防水屋面	100 m^2

(5)坡道

坡道项目编码、计量单位查找《房屋建筑与装饰工程工程量计算规范》;特征值描述看坡道大样图,如图3.16所示。

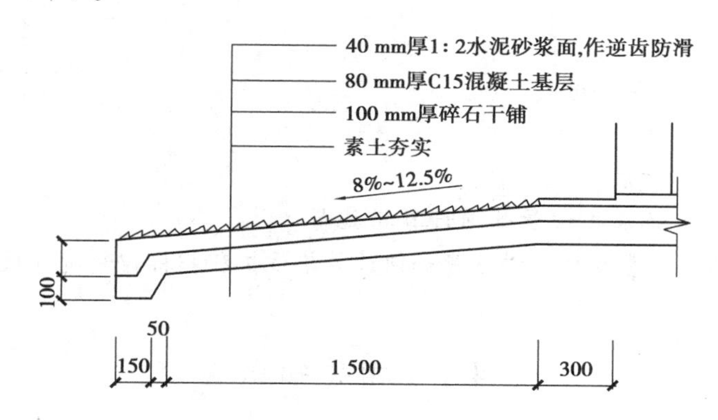

图3.16　坡道大样图

选用定额参考《房屋建筑与装饰工程工程量计算规范》中对工作内容的要求并对应特征值。结果见表3.20。

表3.20　清单项目编制和对应计价用消耗量定额的选用(答案五)

序号	工程量清单项目编制				对应的消耗量定额子目选用		
	项目编码	项目名称	项目特征	单位	定额编号	项目名称	定额单位
5	010507 001001	坡道	1.100厚碎石干铺垫层	m^2	01090035	水泥砂浆防滑坡道	100 m^2
			2.40厚1:2水泥砂浆面,作逆齿防滑		01090012	混凝土地坪垫层	10 m^3
			3. 80 厚 C15 厚混凝土基层		01090005	干铺碎石垫层	10 m^3
			4.素土夯实		01010122	原土打夯	100 m^2

第 4 章

施工图预算清单计价案例

本章要点

1.清单计价的含义、费用组成

2.各项费用计算方法

3.各种表格的填写方法

4.已知措施项目名称及工程量如何计算措施费

5.已知分部分项工程费及部分措施费如何计算单位工程招标控制价或投标报价的全部费用

4.1 相关知识

4.1.1 清单计价含义

工程量清单计价是指自 2003 年以来我国推行的新的计价方法。在建设工程招标投标中，招标人按照国家标准《房屋建筑与装饰工程工程量计算规范》中的“工程量计算规则”计算工程数量并提供“工程量清单”，由投标人依据“工程量清单”自主报价来确定工程造价的一种方式。

4.1.2 费用组成

根据中华人民共和国住房和城乡建设部、财政部“关于印发《建筑安装工程费用项目组成》的通知”（建标〔2013〕44 号）的规定，我国现行建筑安装工程费用组成项目如图 4.1 如示。

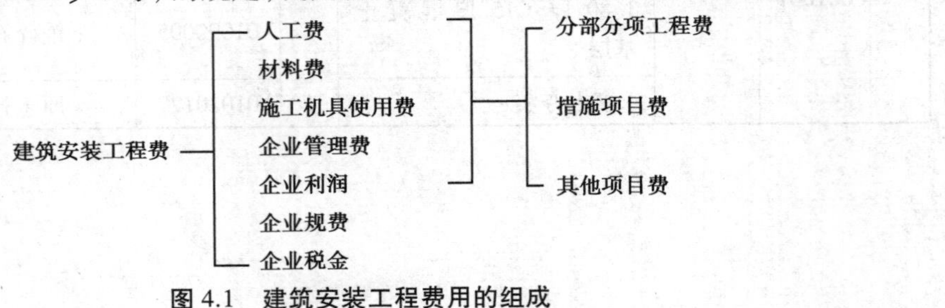

图 4.1　建筑安装工程费用的组成

费用组成详细内容见表 4.1。

表 4.1　工程量清单计价的费用组成表

<table>
<tr><th colspan="2">费用项目</th><th>费用组成内容</th></tr>
<tr><td rowspan="3">分部分项工程费</td><td>直接工程费</td><td>人工费(含定额人工费、人工协调费)、材料费(含计价材料费、未计价材料费)、机械费(除税机械费)</td></tr>
<tr><td>管理费</td><td>管理人员工资、办公费、差旅交通费、固定资产使用费、工具用具使用费、劳动保险和职工福利费、劳动保护费、检验试验费、工会经费、职工教育经费、财产保险费、财务费、税金、其他</td></tr>
<tr><td>利润</td><td>施工企业完成所承包工程获得的盈利</td></tr>
<tr><td rowspan="5">措施项目费</td><td>人工费</td><td rowspan="5">1) 总价措施费:安全文明施工费(含环境保护费,文明施工费,安全施工费,临时设施费)、夜间施工增加费、二次搬运费、已完工程及设备保护费、特殊地区施工增加费、其他措施费(含冬雨季施工增加费,生产工具用具使用费,工程定位复测、工程点交、场地清理费)
2) 单价措施费:脚手架费、混凝土模板及支架费、垂直运输费、超高施工增加费、大型机械设备进出场及安拆费、施工排水降水费</td></tr>
<tr><td>材料费</td></tr>
<tr><td>机械费</td></tr>
<tr><td>管理费</td></tr>
<tr><td>利润</td></tr>
<tr><td colspan="2">其他项目费</td><td>暂列金额、暂估价、计日工、总包服务费、其他(含人工费调差,机械费调差,风险费,停工、窝工损失费,承发包双方协商认定的有关费用)</td></tr>
<tr><td colspan="2">规费</td><td>社会保障费(含养老保险费,失业保险费,医疗保险费,生育保险费,工伤保险费)、住房公积金、残疾人保障金、危险作业意外伤害保险、工程排污费</td></tr>
<tr><td colspan="2">税金</td><td>增值税、城市建设维护税、教育费附加、地方教育附加</td></tr>
</table>

4.1.3　费用计算

(1)分部分项工程费计算

①采用综合单价报价来确定分部分项工程费时,计算公式为

$$分部分项工程费 = \sum(清单工程量 \times 分部分项工程综合单价) \tag{4.1}$$

具体计算在表 4.2 中完成。

表 4.2　分部分项工程量清单计价表

工程名称:　　　　　　　　　　　　　　　　　　　　　　　　第×页 共×页

<table>
<tr><th rowspan="3">序号</th><th rowspan="3">项目编码</th><th rowspan="3">项目名称</th><th rowspan="3">计量单位</th><th rowspan="3">工程量</th><th colspan="5">金额/元</th></tr>
<tr><th rowspan="2">综合单价</th><th rowspan="2">合价</th><th colspan="3">其中</th></tr>
<tr><th>人工费</th><th>机械费</th><th>暂估价</th></tr>
<tr><td></td><td></td><td></td><td></td><td></td><td></td><td></td><td></td><td></td><td></td></tr>
<tr><td></td><td></td><td></td><td></td><td></td><td></td><td></td><td></td><td></td><td></td></tr>
<tr><td></td><td></td><td></td><td></td><td></td><td></td><td></td><td></td><td></td><td></td></tr>
<tr><td></td><td></td><td></td><td></td><td></td><td></td><td></td><td></td><td></td><td></td></tr>
<tr><td></td><td></td><td></td><td></td><td></td><td></td><td></td><td></td><td></td><td></td></tr>
<tr><td></td><td></td><td></td><td></td><td></td><td></td><td></td><td></td><td></td><td></td></tr>
<tr><td colspan="6">合计</td><td></td><td></td><td></td><td></td></tr>
</table>

其中,清单工程量由招标人在“工程量清单”文件中给出,应根据国家标准《房屋建筑与装饰工程工程量计算规范》(GB 50854—2013)中的“工程量计算规则”和施工图、各类标配图计算。

分部分项工程综合单价,是指完成工程量清单中一个规定计量单位分部分项工程项目所需的人工费、材料费、机械费、管理费、利润的费用单价,应由投标人自行计算。计算公式为

$$综合单价=\frac{清单项目费用(含人/材/机/管/利)}{清单工程量}$$

具体内容及计算方法见第 6 章。

②不必通过计算综合单价来确定分部分项工程费时,计算公式为

$$分部分项工程费=人工费+材料费+机械费+管理费+利润 \tag{4.2}$$

其中,人工费、材料费、机械费计算如同定额计价,等于分部分项工程量(定额工程量)乘以定额单价计算出的定额人工费、材料费、定额机械费的总和。计算公式为:

$$定额人工费=分部分项工程量\times定额人工费单价 \tag{4.3}$$

$$材料费=分部分项工程量\times\sum(材料消耗量\times材料单价) \tag{4.4}$$

$$定额机械费=分部分项工程量\times定额机械费单价 \tag{4.5}$$

定额人工费单价是指在 2013 年××省《消耗量定额》中规定的人工费,是以人工消耗量乘以基价期的人工工资单价(如 63.88 元/工日)得到的计价人工费。定额人工费是管理费、利润、社保费及住房公积金的计费基础。当出现人工工资单价调整时,价差部分可计入其他项目费。

定额机械费单价也是指在 2013 年××省《消耗量定额》中规定的机械费,是以机械台班消耗量乘以基价期的人工工资单价、燃料动力单价得到的计价机械费。定额机械费是管理费、利润的计费基础。当出现机械中的人工工资单价、燃料动力单价调整时,价差部分可计入其他项目费。

管理费计算公式为

$$管理费=(定额人工费+定额机械费\times8\%)\times管理费费率 \tag{4.6}$$

××省管理费费率取值见表 4.3。

表 4.3 ××省管理费费率表

专业	房屋建筑与装饰工程	通用安装工程	市政工程	园林绿化工程	房屋修缮及仿古建筑工程	城市轨道交通工程	独立土石方工程
费率/%	33	30	28	28	23	28	25

利润计算公式为

$$利润=(定额人工费+定额机械费\times8\%)\times利润率 \tag{4.7}$$

××省利润率取值见表 4.4。

表 4.4 ××省利润率表

专业	房屋建筑与装饰工程	通用安装工程	市政工程	园林绿化工程	房屋修缮及仿古建筑工程	城市轨道交通工程	独立土石方工程
费率/%	20	20	15	15	15	18	15

（2）措施项目费计算

2013版《清单计价规范》将措施项目划分为两类：

①总价措施项目。总价措施项目是指不能计算工程量的项目，如安全文明施工费、夜间施工增加费、其他措施费等，应当按照施工方案或施工组织设计，参照有关规定以“项”为单位进行综合计价，计算方法见表4.5。

表4.5 总价措施项目费计算参考费率表

项目名称	适用条件	计算方法
房屋建筑与装饰工程	环境保护费、安全施工费、文明施工费	分部分项工程费中（定额人工费+定额机械费×8%）×10.17%
	临时设施费	分部分项工程费中（定额人工费+定额机械费×8%）×5.48%
	安全文明施工费合计	分部分项工程费中（定额人工费+定额机械费×8%）×15.65%
独立土石方工程	环境保护费、安全施工费、文明施工费	分部分项工程费中（定额人工费+定额机械费×8%）×1.6%
	临时设施费	分部分项工程费中（定额人工费+定额机械费×8%）×0.4%
	安全文明施工费合计	分部分项工程费中（定额人工费+定额机械费×8%）×2.0%
其他措施	冬、雨季施工增加费，生产工具用具使用费，工程定位复测、工程点交、场地清理费	分部分项工程费中（定额人工费+定额机械费×8%）×5.95%
特殊地区施工增加费	2 500 m<海拔≤3 000 m地区	（定额人工费+定额机械费×8%）×8%
	3 000 m<海拔≤3 500 m地区	（定额人工费+定额机械费×8%）×15%
	海拔>3 500 m地区	（定额人工费+定额机械费×8%）×20 %

②单价措施项目。单价措施项目是指可以计算工程量的项目，如混凝土模板、脚手架、垂直运输、超高施工增加、大型机械设备进退场费、施工排降水等，可按计算综合单价的方法计算，计算公式为

$$\text{单价措施项目费} = \sum(\text{清单工程量} \times \text{单价措施项目综合单价}) \tag{4.8}$$

$$\text{综合单价} = \frac{\text{清单项目费用(含人/材/机/管/利)}}{\text{清单工程量}} \tag{4.9}$$

其中：

$$\text{定额人工费}=\text{措施项目定额工程量}\times\text{定额人工费单价} \tag{4.10}$$

$$\text{材料费} = \text{措施项目定额工程量} \times \sum(\text{材料消耗量} \times \text{材料单价}) \tag{4.11}$$

$$\text{定额机械费} = \text{措施项目定额工程量} \times \text{定额机械费单价} \tag{4.12}$$

$$\text{管理费} = (\text{定额人工费} + \text{定额机械费} \times 8\%) \times \text{管理费费率} \tag{4.13}$$

$$\text{利润} = (\text{定额人工费} + \text{定额机械费} \times 8\%) \times \text{利润率} \tag{4.14}$$

管理费费率见表4.3，利润率见表4.4。其中大型机械设备进退场费规定不计算管理费、利润。计算表格同表4.2。

(3)**其他项目费**

①暂列金额可由招标人按工程造价的一定比例估算,投标人按招标工程量清单中所列的金额计入报价中。在工程实施中,暂列金额由发包人掌握使用,余额归发包人所有,差额由发包人支付。

②暂估价中的材料、工程设备暂估单价应按招标工程量清单中列出的单价计入综合单价;暂估价中的专业工程暂估价应按招标工程量清单中列出的金额直接计入投标报价的其他项目费中。

③计日工应按招标工程量清单中列出的项目根据工程特点和有关计价依据确定综合单价,其管理费和利润按其专业工程费率计算。

④总承包服务费应根据合同约定的总承包服务内容和范围,参照下列标准计算:

a.发包人仅要求对其分包的专业工程进行总承包现场管理和协调时,按分包的专业工程造价的1.5%计算。

b.发包人要求对其分包的专业工程进行总承包管理和协调并同时要求提供配合服务时,根据配合服务的内容和提出的要求,按分包的专业工程造价的3%~5%计算。

c.发包人供应材料(设备除外)时,按供应材料价值的1%计算。

⑤其他。

a.人工费调差按省级建设主管部门发布的人工费调差文件计算。

b.机械费调差按省级建设主管部门发布的机械费调差文件计算。

c.风险费依据招标文件计算。

d.因设计变更或建设单位的责任造成的停工、窝工损失,可参照下列办法计算费用:

• 现场施工机械停滞费按定额机械台班单价的40%计算,施工机械停滞费不再计算除税金以外的费用。

• 生产工人停工、窝工工资按38元/工日计算,管理费按停工、窝工工资总额的20%计算,停工、窝工工资不再计算除税金以外的费用。

e.承、发包双方协商认定的有关费用按实际发生计算。

(4)**规费计算**

①社会保障费、住房公积金及残疾人保障金计算公式为

$$社会保障费、住房公积金及残疾人保障金 = 定额人工费总和 \times 26\% \tag{4.15}$$

式中,定额人工费总和是指分部分项工程定额人工费、单价措施项目定额人工费与其他项目定额人工费的总和。

②危险作业意外伤害险计算公式为

$$危险作业意外伤害险 = 定额人工费总和 \times 1\% \tag{4.16}$$

未参加建筑职工意外伤害保险的施工企业不得计算此项费用。

③工程排污费:按工程所在地有关部门的规定计算。

(5)**税金计算**

$$税金 = 税前工程造价 \times 综合税率 \tag{4.17}$$

综合税率取值见表4.6。

表 4.6　营改增后税金综合税率

工程所在地	2018.5.1 综合税率/%	2019.4.1 综合税率/%
市区	10.36	10.08
县城、镇	10.30	9.90
不在市区、县城、镇	10.18	9.54

4.1.4　计价程序

根据相关规定,现阶段××省工程量清单计价的费用计算程序见表 4.7。

表 4.7　工程量清单计价程序

代号	项目名称			计算方法
1	分部分项工程费			∑ 分部分项清单工程量 × 分部分项综合单价
1.1	定额人工费			∑ 分部分项定额工程量 × 定额人工费单价
1.2	定额机械费			∑ 分部分项定额工程量 × 定额机械费单价
2	措施项目费			< 2.1 > + < 2.2 >
2.1	单价措施项目费			∑ 单价措施清单工程量 × 单价措施综合单价
2.1.1	定额人工费			∑ 单价措施定额工程量×定额人工费单价
2.2	总价措施项目费			<2.2.1>+<2.2.2>
2.2.1	安全文明施工费			分部分项工程费中(定额人工费+定额机械费×8%)×15.65%
2.2.1	其他总价措施费			分部分项工程费中(定额人工费+定额机械费×8%)×5.95%
3	其他项目费			<3.1>+<3.2>+<3.3>+<3.4>+<3.5>
3.1	暂列金额			按双方约定或按题给条件计取
3.2	暂估材料、工程设备单价			按双方约定或按题给条件计取
3.3	计日工			按双方约定或按题给条件计取
3.4	总包服务费			按双方约定或按题给条件计取
3.5	其他			按实际发生额计算
4	规费			<4.1>+<4.2>+<4.3>
4.1	社保费住房公积金及残保金			定额人工费总和×26%
4.2	危险作业意外伤害保险			定额人工费总和×1%
4.3	工程排污费			按有关规定或题给条件计算
5	税金	工程所在地	市区	(<1>+<2>+<3>+<4>)×10.08%
			县城/镇	(<1>+<2>+<3>+<4>)×9.90%
			其他地方	(<1>+<2>+<3>+<4>)×9.54%
6	单位工程造价			<1>+<2>+<3>+<4>+<5>

注:表中“<1>+<2>+<3>+<4>”意为“税前造价”,实行“营改增”后在计税时“税前造价”中的部分费用是可以扣除的,具体做法应以当地规定为准。

4.2 案例解析

【案例 4.1】某市区 2019 年 4 月新建一幢 8 层框架结构的住宅楼,建筑面积为 5 660 m^2,室外标高为-0.3 m,第一层层高为 3.2 m,第二至第八层的层高均为 2.8 m,女儿墙高为 0.9 m,出屋面楼梯间高为 2.8 m。该工程根据招标文件及分部分项工程量清单、××省 2013 版工程造价计价依据、现行的人、材、机单价计算出以下造价数据:分部分项工程费 4 218 232 元,其中:人工费 710 400 元,材料费 2 692 400 元,机械费 280 400 元,管理费 326 964 元,利润 208 068 元,单价措施项目费 220 000 元(其中人工费 45 000 元);招标文件载明暂列金额应计 100 000 元;专业工程暂估价 30 000 元;总价措施项目费应计安全文明施工费、其他措施费;工程排污费计10 000 元。

试根据上述条件计算该住宅楼房屋建筑工程的招标控制价。

【解】根据××省 2013 计价规则,该住宅楼的招标控制价计算过程见表 4.8、表 4.9。

表 4.8 单位工程费汇总表

序号	汇总内容	金额/元	计算方法
1	分部分项工程费	4 218 232.00	题给
1.1	人工费	710 400.00	题给
1.2	材料费	2 692 400.00	题给
1.3	机械费	280 400.00	题给
1.4	管理费和利润	535 032.00	题给
2	措施项目费	378 291.71	<2.1>+<2.2>
2.1	单价措施项目费	220 000.00	题给
2.1.1	人工费	45 000.00	题给
2.2	总价措施项目费	158 291.71	<2.2.1>+<2.2.2>
2.2.1	安全文明施工费	114 688.21	(<1.1>+<1.3>×8%)×15.65%
2.2.2	其他总价措施项目费	43 603.50	(<1.1>+<1.3>×8%)×5.95%
3	其他项目费	130 000.00	<3.1>+<3.2>+<3.3>+<3.4>+<3.5>
3.1	暂列金额	100 000.00	题给
3.2	专业工程暂估价	30 000.00	题给
3.3	计日工		
3.4	总承包服务费		
3.5	其他		
4	规费	213 958.00	见规费项目计价表
5	税金	498 000.56	见税金项目计价表
招标控制价/投标报价合计=1+2+3+4+5		5 438 482.27	

表4.9　规费、税金项目计价表

序号	项目名称	计算基础	计算费率/%	金额/元
1	规费			213 958.00
1.1	社会保障费、住房公积金、残疾人保证金	分部分项工程定额人工费+单价措施项目定额人工费	26	196 404.00
1.2	危险作业意外伤害保险	分部分项工程定额人工费+单价措施项目定额人工费	1	7 554.00
1.3	工程排污费			10 000.00
2	税金	分部分项工程费+措施项目费+其他项目费+规费	10.08	498 000.56

在平时练习和考试时，上述两表可以合并简化为一个表计算，见表4.10。

表4.10　单位工程费汇总表

序号	汇总内容	金额/元	计算方法
1	分部分项工程费	4 218 232.00	题给
1.1	人工费	710 400.00	题给
1.2	机械费	280 400.00	题给
2	措施项目费	378 291.71	<2.1>+<2.2>
2.1	单价措施项目费	220 000.00	题给
2.1.1	人工费	45 000.00	题给
2.2	总价措施项目费	158 291.71	<2.2.1>+<2.2.2>
2.2.1	文明安全施工费	114 688.21	(<1.1>+<1.2>×8%)×15.65%
2.2.2	其他总价措施项目费	43 603.50	(<1.1>+<1.2>×8%)×5.95%
3	其他项目费	130 000.00	<3.1>+<3.2>+<3.3>+<3.4>+<3.5>
3.1	暂列金额	100 000.00	题给
3.2	专业工程暂估价	30 000.00	题给
3.3	计日工		
3.4	总承包服务费		
3.5	其他		
4	规费	213 958.00	<4.1>+<4.2>+<4.3>
4.1	社会保障费、住房公积金、残疾人保证金	196 404.00	(<1.1>+<2.1.1>)×26%
4.2	危险作业意外伤害保险	7 554.00	(<1.1>+<2.1.1>)×26%
4.3	工程排污费	10 000.00	题给
5	税金	498 000.56	(<1>+<2>+<3>+<4>)×10.08%
招标控制价/投标报价合计		5 438 482.27	<1>+<2>+<3>+<4>+<5>

【案例 4.2】某市区某民用建筑项目采用工程量清单计价方式招标,项目招标控制价 2019 年 4 月 7 日公布数据见表 4.11。

表 4.11 单位工程招标控制价汇总表

序号	汇总内容	金额/万元	其中:暂估价/万元
1	分部分项工程	90	0
1.1	其中:人工费	13.5	
1.2	其中:机械费	1.2	
2	措施项目	12	
2.1	其中:单价措施项目人工费	1.8	
2.2	其中:安全文明施工费	2.127 7	
3	其他项目	13.5	0
3.1	其中:暂列金额	13.5	
3.2	其中:专业工程暂估价	0	0
3.3	其中:计日工	0	
3.4	其中:总承包服务费	0	
4	规费	4.131	
5	税金	12.39	
招标控制价合计		132.02	

在项目投标截止时间前 17 日,招标人对已发招标工程量清单进行了修正,内容如下:

①外墙刷涂料更改为贴面砖,工程量与原外墙刷涂料相同(经计算,此项修正导致分部分项工程费增加 10 000 元,其中:人工费增加 2 500 元,机械费增加 900 元)。

②增加消防工程,招标人拟进行自行分包,暂估价 10 万元。

③暂列金额由 13.5 万元改为 3.5 万元。

④钢筋由招标人自行供应,供应材料到工地价格为:钢筋(综合)4 500 元/t,消耗量为 40 t。

【问题】请根据《建设工程工程量清单计价规范》(GB 50500—2013)、×建标〔2013〕918 号文规定的计价程序和表格,计算该招标项目修正后的招标控制价。

【解】(1)填表计算项目总承包服务费,见表 4.12(表中费率是题目给出的)。

表 4.12 总包服务费计价表

序号	项目名称	项目价值/元	服务内容	费率/%	金额/元
1	发包人发包专业工程	100 000		1.5	1 500
2	发包人供应材料	180 000		1	1 800
					3 300

注:发包人供应材料总价值=4 500(元/t)×40(t)=180 000(元)。

(2)填表计算其他项目费,见表4.13。

表4.13　其他项目清单与计价表

序号	项目名称	计量单位	金额/元	备注
1	暂列金额	项	35 000	
2	暂估价	项	100 000	
2.1	其中:材料暂估价	项	—	
2.2	其中:专业工程暂估价	项	100 000	
3	计日工	—	—	
4	总包服务费	项	3 300	
合计			138 300	

注:消防工程招标人拟进行自行分包,暂估价10万元计入本项目造价中。

(3)填表计算规费与税金(表4.14)和单位工程招标控制价汇总表(表4.15)。

表4.14　规费、税金项目清单与计价表

序号	项目名称	计算代号	费率/%	金额/万元	计算式(可用计算代号列式)
1	规费	L		4.198 5	4.043 0+0.155 5=4.198 5
1.1	工程排污费	N	0	0	
1.2	社保费及住房公积金	P	26	4.043 0	(13.75+1.80)×26%
1.3	意外伤害险	O	1	0.155 5	(13.75+1.80)×1%
2	税金	M	10.08	4.213 7	(A+D+G+L)×10.08%=12.21

注:本表数据来源于“单位工程招标控制价汇总表”,所以两表计算要同时进行。

表4.15　单位工程招标控制价汇总表

序号	汇总内容	计算代号	费率/%	金额/万元	其中:暂估价/万元	计算式(可用计算代号列式)
1	分部分项工程	A	—	91	0	90+1=91
1.1	人工费	B	—	13.75	—	13.5+0.25=13.75
1.2	机械费	C	—	1.29	—	1.2+0.09=1.29
2	措施项目	D	—	12.055 5	—	12+(0.25+0.09×8%)×(15.65%+5.95%)=12.055 5
2.1	其中:单价措施项目人工费	E		1.80		
2.2	其中:安全文明施工费	F	15.65	2.168	—	2.127 7+(0.25+0.09×8%)×15.65%=2.168

续表

序号	汇总内容	计算代号	费率/%	金额/万元	其中:暂估价/万元	计算式(可用计算代号列式)
3	其他项目	G	—	13.83	10	—
3.1	其中:暂列金额	H	—	3.5	—	—
3.2	其中:专业工程暂估价	R	—	10	10	—
3.3	其中计日工	J	—	0	—	—
3.4	其中:总承包服务费	K	—	0.33	—	—
4	规费	L	—	4.198 5	—	—
5	税金	M	10.08	12.51	—	—
招标控制价合计				133.59	10	A+D+G+L+M

【案例 4.3】某市区 2019 年 1 月新建现浇框架结构综合办公楼,共 7 层,总建筑面积 8 650 m^2,层高 3 米,室外地坪标高-0.3 米,檐高 21.3 米。建设方委托造价咨询公司进行工程量清单招标控制价编制,现已完成了全部工程的分部分项工程费用及部分措施费的计算。

给定条件:

(1)已完成工作的计算结果见表 4.16

表 4.16 分部分项工程及部分措施项目计算情况表

序号	计算代号	费用名称	金额/元	备注
1	A	清单分部分项合计	6 245 300.32	—
1.1	B	清单人工费合计	1 124 154.47	—
1.2	C	清单机械费合计	95 209.31	—
2	D	措施费	—	—
2.1	E	模板与支撑	344 499.23	其中人工费占 12%
2.2	F	脚手架	138 883.70	其中人工费占 12%

(2)招标文件要求

①屋面防水工程拟由专业单位进行分包,暂按 21 万元以专业工程暂估价列入工程造价,在项目实施中,另行协商确定造价。

②因项目地质情况较为复杂,为应对可能发生地基处理事项,工程造价中须按分部分项工程量清单合价的 5%考虑暂列金额。

③在招标控制价编制中,考虑的垂直运输机械为塔式起重机(800 kN · m)一台,塔吊基础采用固定式基础。

【问题 1】按题给条件计算按表 4.17 所列的措施费用,结果保留至小数点后两位。

表 4.17　措施项目费分析表

序号	定额编号	措施项目名称	定额单位	工程量	合价金额/元					
					人工费	材料费	机械费	管理费利润	合计	代号
1		垂直运输机械								K
1.1		垂直运输								
2		大型机械设备进出场及安拆								G
1.1		塔吊基础								
1.2		塔吊安拆								
1.3		塔吊运输								
1.4		电梯基础								
1.5		电梯安拆								
1.6		电梯运输								

【问题 2】将措施项目费计价表(表 4.18)中未填写的措施费计算公式及金额填入表内,结果保留至小数点后两位。

表 4.18　措施项目费计价表

序号	项目名称	计量单位	代码	金额/万元	计算式(可用代码填写)
1	安全文明施工费	项	L		
2	夜间施工费	项	—	—	—
3	二次搬运费	项	—	—	—
4	其他(冬雨季施工、定位复测、生产工具用具使用费等)	项	M		
5	大型机械进出场及安拆费	项	G		
6	模板与支撑	项	E	34.45	—
7	脚手架	项	F	13.89	—
8	已完工程及设备保护	项	—	—	—
9	施工排水降水	项	—	—	—
10	垂直运输机械	项	K		
	措施费合计	—	D		

【问题 3】根据上述计算表格,填写“单位工程招标控制价汇总表”(表 4.19)的金额及计算公式,结果保留至小数点后两位。

表 4.19 单位工程招标控制价汇总表

序号	名称	代码	金额/万元	计算式(可用代码填写)
1	分部分项工程费	A		—
1.1	人工费	B		—
1.2	机械费	C		—
2	措施项目费	D		—
2.1	单价措施项目费	L		
2.1.1	其中:人工费	N		
2.2	总价措施项目费	O		
2.2.1	其中:安全文明施工费	P		—
3	其他项目费	Q		
3.1	其中:暂列金额	R		
3.2	其中:暂估价	S		—
3.3	其中:计日工	—	—	—
3.4	其中:总承包服务费	—	—	—
4	规费	T		
4.1	工程排污费	—	—	—
4.2	社会保障及住房公积金	U		
4.3	危险作业意外伤害保险	V		
5	税金	W		
	招标控制价合计	—		

【解】该题考核措施费计算方法和招标控制价计费的相关知识,解题需要明确以下几点:

①如果是考试,措施项目费计算表格与实际可能有所不同。

②由于题目没有特别说明,所以计算措施费时人工费、材料费、机械费单价均按 2013 定额单价计取,不做调整。

③主体工程判定为建筑工程,所以管理费费率取 33%,利润率取 20%。大机三项费不计管理费利润。

④屋面防水工程拟由专业单位进行分包,暂按 21 万元以专业工程暂估价列入工程造价,本题不计算总承包服务费。

⑤本例认定为房建工程,按 15.65%的费率计取安全文明施工费,按 5.95%的费率计取其

他措施项目费。

⑥税金按10.36%计算。

⑦垂直运输和大型机械进出场及安拆费的计算结果见表4.20。由于建筑物檐高为21.3 m，垂直运输套用后发现定额中同时使用了塔式起重机(800 kN·m)和施工电梯(75 m)，所以大型机械进出场及安拆费应计算6项费用。

表4.20　措施项目分析表(答案)

序号	定额编号	措施项目名称	定额单位	工程量	金额/元					
					人工费合价	材料费合价	机械费合价	管理费利润	合计	代号
1		垂直运输机械	项	1	10 621.60				353 069.40	K
1.2	0115 0473	垂直运输机械	100 m^2	86.5	10 621.60		323 118.20	19 329.60	353 069.40	
2		大型机械设备进出场及安拆	项	1	17 758.64				102 003.62	G
1.1	0115 0619	塔式起重机固定式基础	座	1	1 724.76	3 700.48	154.59	—	5 579.83	
1.2	0115 0621	塔式起重机安装拆卸费用	座	1	7 665.6	326.8	15 427.41	—	23 419.81	
1.3	0115 0649	塔式起重机场外运输费用	台次	1	2 555.2	405.99	48 582.6	—	51 543.79	
1.4	0115 0619	施工电梯固定式基础	座	1	1 724.76	3 700.48	154.59	—	5 579.83	
1.5	0115 0624	施工电梯安装拆卸费用	座	1	3 449.52	61.92	4 210.47	—	7 721.91	
1.6	0115 0652	施工电梯场外运输费用	台次	1	638.8	400.29	7 119.36	—	8 158.45	

措施项目费汇总计算结果见表4.21。

表 4.21　措施项目费计价表(答案)

序号	项目名称	计量单位	代码	金额/万元	计算式(可用代码填写)
1	安全文明施工、临时设施费	项	L	17.71	(B+C×8%)×15.65%
2	夜间施工费	项	—	—	—
3	二次搬运费	项	—	—	—
4	其他(冬雨季施工、定位复测、生产工具用具使用费等)	项	M	6.73	(B+C×8%)×5.95%
5	大型机械进出场及安拆费	项	G	10.20	详见表 5.24
6	模板与支撑	项	E	34.45	—
7	脚手架	项	F	13.89	—
8	已完工程及设备保护	项	—	—	—
9	施工排水降水	项	—	—	—
10	垂直运输机械	项	K	35.30	详见表 5.24
措施费合计		—	D	118.28	L+M+G+E+F+K

工程招标控制价汇总计算结果见表 4.22。

表 4.22　单位工程招标控制价汇总表(答案)

序号	名称	代码	金额/万元	计算式(可用代码填写)
1	分部分项工程费	A	624.53	—
1.1	人工费	B	112.42	—
1.2	机械费	C	9.52	—
2	措施项目费	D	118.28	N+P
2.1	单价措施项目费	N	93.84	G+E+F+K
2.1.1	其中:人工费	O	8.681	(E+F)×12%+1.1+1.78
2.2	总价措施项目费	P	24.44	L+M
2.2.1	其中:安全文明施工费	L	17.71	—
3	其他项目费	Q	52.23	R+S
3.1	其中:暂列金额	R	31.23	A×5%
3.2	其中:暂估价	S	21.00	—
3.3	其中:计日工	—	—	—

续表

序号	名称	代码	金额/万元	计算式(可用代码填写)
3.4	其中:总承包服务费	—	—	—
4	规费	T	32.697	U+V
4.1	工程排污费	—	—	—
4.2	社会保障及住房公积金	U	31.486	(B+O)×26%
4.3	危险作业意外伤害保险	V	1.211	(B+O)×1%
5	税金	W	85.75	(A+D+Q+T)×10.36%
招标控制价合计		—	913.487	A+D+Q+T+W

【案例4.4】某县城2018年12月新建20栋全框架结构度假别墅,每栋为三层楼高10.2 m,建筑面积300 m^2,已计算出分部分项工程费235万元(其中定额人工费38.3万元、机械费28.5万元),单价措施费23.12万元(其中定额人工费2.54万元)。经复核还有以下费用未计入:

①M5混合砂浆砌一砖混水砖墙40 m^3(标准砖450元/千块,M5.0砌筑混合砂浆310元/m^3)。

②业主要求该工程的装饰部分进行分包,造价为102万元,并约定总承包服务费按分包专业工程造价的6%计取。

③安全文明施工费。

④生产工具用具使用费、工程定位复测、工程点交、场地清理费等其他措施费。

【问题】完成该项目招标控制价的计算(以万元为单位,小数点后保留3位)。

【难点分析】本题未计的费用必须准确认定费用归属。一砖混水砖墙归属分部分项工程费,总承包服务费归属其他项目费,安全文明施工费和生产工具用具使用费、工程定位复测、工程点交、场地清理费等其他措施费归属总价措施费。解题时,先计算出一砖混水砖墙的人工费、材料费、机械费、管理费、利润,增加到题给分部分项工程费中,才可以计算安全文明施工费和生产工具用具使用费、工程定位复测、工程点交、场地清理费等其他措施费以及其他相关的费用。

【解】(1)M5混合砂浆砌一砖混水砖墙40 m^3费用计算。

套用《××省房屋建筑与装饰工程消耗量定额(2013)》中定额01040009的单价,管理费费率取33%,利润率取20%,列式计得:

人工费=40/10×912.21=3 648.84(元)=0.365(万元)

材料费=40/10×(5.94+450×5.3+310×2.396)=12 534.8(元)

机械费=40/10×34.67=138.68 元=0.014(万元)

管理费=(3 648.84+138.68×8%)×33%=1 207.78(元)

利润=(3 648.84+138.68×8%)×20%=731.99(元)

分部分项工程费=3 648.84+12 534.8+138.68+1 207.78+731.99=18 262.09(元)

=1.826(万元)

(2)总承包服务费=102×6%=6.12(万元)

(3)安全文明施工费=(38.3+28.5×8%+0.365+0.014×8%)×15.65%=6.41(万元)

(4)生产工具用具使用费、工程定位复测、工程点交、场地清理费等其他措施费

(38.3+28.5×8%+0.365+0.014×8%)×5.95%=2.44(万元)

(5)该项目土建部分单位工程招标控制价计算在汇总表中完成(表 4.23)。

表 4.23　单位工程招标控制价汇总表

序号	汇总内容	金额/万元	计算方法
1	分部分项工程费	236.83	235.00+1.826
1.1	人工费	38.665	38.30+0.365
1.3	机械费	28.514	28.50+0.014
2	措施项目费	31.964	23.12+8.85
2.1	单价措施项目费	23.120	题给
2.1.1	人工费	2.540	题给
2.2	总价措施项目费	8.844	6.408+2.436
2.2.1	安全文明施工费	6.408	(38.665+28.514×8%)×15.65%
2.2.2	其他总价措施项目费	2.436	(38.665+28.514×8%)×5.95%
3	其他项目费	6.120	
3.1	暂列金额		
3.2	专业工程暂估价		
3.3	计日工		
3.4	总承包服务费	6.120	102×6%
3.5	其他		
4	规费	11.125	
4.1	社会保障及住房公积金	10.713	(38.665+2.54)×26%
4.2	危险作业意外伤害保险	0.412	(38.665+2.54)×1%
4.3	工程排污费		
5	税金	29.462	(236.826+31.964+6.12+11.125)×10.30%
招标控制价=1+2+3+4+5		315.497	

(6)该项目招标控制价为:(315.497+102.00)×20=8 349.94(万元)。

第 5 章 预算定额单价的调整及应用案例

本章要点

1.定额单价的含义

2.单位估价表的含义

3.预算定额单价的直接套用

4.预算定额单价的换算

5.1 相关知识

5.1.1 定额单价及套用

(1)定额单价

定额单价也称为分部分项工程单价,是指一定计量单位建筑安装产品的不完全价格,通常是指建筑安装工程的预算单价和概算单价。

分部分项工程单价,可用于确定和控制工程造价,也可作为编制设计概算、施工图预算、招标控制价、投标报价、工程进度款的拨付以及竣工结算的主要依据。

(2)单位估价表

单位估价表是以货币形式确定一定计量单位某分部分项工程或结构构件直接工程费的计算表格文件。它是根据预算定额所确定的人工、材料、机械台班消耗数量乘以人工工资单价、材料预算价格、机械台班单价汇总而成的估价表,见表 5.1。

表 5.1 单位估价表(示例一)

工作内容:挖土、装土、把土抛于坑槽边自然堆放　　　　定额单位:100 m^3

定额编号	01010004	01010005	01010006
项目名称	人工挖沟槽、基坑(三类土)		
	挖深(　　)m 以内		
	2	4	6

续表

基价/元				3 076.40	3 373.63	3 698.46
人工费/元				3 076.40	3 373.63	3 698.46
材料费/元						
机械费/元						
名　称		单　位	单价/元	数　量		
人　工	综合人工	工日	63.88	48.159	52.812	57.897

单位估价表的内容由两部分组成:一是预算定额规定的人工、材料、机械台班的消耗数量;二是当地的人工工资单价、材料预算价格、机械台班单价。编制单位估价表就是把 3 种"量"与"价"分别结合起来,得出分部分项工程的人工费单价、材料费单价、机械费单价,三者汇总即为分部分项工程单价。

单位估价表是预算定额在各地区的价格表现的具体形式,分部分项工程单价是在采用单价法编制工程概预算时形成的特有概念。2013××省消耗量定额中,人工消耗量被隐藏,而用拟定的人工消耗量乘以固定人工单价(63.88 元/工日)得到人工费单价,所以现在看到的单位估价表是没有人工消耗量的,见表 5.2、表 5.3。

表 5.2　单位估价表(示例二)

工作内容:挖土、装土、把土抛于坑槽边自然堆放　　　　定额单位:100 m^3

定额编号	01010004	01010005	01010006
项目名称	人工挖沟槽、基坑(三类土)		
	挖深(　　)m 以内		
	2	4	6
基价/元	3 076.40	3 373.63	3 698.46
人工费/元	3 076.40	3 373.63	3 698.46
材料费/元	—	—	—
机械费/元	—	—	—

表 5.3　单位估价表(示例三)

工作内容:捆绑、吊桩、就位、打桩、校正,移动桩架,安装或更换衬垫,添加润滑剂、燃料,测量、记录等。

计量单位:100 m

定额编号	01030004	01030005	01030006
项目名称	打钢筋混凝土方桩		
	400×400(mm)以内		
	$L \leqslant 12$ m	$L \leqslant 28$ m	$L \leqslant 45$ m

续表

基价/元				1 961.95	1 534.33	2 270.62
人工费/元				554.54	433.36	384.62
材料费/元				30.11	30.11	30.11
机械费/元				1 377.30	1 070.86	1 855.53
名　称		单　位	单价/元	数　量		
材料	钢筋混凝土方桩	m	—	(101.5)	(101.5)	(101.5)
	桩帽	kg	4.41	1.173	1.173	1.173
	垫木	m^3	1 250.00	0.014	0.014	0.014
	白棕绳	kg	18.00	0.080	0.080	0.080
	草纸	kg	2.50	2.400	2.400	2.400
机械	履带式起重机 15 t	台班	625.07	0.866	0.630	0.647
	轨道式柴油打桩机 2.5 t	台班	965.34	0.866	—	—
	履带式柴油打桩机 冲击质量 5 t	台班	1 074.71	—	0.630	—
	履带式柴油打桩机 冲击质量 7 t	台班	2 242.83	—	—	0.647

(3)**定额单价的套用**

在定额刚出版的一段时间内(其人工工资单价、材料预算价格、机械台班单价能反映当时的物价水平),计算人工费、材料费和机械费可以用分部分项工程的工程量直接乘以定额单价得到,这种做法可称为定额单价的直接套用,是造价员应试必须掌握的一种技能。

但各位细心的读者应当注意到,表 5.3 中的材料费单价仅只是计价材的价格,未计价材的价格不在材料费单价中,表 5.3 中消耗量用括号表达的钢筋混凝土方桩的单价为"—",所以 2013××省消耗量定额的工程单价是不完全单价,套价时必须增加计算未计价材价格。

5.1.2　定额单价换算

(1)**定额单价换算的意义**

由于定额编制的时效性决定了定额不可能及时反映变化着的建设工程的价格水平,对定额单价和单位估价表本质上的理解,应当是"价变量不变",也就是定额消耗量是基本不变的,而人工工资单价、材料预算价格、机械台班单价是随时在变化的,因而定额单价换算是常态化的,它扩大了定额应用的时间和空间,可以"以不变应万变",是我们学习、理解和应用定额单价、单位估价表应持有的基本态度。

(2)**人工单价换算**

人工单价是"政府定价"而不是"市场定价",×建标〔2013〕918 号文件规定:2013××省消耗量定额的人工单价为 63.88 元/工日。

一般来说,人工单价换算就是将定额中的人工工日单价换成现在的单价,换算公式为

换算人工费单价 = 定额人工消耗量 × 现行人工工日单价

或： 换算人工费单价=原定额人工费单价/定额取定人工工日单价×现行人工工日单价

(3)**材料单价换算**

在市场经济条件下,各种材料的单价均随着市场的供求规律在变化,具体操作是甲乙双方约定选择最近某个时期的《价格信息》上的材料价格作为预算价格。

材料单价换算就是将定额中的某一种或多种材料的单价换算成现在的单价。在实际工作中由软件换价来完成;而考试时,当试卷中给出具体的材料单价时,换算公式为

换算材料费单价 = 原定额材料费单价 +(换入材料单价 - 换出材料单价)× 计价材料消耗量 + 材料单价 × 未计价材料消耗量

(4)**机械台班单价换算**

在《××省机械仪器仪表台班费用定额》中,台班人工费单价的计算公式为

台班人工费 = 人工消耗量 × 人工单价

燃料动力费的计算公式为

台班燃料动力费 = $\sum$(燃料动力消耗量 × 燃料动力预算价格单价)

《××省机械仪器仪表台班费用定额》取定的人工和燃料动力预算价格单价见表 5.4。

表 5.4　2013××定额取定的人工、燃料动力预算价格单价

序号	名称	单位	预算价格/元	备注
1	人工	工日	63.88	机上司机(司炉)和其他操作人员
2	汽油	kg	9.10	90#以上
3	柴油	kg	8.26	0#
4	电	kW · h	0.73	
5	煤	kg	0.50	
6	木柴	kg	0.65	
7	水	M^3	5.60	

××省消耗量定额总说明中第九条规定:定额机械费的调整按省建设主管部门发布的调整文件进行调整。《××省建设工程造价计价规则》同时规定:机械费调差计入其他项目费。

(5)**定额单价乘系数的换算**

为适应定额单价套用的不同需要,《××省房屋建筑与装饰工程消耗量定额》在各分部说明中,规定了某种情况出现时乘用的系数,又可分 3 种类型:

1)定额项目乘系数

如定额中"厚度每增减 5 mm"项目,若只增加 5 mm 默认乘系数"1",若要增加 10 mm,是 5 mm 的 2 倍,则项目的基价和其中的人、材、机均要乘系数"2"。

2)人工乘系数

如定额的土石方分部规定:本分部定额按三类干土编制,如挖湿土时,人工定额量乘以系数1.18;挖一、二类土时,人工定额量乘以系数0.6;挖四类土时,人工定额量乘以系数1.45。

3)机械台班乘系数

如定额的桩基础分部规定:静压预制桩送桩按相应压桩定额的人工、机械台班乘以表5.5所示的系数计算。

表5.5 打送桩人工、机械台班乘系数

送桩深度	系数
2 m以内	1.25
4 m以内	1.43
6 m以内	1.67

5.2 案例解析

【案例5.1】表5.1中的人工挖沟槽定额01010004,若现行人工工日单价取78.00元/工日,试问换算人工费单价为多少?

【解】换算人工费单价=3 076.40/63.88×78.0=3 756.41(元/100 m^3)

但是,2013××省消耗量定额总说明中第九条同时规定:定额人工费的调整按省建设主管部门发布的调整文件进行调整,但不作为计费基础(即指用于计算管理费、利润、总价措施费、住房公积金、社保费、危险作业意外伤害保险的计费基础)。《××省建设工程造价计价规则》同时规定:人工费调差计入其他项目费。

本例人工费调差=3 756.41−3 076.40=680.01元

【案例5.2】表5.3中的打钢筋混凝土方桩定额01030004,若钢筋混凝土方桩单价给定为75元/m时,桩帽5.20元/kg,求换算材料费单价。

【解】换算材料费单价为

$$30.11 + 75 \times 101.50 + (5.20 - 4.41) \times 1.173 = 7\ 643.54(元/100\ m)$$

如果某一分项工程中,组成定额单价的所有材料单价都变了,最直接的换价方法就是对材料费单价进行重新计算,计算公式为

$$换算材料费单价 = \sum(材料单价 \times 材料消耗量)$$

【案例5.3】已知柴油单价为8.50元/kg,请根据×建标〔2013〕918号文件,计算提升质量为15 t的履带式起重机的台班单价。

【解】查《××省机械仪器仪表台班费用定额》知,提升质量为15 t的履带式起重机台班单价各组成部分内容为:

折旧及大修费等为 231.08 元/台班

人工费单价为 127.76 元/台班(其中人工消耗量 2 工日,单价 63.88 元/工日)

燃料动力费为 266.39 元/台班(其中柴油消耗量 32.25 kg,单价 8.26 元/kg)

台班单价为:231.08+127.76+266.39=625.23(元/台班)

当现行柴油单价为 8.50 元/kg,燃料动力费价差为

$$(8.5 - 8.26) \times 32.25 = 7.74(\text{元}/\text{台班})$$

机械费调差不计入综合单价,不得作为计费基础,只能计入其他项目费。实际的提升质量为 15 t 的履带式起重机台班单价为

$$625.23 + 7.74 = 632.97(\text{元}/\text{台班})$$

【案例 5.4】某工程的混凝土栏板设计尺寸为:高 1 100 mm,厚 100 mm,采用现场搅拌混凝土浇筑。验算该栏板混凝土设计量与定额取定的混凝土用量是否相符,如不相符,试换算定额的人、材、机消耗量。

【解】查某省定额规定整体楼梯、台阶、雨篷、栏板、栏杆的混凝土设计量与定额取定的混凝土用量不同时,混凝土每增(减)1 m^3,按以下规定另行计算:

①现场搅拌混凝土:人工 2.61 工日;混凝土 1.015 m^3;混凝土搅拌机 0.10 台班;插入式振捣器 0.20 台班。

②商品混凝土:人工 1.60 工日;混凝土 1.015 m^3;插入式振捣器 0.10 台班。

查某省"现场搅拌混凝土栏板"定额知:计量单位为 10 m;人工费为 41.52(人工消耗量为 41.52/63.88=0.65);混凝土消耗量为 0.490 m^3/10 m;混凝土搅拌机定额消耗量为 0.023 台班/10 m;插入式振捣器定额消耗量为 0.054 台班/10 m。

本例的栏板混凝土设计量计算得:10×1.1×0.1=1.1(m^3/10 m)

与定额中的混凝土用量 0.483 m^3/10 m(0.49÷1.015=0.483)不符

增加的混凝土用量计算得:1.1−0.483=0.617(m^3/10 m)

则换算后的人工定额消耗量:0.65+0.617×2.61=2.261(工日/10 m)

或者:人工费为 41.52+0.617×2.61×63.88=144.39(元/10 m)

换算后的混凝土定额消耗量:0.490+0.617×1.015=1.116(m^3/10 m)

换算后的混凝土搅拌机定额消耗量:0.023+0.617×0.1=0.084 7(台班/10 m)

换算后的插入式振捣器定额消耗量:0.054+0.617×0.2=0.177 4(台班/10 m)

【案例 5.5】××省新编外脚手架定额见表 5.6。

表 5.6　××新编外脚手架定额节录

计量单位:100 m^2

定额编号	01150135	01150136	01150137	01150138
项目名称	钢管外脚手架			
	5 m 以内		9 m 以内	
	单排	双排	单排	双排
基价/元	430.80	577.15	514.77	614.30

续表

其中	人工费/元			196.75	269.57	325.79	364.75
	材料费/元			174.44	243.71	125.11	181.43
	机械费/元			59.61	63.87	63.87	68.12
名称		单位	单价/元	数量			
材料	焊接钢管 $\phi48\times3.5$	t · 天	—	(44.600)	(67.500)	(61.300)	(103.510)
	直角扣件	百套 · 天	—	(123.380)	(168.140)	(169.110)	(256.150)
	对接扣件	百套 · 天	—	(11.650)	(23.670)	(12.820)	(35.500)
	回转扣件	百套 · 天	—	(9.290)	(6.770)	(10.200)	(10.140)
	底座	百套 · 天	—	(18.920)	(20.480)	(11.550)	(17.050)
	镀锌铁丝 8#	kg	5.80	8.600	8.900	4.100	4.550
	以下计价材省略						
机械	载重汽车　装载 6 t	台班	425.77	0.140	0.150	0.150	0.160

注:表中带括号的周转材料消耗量为未计价材料的消耗量,已根据不同对象、不同情况按正常施工条件下、合理的一次性使用期取定。其材料费单价应按实际市场租赁价计入。

【问题】若通过询价得知当地的脚手架周转材料租赁费见表 5.7,试计算表 5.6 中 4 个定额子项的未计价材料费。

表 5.7　脚手架用周转材料租赁费

材料名称	焊接钢管	直角扣件	对接扣件	回转扣件	底座
单位	t · 天	百套 · 天	百套 · 天	百套 · 天	百套 · 天
租赁单价/元	3.20	0.80	0.80	0.80	0.50

【解】表 5.6 中 4 个定额子项的未计价材料费计算见表 5.8。

表 5.8　未计价材料费计算

计量单位:100 m^2

定额编号	01150135	01150136	01150137	01150138
项目名称	钢管外脚手架			
	5 m 以内		9 m 以内	
	单排	双排	单排	双排
未计价材料费(元 · 天)	267.64	385.10	355.64	581.19

续表

名称		单位	单价/元	数量			
未计价材料	焊接钢管 ϕ48×3.5	t·天	3.20	44.600	67.500	61.300	103.510
	直角扣件	百套·天	0.80	123.380	168.140	169.110	256.150
	对接	百套·天	0.80	11.650	23.670	12.820	35.500
	回转	百套·天	0.80	9.290	6.770	10.200	10.140
	底座	百套·天	0.50	18.920	20.480	11.550	17.050

【案例 5.6】某工程采用铲运机平整场地,平均厚度 25 cm,运距 150 m,试问定额基价为多少?

【解】套用某省定额知:定额基价为 446.11 元/1 000 m^3,其中:人工费单价为 63.88 元/1 000 m^3;机械费单价为 382.23 元/1 000 m^3(849.39 元/台班×0.45 台班/1 000 m^3 = 382.23 元/1 000 m^3)。

查看定额的规定,铲运机铲土平均厚度小于 30 cm,铲运机台班量乘以系数 1.17。因此,本例的换算定额基价为:

$$63.88 + 382.23 \times 1.17 = 511.09(\text{元}/1\ 000\ \text{m}^3)$$

【案例 5.7】某工程钢筋混凝土方桩,设计桩长为 24 m,截面尺寸为 350 mm×350 mm,采用履带式柴油打桩机打桩,斜度小于 1∶6,试问定额基价为多少?

【解】套用某省定额知:定额基价为 1 534.33 元/100 m,其中:人工费单价为 433.36 元/100 m;材料费单价为 30.11 元/100 m;机械费单价为 1 070.86 元/100 m。

查看定额的规定:本定额以打直桩为准编制,如设计要求打斜桩,斜度小于 1∶6时,按相应定额子目人工、机械乘以系数 1.25;当斜度大于 1∶6时,按相应定额子目人工、机械乘以系数 1.43。因此,本例的换算定额基价为:

$$433.36 \times 1.25 + 30.11 + 1\ 070.86 \times 1.25 = 1\ 910.39(\text{元}/100\ \text{m})$$

【案例 5.8】某工程钢筋混凝土方桩,设计桩长为 8 m,截面尺寸为 280 mm×280 mm,采用轨道式柴油打桩机打桩,斜度大于 1∶6,试问定额基价为多少?

【解】套用某省定额知:定额基价为 1 841.39 元/100 m,其中:人工费单价为 499.48 元/100 m;材料费单价为 17.10 元/100 m;机械费单价为 1 324.81 元/100 m。

查看定额的规定:本定额以打直桩为准编制,如设计要求打斜桩,斜度小于 1∶6时,按相应定额子目人工、机械乘以系数 1.25;当斜度大于 1∶6时,按相应定额子目人工、机械乘以系数 1.43。因此,本例的换算定额基价为:

$$499.48 \times 1.43 + 17.10 + 1\ 324.81 \times 1.43 = 2\ 625.83(\text{元}/100\ \text{m})$$

【案例 5.9】某工程钢筋混凝土管桩,设计桩长为 12 m,截面尺寸 D = 380 mm,桩间净距 1.0 m。采用履带式柴油打桩机打试桩,试问定额基价为多少?

【解】套用某省定额知:定额基价为 1 949.77 元/100 m,其中:人工费单价为 408.45 元/

100 m；材料费单价为 23.10 元/100 m；机械费单价为 1 518.22 元/100 m。

查看定额 P33 的规定：打试验桩（简称“打试桩”）套相应定额子目人工、机械乘以系数 2；第六条的规定：打桩、压桩、沉管灌注桩，桩间净距（桩边距）小于 4 倍桩径的，套相应定额子目人工、机械乘以系数 1.13。因此，本例的换算定额基价为：

$$408.45 \times 2 \times 1.13 + 23.10 + 1\,518.22 \times 2 \times 1.13 = 4\,377.37(\text{元}/100\ \text{m})$$

第6章 综合单价分析案例

本章要点

1.综合单价的含义、费用组成

2.综合单价中各项费用计算方法

3.各种表格的填写方法

4.已知工程量清单及配套的项目名称及工程量,应如何计算综合单价

5.综合单价的填表计算方法或列式计算方法

6.1 相关知识

6.1.1 综合单价的含义

综合单价,是指完成一个规定清单项目所需的人工费、材料和工程设备费、机械使用费和管理费、利润等费用的单价。

$$\text{综合单价} = \frac{\text{清单项目费用(含人/材/机/管/利)}}{\text{清单工程量}} \tag{6.1}$$

6.1.2 综合单价的计算

(1)人工费、材料费、机械使用费的计算

综合单价中的人工费、材料费、机械使用费的计算见表6.1。

表6.1 人工费、材料费、机械费计算

费用名称	计算方法
人工费	分部分项定额工程量×人工消耗量×人工工日单价 或:分部分项定额工程量×定额人工费
材料费	分部分项定额工程量× $\sum$(材料消耗量 × 材料单价)
机械使用费	分部分项定额工程量 × $\sum$(机械台班消耗量×机械台班单价)

(2)管理费的计算

①计算表达式。

$$管理费 = (定额人工费 + 定额机械费 \times 8\%) \times 管理费费率 \quad (6.2)$$

定额人工费是指在《××省房屋建筑与装饰工程消耗量定额(2013)》中规定的人工费,是以人工消耗量乘以基价期的人工工资单价得到的计价人工费,它是管理费、利润、社保费及住房公积金的计费基础。当出现人工工资单价调整时,价差部分可进入其他项目费。

定额机械费也是指在《××省房屋建筑与装饰工程消耗量定额(2013)》中规定的机械费,是以机械台班消耗量乘以基价期的人工工资单价、燃料动力单价得到的计价机械费,它是管理费、利润的计费基础。当出现机械中的人工工资单价、燃料动力单价调整时,价差部分可进入其他项目费。

②管理费费率见表6.2。

表6.2 管理费费率表

专业	房屋建筑与装饰工程	通用安装工程	市政工程	园林绿化工程	房屋修缮及仿古建筑工程	城市轨道交通工程	独立土石方工程
费率/%	33	30	28	28	23	28	25

(3)利润的计算

①计算表达式。

$$利润 = (定额人工费 + 定额机械费 \times 8\%) \times 利润率 \quad (6.3)$$

②利润率见表6.3。

表6.3 利润率表

专业	房屋建筑与装饰工程	通用安装工程	市政工程	园林绿化工程	房屋修缮及仿古建筑工程	城市轨道交通工程	独立土石方工程
费率/%	20	20	15	15	15	18	15

6.1.3 综合单价组价列项

一般来讲,工程量清单按实体工程分项,消耗量定额按工作内容分项,一个工程实体往往包含若干个工作内容,所以综合单价组价的列项就是根据国家标准《房屋建筑与装饰工程工程计算规范》(GB 50854—2013)附录表中每一清单项目的工作内容和特征描述的指引,为每一个工程量清单项目匹配相应的定额项目,以便正确地计算工程量清单中每一清单分项的综合单价。

6.2 案例解析

6.2.1 综合单价计算

【案例6.1】某工程招标文件中的"分部分项工程清单"见表6.4,试根据《××省建设工程造价计价规则及机械仪器仪表台班费用定额》(DBJ53/T—58—2013),以及当地的人、材、机单价,编制“实心砖墙”和“带形基础”两个清单分项的综合单价,并计算分部分项工程费。

表 6.4　分部分项工程量清单表

序号	项目编码	项目名称	项目特征	计量单位	工程数量
1	010401003001	实心砖墙	1.砖品种、规格、强度等级:标准黏土砖、MU100 2.墙体类型:一砖厚混水砖墙 3.砂浆强度等级、配合比:M5 混合砂浆	m^3	100
2	010501002001	带形基础	1.混凝土种类:现浇混凝土 2.混凝土强度等级:C20 3.垫层种类、厚度:C10 混凝土,100 厚	m^3	100

注:表中工程量仅为分项工程实体的清单工程量。由于两个项目的清单规则与定额规则相同,所以 100 m^3 既是清单量也是定额量。基础垫层的定额工程量假设计算为 10 m^3。

【**解**】①选择单位估价表。

查《××省房屋建筑与装饰工程消耗量定额》相关子目,定额消耗量及单位估价表见表 6.5。

表 6.5　相关子目定额消耗量及单位估价表

计量单位为 10 m^3

				01040009	01050003	01050001
定额编号				01040009	01050003	01050001
项　目				1 砖混水砖墙	钢筋混凝土带形基础	混凝土基础垫层
基价 /元				952.82	913.26	992.15
其中	人工费/元			912.21	693.74	782.53
	材料费/元			5.94	47.80	29.54
	机械费/元			34.67	171.72	180.08
		单位	单价/元	数　量		
材料	混合砂浆 M5.0	m^3	—	(2.396)	—	—
	标准砖	千块	—	(5.300)	—	—
	水	m^3	5.6	1.060	8.260	5.000
	C10 现浇混凝土	m^3	—	—	—	(10.150)
	草席	m^2	1.40	—	1.100	1.100
	C20 现浇混凝土	m^3	248.80	—	(10.150)	—
机械	灰浆搅拌机 200 L	台班	86.90	0.399	—	—
	强制式混凝土搅拌机 500 L	台班	192.49	—	0.327	0.859
	混凝土振捣器(平板式)	台班	18.65	—	—	0.790
	混凝土振捣器(插入式)	台班	15.47	—	0.770	—
	机动翻斗车(装载质量 1 t)	台班	150.17	—	0.645	—

注:表中消耗量带有“( )”的为未计价材,套价时须根据当地的材料价格信息进行组价。

表 6.6 分部分项工程综合单价分析表

工程名称：__________工程　　　　第　页，共　页

序号	项目编码	项目名称	计量单位	工程量	清单综合单价组成明细												综合单价
					定额编号	定额名称	定额单位	数量	单价/元			合价/元					
									人工费	材料费	机械费	人工费	材料费	机械费	管理费和利润		
1	010401003001	实心砖墙	m^3	100	01040009	1砖混水砖墙	10 m^3	0.100 0	912.21	2 322.65	34.67	91.22	232.27	3.47	48.49		375.45
					小计							91.22	232.27	3.47	48.49		
2	010501002001	带形基础	m^3	100	01050003	带形基础	10 m^3	0.100 0	693.74	2 839.05	171.72	69.37	283.91	17.17	37.50		444.93
					01050001	基础垫层	10 m^3	0.010 0	782.53	2 313.29	180.08	7.83	23.13	1.80	4.22		
					小计							77.20	307.04	18.97	41.72		

②选择费率。

查表 6.2 和表 6.3,房屋建筑及装饰工程的管理费费率取 33%,利润率取 20%。

③综合单价计算。

假设通过询价得知当地未计价材料价格为:M5.0 混合砂浆 248 元/m^3,标准砖 325 元/千块,C10 现浇混凝土 225 元/m^3,C20 现浇混凝土 275 元/m^3。

定额 01040009 的材料费单价为

$$5.94 + 2.396 \times 248 + 5.300 \times 325 = 2\ 322.65(元/10\ m^3)$$

定额 01050003 的材料费单价为

$$47.80 + 10.15 \times 275 = 2\ 839.05(元/10\ m^3)$$

定额 01050001 的材料费单价为

$$29.54 + 10.15 \times 225 = 2\ 313.29(元/10\ m^3)$$

综合单价计算在表 6.6 中完成。

表 6.6 中综合单价组成明细中的数量是相对量,为

$$数量 = 定额量 \div 定额单位扩大倍数 \div 清单量 \tag{6.4}$$

④分部分项工程费计算。

具体计算见表 6.7。

表 6.7 分部分项工程量清单计价表

序号	项目编码	项目名称	计量单位	工程量	金额/元				
					综合单价	合价	其中		
							人工费	机械费	暂估价
1	010302001201	1 砖厚实心直形墙	m^3	100	375.45	37 545.00	9 122.00	347.00	
2	010401001201	钢筋混凝土带形基础	m^3	100	444.93	43 272.00	7 720.00	1 897.00	
合计						80 817.00	16 842.00	2 244.00	

【**难点分析**】综合单价特指针对每一个清单分项工程编制的单价,与“工程量清单”有“兵来将挡、水来土掩”的对应关系,它是清单计价报价的中间过程。

实际上,工程量清单每一分项工程所对应的工作内容所需的施工费用(含人工费、材料费、机械费、管理费、利润)对报价人来说早已“胸中有数”,只是因为“工程量清单”中选用的“计量单位”不同,而报出不同表现形式的“综合单价”而已。

例如:某桩基工程,有预制桩 100 根,每根 10 m,共 1 000 m。假设某桩基工程公司根据《××省房屋建筑与装饰工程消耗量定额(2013)》和《××省建设工程造价计价规则(2013)》计算该预制桩完成制作、运输、打桩、送桩的全部工作内容所需的施工费用为 10 万元,那么根据“工程量清单”中选用的“计量单位”不同,会有 3 种“综合单价”的表现形式。

①“工程量清单”中选用“批”为计量单位,表达为“1 批”,则“综合单价”的表现形式为:10(万元)÷1(批)= 10(万元/批)

②“工程量清单”中选用“根”为计量单位,表达为“100 根”,则“综合单价”的表现形式

为:100 000(元)÷100(根)= 1 000(元/根)

③“工程量清单”中选用“m”为计量单位,表达为“1 000 m”,则“综合单价”的表现形式为:100 000(元)÷1 000(m)= 100(元/m)

【案例 6.2】某住宅楼桩基础工程设计采用振动沉管灌注 C20 混凝土桩,桩总数为 340 根(其中包括打试桩 2 根),单桩设计桩长为 16 m(包括桩尖长度 650 mm)。设计桩径 D= 450 mm。

给定条件:

①桩身灌注用混凝土采用现场搅拌。

②C30 预制桩尖为采购成品,供至施工现场。

③工程现场土壤符合《××省房屋建筑与装饰工程消耗量定额》桩基础工程分部规定二级土的指标。

④材料价格:C30 预制桩尖单价:按暂定价 75 元/个计算;现浇桩身用 C20 混凝土材料价:332 元/m^3;二等板枋材:1 500 元/m^3;其余人工、材料、机械价格均按“2013 版××省计价依据”计算。

【问题 1】请根据《房屋建筑与装饰工程工程量计算规范》(GB 50854—2013)和“2013 版××省计价依据”有关规定,结合给定条件,计算相应工程量,补充完成表 6.8 中工程量清单项目编制工作。

表 6.8　分部分项工程量清单表

<table>
<tr><th rowspan="2">序号</th><th colspan="6">工程量清单项目编制</th></tr>
<tr><th>项目编码</th><th>项目名称</th><th>项目特征</th><th>单位</th><th>工程量计算式</th><th>工程量</th></tr>
<tr><td rowspan="6">1</td><td rowspan="6">010302
002001</td><td rowspan="6">沉管灌注桩
(试桩)</td><td>1.地层情况:</td><td rowspan="6">根</td><td rowspan="6"></td><td rowspan="6"></td></tr>
<tr><td>2.空桩长度、桩长:</td></tr>
<tr><td>3.桩径:</td></tr>
<tr><td>4.沉桩方法:</td></tr>
<tr><td>5.桩尖类型:</td></tr>
<tr><td>6.混凝土种类、强度等级:</td></tr>
<tr><td rowspan="6">2</td><td rowspan="6">010302
002002</td><td rowspan="6">沉管灌注桩
(工程桩)</td><td>1.地层情况:</td><td rowspan="6">m</td><td rowspan="6"></td><td rowspan="6"></td></tr>
<tr><td>2.空桩长度、桩长:</td></tr>
<tr><td>3.桩径:</td></tr>
<tr><td>4.沉桩方法:</td></tr>
<tr><td>5.桩尖类型:</td></tr>
<tr><td>6.混凝土种类、强度等级:</td></tr>
</table>

【问题 2】请根据《房屋建筑与装饰工程工程量计算规范》(GB 50854—2013)和“2013 版××省计价依据”有关规定,完成表 6.8 中两个清单分项综合单价分析表(表 6.9)的计算(预制桩尖按材料暂定价计入综合单价)。

表 6.9　综合单价分析表(样表)

序号	项目编码	项目名称	计量单位	工程量	清单综合单价组成明细											综合单价
					定额编号	定额名称	定额单位	数量	单价/元			合价/元				
									人工费	材料费	机械费	人工费	材料费	机械费	管理费和利润	

【解】①根据背景材料描述项目特征，补充完成表 6.8 中工程量清单项目编制工作，结果见表 6.10。

表 6.10　分部分项工程量清单表（答案）

<table>
<tr><td rowspan="2">序号</td><td colspan="6">工程量清单项目编制</td></tr>
<tr><td>项目
编码</td><td>项目
名称</td><td>项目特征</td><td>单位</td><td>工程量
计算式</td><td>工程量</td></tr>
<tr><td rowspan="6">1</td><td rowspan="6">010302
002001</td><td rowspan="6">沉管灌注桩
（试桩）</td><td>1.地层情况：二级土</td><td rowspan="6">根</td><td rowspan="6">2</td><td rowspan="6">2</td></tr>
<tr><td>2.空桩长度、桩长：16 m</td></tr>
<tr><td>3.桩径：450 mm</td></tr>
<tr><td>4.沉桩方法：振动沉管</td></tr>
<tr><td>5.桩尖类型：预制混凝土桩尖（成品）</td></tr>
<tr><td>6.混凝土种类、强度等级：现浇混凝土 C20</td></tr>
<tr><td rowspan="6">2</td><td rowspan="6">010302
002002</td><td rowspan="6">沉管灌注桩
（工程桩）</td><td>1.地层情况：二级土</td><td rowspan="6">m</td><td rowspan="6">16×
（340−2）
= 5 408</td><td rowspan="6">5 408</td></tr>
<tr><td>2.空桩长度、桩长：16 m</td></tr>
<tr><td>3.桩径：450 mm</td></tr>
<tr><td>4.沉桩方法：振动沉管</td></tr>
<tr><td>5.桩尖类型：预制混凝土桩尖（成品）</td></tr>
<tr><td>6.混凝土种类、强度等级：现浇混凝土 C20</td></tr>
</table>

②为计算综合单价需要的相应的单位估价表见表 6.11。

表 6.11　沉管灌注桩单位估价表

计量单位：10 m^3

<table>
<tr><td colspan="2">定额编号</td><td>01030195</td><td>01030196</td></tr>
<tr><td colspan="2" rowspan="3">项　目</td><td colspan="2">振动沉管打孔灌注混凝土桩</td></tr>
<tr><td colspan="2">桩径 600 mm 以内</td></tr>
<tr><td>一级土</td><td>二级土</td></tr>
<tr><td colspan="2">基价/元</td><td>1 229.44</td><td>1 619.37</td></tr>
<tr><td rowspan="3">其中</td><td>人工费/元</td><td>572.17</td><td>760.94</td></tr>
<tr><td>材料费/元</td><td>45.60</td><td>45.90</td></tr>
<tr><td>机械费/元</td><td>611.67</td><td>812.53</td></tr>
</table>

续表

		单位	单价/元		
材料	二等板枋材	m^3	—	(0.036)	(0.036)
	混凝土	m^3	—	(10.150)	(10.150)
	金属材料周转摊销	kg	4.50	5.080	5.080
	支撑枋木	m^3	1 920.00	0.012	0.012
机械	振动沉管打桩机(综合)	台班	1 134.82	0.539	0.716

③为计算综合单价需要的定额工程量计算见表 6.12。

表 6.12　定额工程量计算表

定额编号	项目名称	单位	工程量计算式	工程量
01030196	振动沉管打孔灌注混凝土桩(试桩)	10 m^3	(16−0.65+0.5) ×0.225×0.225×3.141 6×2＝5.042 m^3	0.504
01030196	振动沉管打孔灌注混凝土桩(工程桩)	10 m^3	(16−0.65+0.5) ×0.225×0.225×3.141 6×(340−2)＝852.04 m^3	85.204

④综合单价分析计算见表 6.13。其中:

a.试桩的相对数量＝5.04/10/2＝0.252 00

定额套用(01030196)时其中人、机乘以系数 2,C20 混凝土材料价用 332 元/m^3 代入,则有

人工费单价＝760.94×2＝1 521.88(元/10 m^3)

计价材料费单价＝45.90(元/10 m^3)

未计价材料费单价 1 500×0.036+332×10.150＝3 423.80(元/10 m^3)

机械费单价＝812.53×2＝1 625.06(元/10 m^3)

试桩桩尖的相对数量＝2/2＝1.000 00

b.工程桩的相对数量＝852.04/10/5 408＝0.015 8

工程桩桩尖的相对数量＝338/5 408＝0.062 50

表 6.13　综合单价分析表(答案)

序号	项目编码	项目名称	计量单位	工程量	清单综合单价组成明细											综合单价
					定额编码	定额名称	定额单位	数量	单价/元			合价/元				
									人工费	材料费	机械费	人工费	材料费	机械费	管理费和利润	
1	010302002001	沉管灌注桩(试桩)	根	2	0103 0196	振动沉管打孔灌注混凝土桩(试桩)	10 m³	0.252 0	1 521.88	3 469.70	1 625.06	383.51	874.36	409.52	220.63	1 963.02
						预制桩尖	个	1.000 0		75.00			75.00			
					小计							383.51	949.36	409.52	220.63	
2	010302002002	沉管灌注桩(工程桩)	m	5 408	0103 0196	振动沉管打孔灌注混凝土桩(工程桩)	10 m³	0.015 8	760.94	3 469.70	812.53	12.02	54.82	12.84	6.92	91.29
						预制桩尖	个	0.062 5		75.00			4.69			
					小计							12.02	59.51	12.84	6.92	

【案例6.3】某培训楼工程的工程量清单中有一分部分项清单项目见表6.14。

表6.14 分部分项工程量清单

序号	项目编码	项目名称	项目特征	计量单位	工程数量
1	011106005001	现浇水磨石楼梯面层	1.找平层厚度、砂浆配合比:20 mm,1:2.5水泥砂浆 2.面层厚度、水泥白石子浆配合比:15 mm,1:2水泥白石子浆 3.防滑条材料种类、规格:铜条,4×6 4.石子种类、规格、颜色:白石子综合粒径 5.颜料种类、颜色:白色,不分色 6.磨光、酸洗打蜡要求:不做	m^2	36

依据《××省房屋建筑与装饰工程消耗量定额》的规定,计算出该分部分项工程量清单项目对应的定额子目工程量,计算结果为:

①20 mm厚1:2.5水泥砂浆找平层:36×1.33=47.88(m^2)。

②15 mm厚1:2水磨石楼梯面层:36 m^2。

③4×6铜嵌条防滑条:29.6 m。

设定综合人工工日单价、计价材料及机械台班单价与《××省房屋建筑与装饰工程消耗量定额》中定额单价相同。

计算中需要的未计价材料价格为:1:2.5水泥砂浆330元/m^3;1:2水泥白石子浆360元/m^3;水泥(综合)0.36元/kg;铜嵌条8.12元/m。

【问题】根据题目条件,分析计算该工程现浇水磨石楼梯面分部分项工程量清单项目综合单价。

要求:分析计算过程在表中完成,其中工程量清单综合单价组成明细中各定额子目合价部分的管理费利润需在指定页面位置填表计算。各类价格按计算过程累计计算后,最后结果保留2位小数(四舍五入),定额子目工程量保留3位小数(四舍五入)。

【解】工程量清单综合单价分析计算过程见表6.15。

水磨石楼梯面层(不分色)套用定额(01090048),材料费为

$$316.84 + 360 \times 2.37 + 0.36 \times 35 = 1\ 182.64(\text{元}/100\ m^2)$$

水泥砂浆找平层套用定额(01090019),材料费为

$$39.13 + 330 \times 2.02 = 705.73(\text{元}/100\ m^2)$$

铜嵌条防滑条套用定额(01090175),材料费为

$$21.05 + 8.12 \times 106.00 = 881.77(\text{元}/100\ m)$$

表 6.15 工程量清单综合单价分析表

序号	项目编码	项目名称	计量单位	工程量	清单综合单价组成明细											综合单价
					定额编码	定额名称	定额单位	数量	单价/元			合价/元				
									人工费	材料费	机械费	人工费	材料费	机械费	管理费和利润	
1	011106005001	现浇水磨石楼梯面层	m^2	36	01090048	水磨石楼梯面层（不分色）	100 m^2	0.010 00	8 125.54	1 182.64	32.15	81.26	11.83	0.32	43.08	161.26
					01090019	水泥砂浆找平层	100 m^2	0.013 30	501.46	705.73	29.29	6.67	9.39	0.39	3.55	
					01090175	铜防滑条	100 m	0.008 22	370.50	881.77	13.24	3.05	7.25	0.11	1.62	
					01090186	酸洗打蜡	100 m^2	−0.010 0	421.61	78.8		−4.22	−0.79	0.00	−2.23	
					小计							86.76	27.67	0.82	46.01	

管理费利润的计算见表6.16。

表6.16　管理费利润计算表

定额子目名称		管理费取费基数计算	费率/%	管理费利润/元
1	15厚1∶2水磨石楼梯面层	81.26+0.32×8%	53%	43.08
2	20厚1∶2.5找平层	6.67+0.39×8%	53%	3.55
3	4×6铜防滑条	3.05+0.11×8%	53%	1.62

【案例6.4】散水分项的工程量清单见表6.17。

表6.17　散水分项的工程量清单

序号	项目编码	项目名称	项目特征	计量单位	工程数量
1	010507 001001	散水	1.垫层材料种类、厚度:碎石垫层,100 mm 2.面层厚度:60 mm 3.混凝土种类:现场拌制混凝土 3.混凝土强度等级:C15 4.变形缝填塞材料种类:建筑油膏	m^2	340

【条件】

①设定人工、计价材料及机械台班单价与2013版《××省房屋建筑与装饰工程消耗量定额》中定额单价相同。

②根据《××省房屋建筑与装饰工程消耗量定额》的规定,计算出该分部分项工程量清单项目对应的定额子目工程量,计算结果为

a.素土夯实:340 m^2

b.干铺100厚碎石垫层:34 m^3

c.60厚C15混凝土:340 m^2

d.建筑油膏嵌缝:475 m

③计算中需要的未计价材料价格为:碎石70元/m^3;细砂70元/m^3;1∶2.5水泥砂浆340元/m^3;C15混凝土280元/m^3;建筑油膏3.65元/m。

【问题】

①请根据以上条件按照“2013版××省工程造价计价依据”,列出该分部分项工程量清单的管理费率和利润率。

②根据以上条件,填表计算该分部分项工程量清单项目综合单价,不填写材料明细(数量一列的计算值小数点后保留4位)。

③完成分部分项工程量清单计价表填写。

【解】

①根据“2013版××省工程造价计价依据”,该分部分项工程的管理费率为33%,利润率为20%。

②根据以上条件,填表计算该分部分项工程量清单项目综合单价,计算过程见表6.18。

表 6.18 分部分项工程量清单计价表

项目编码	项目名称	计量单位	清单综合单价组成明细												综合单价
			定额编号	定额名称	定额单位	数量	单价/元				合价/元				
							基价			未计价材料费	人工费	材料费	机械费	管理费和利润	
							人工费	材料费	机械费						
010507001001	散水	m^2	01010122	原土打夯	100 m^2	0.010 0	90.71		16.13		0.91	0.00	0.16	0.49	68.33
			01090005	干铺碎石垫层	10 m^3	0.010 0	330.90	1 001.70			3.31	10.02	0.00	1.75	
			01090040	散水面层	100 m^2	0.010 0	985.03	2 280.86	144.49		9.85	22.81	1.44	5.28	
			01080213	建筑油膏嵌缝	100 m	0.014 0	355.17	337.91			4.96	4.72	0.00	2.63	
			小计								19.03	37.55	1.61	10.15	

③完成分部分项工程量清单计价表,填写过程见表 6.19。

表 6.19　分部分项工程量清单计价表

<table>
<tr><th rowspan="3">序号</th><th rowspan="3">项目编码</th><th rowspan="3">项目名称</th><th rowspan="3">计量单位</th><th rowspan="3">工程数量</th><th colspan="5">金额/元</th></tr>
<tr><th rowspan="2">综合单价</th><th rowspan="2">合价</th><th colspan="3">其中</th></tr>
<tr><th>人工费</th><th>机械费</th><th>暂估价</th></tr>
<tr><td>1</td><td>010507001001</td><td>散水</td><td>m^3</td><td>340</td><td>68.33</td><td>23 232.2</td><td>6 470.2</td><td>547.4</td><td></td></tr>
</table>

6.2.2　综合单价组价列项

【案例 6.5】装饰装修及屋面防水、室外散水、地沟等项目若在设计文件中指明采用标准图集(如西南标),试举例说明清单列项与定额匹配的对应关系。

【解】列项示范见表 6.20—表 6.40。表中定额编码和项目名称均以《××省房屋建筑与装饰工程消耗量定额》(DBJ 53/T—61—2013)为例。

但仍需指出,本书示范不能替代读者直接阅读当地使用的标准配件图和预算定额。

表 6.20　现浇水磨石地面

<table>
<tr><td>标配图号</td><td colspan="4">西南 11J312-P11-3117D</td></tr>
<tr><td rowspan="6">构造做法</td><td colspan="4">①表面草酸处理后打蜡上光</td></tr>
<tr><td colspan="4">②15 厚 1:2水泥石粒水磨石面层</td></tr>
<tr><td colspan="4">③20 厚 1:3水泥砂浆找平层</td></tr>
<tr><td colspan="4">④水泥浆结合层一道</td></tr>
<tr><td colspan="4">⑤80 厚 C10 混凝土垫层</td></tr>
<tr><td colspan="4">⑥素土夯实基土</td></tr>
<tr><td colspan="2">清单项目</td><td colspan="3">定额项目</td></tr>
<tr><td>清单编码</td><td>项目名称</td><td>项次</td><td>定额编码</td><td>项目名称</td></tr>
<tr><td rowspan="3">011101002001</td><td rowspan="3">现浇水磨石楼地面(地面)</td><td>1</td><td>01090045</td><td>水磨石楼地面(厚 15 mm,含酸洗打蜡和水泥浆结合层)</td></tr>
<tr><td>2</td><td>01090019</td><td>水泥砂浆找平层(厚 20 mm)</td></tr>
<tr><td>3</td><td>01090013</td><td>商品混凝土地坪垫层</td></tr>
</table>

表 6.21　现浇水磨石楼面

<table>
<tr><td>标配图号</td><td colspan="5">西南 11J312-P11-3117L</td></tr>
<tr><td rowspan="5">构造做法</td><td colspan="5">①表面草酸处理后打蜡上光</td></tr>
<tr><td colspan="5">②15 厚 1∶2水泥石粒水磨石面层</td></tr>
<tr><td colspan="5">③20 厚 1∶3水泥砂浆找平层</td></tr>
<tr><td colspan="5">④水泥浆结合层一道</td></tr>
<tr><td colspan="5">⑤结构层</td></tr>
<tr><td colspan="2">清单项目</td><td colspan="4">定额项目</td></tr>
<tr><td>清单编码</td><td>项目名称</td><td>项次</td><td>定额编码</td><td colspan="2">项目名称</td></tr>
<tr><td rowspan="2">011101002002</td><td rowspan="2">现浇水磨石楼地面（楼面）</td><td>1</td><td>01090045</td><td colspan="2">水磨石楼地面（厚 15 mm，含酸洗打蜡和水泥浆结合层）</td></tr>
<tr><td>2</td><td>01090019</td><td colspan="2">水泥砂浆找平层（厚 20 mm）</td></tr>
</table>

表 6.22　现浇水磨石楼梯面

<table>
<tr><td>标配图号</td><td colspan="4">西南 11J412-P60-①</td></tr>
<tr><td rowspan="5">构造做法</td><td colspan="4">①表面草酸处理后打蜡上光</td></tr>
<tr><td colspan="4">②15 厚 1∶2水泥石粒水磨石面层</td></tr>
<tr><td colspan="4">③水泥浆结合层一道</td></tr>
<tr><td colspan="4">④20 厚 1∶3水泥砂浆找平层</td></tr>
<tr><td colspan="4">⑤结构</td></tr>
<tr><td colspan="2">清单项目</td><td colspan="3">定额项目</td></tr>
<tr><td>清单编码</td><td>项目名称</td><td>项次</td><td>定额编码</td><td>项目名称</td></tr>
<tr><td rowspan="2">011106005001</td><td rowspan="2">现浇水磨石楼梯面</td><td>1</td><td>01090048</td><td>水磨石楼梯面（厚 15 mm，含酸洗打蜡和水泥浆结合层）</td></tr>
<tr><td>2</td><td>01090019×1.33</td><td>1∶3水泥砂浆打底（厚 13 mm）</td></tr>
</table>

表 6.23　水磨石踢脚线

<table>
<tr><td>标配图号</td><td colspan="4">西南 11J312-P69-4105T</td></tr>
<tr><td rowspan="5">构造做法</td><td colspan="4">①表面草酸处理后打蜡上光</td></tr>
<tr><td colspan="4">②10 厚 1∶2水泥石粒水磨石面层</td></tr>
<tr><td colspan="4">③水泥浆结合层一道</td></tr>
<tr><td colspan="4">④8 厚 1∶3水泥砂浆垫层</td></tr>
<tr><td colspan="4">⑤8 厚 1∶3水泥砂浆打底</td></tr>
<tr><td colspan="2">清单项目</td><td colspan="3">定额项目</td></tr>
<tr><td>清单编码</td><td>项目名称</td><td>项次</td><td>定额编码</td><td>项目名称</td></tr>
<tr><td rowspan="3">011105001001</td><td rowspan="3">水磨石踢脚线</td><td>1</td><td>01090047</td><td>水磨石踢脚线（厚 10 mm，含酸洗打蜡和水泥浆结合层）</td></tr>
<tr><td>2</td><td>01100059</td><td>1∶3水泥砂浆打底（厚 13 mm）</td></tr>
<tr><td>3</td><td>01100063×3</td><td>1∶3水泥砂浆打底（增 3 mm）</td></tr>
</table>

表6.24　块料地面(带防水)

<table>
<tr><td>标配图号</td><td colspan="4">西南11J312-P12-3122D</td></tr>
<tr><td rowspan="5">构造做法</td><td colspan="4">①地砖面层,水泥浆擦缝</td></tr>
<tr><td colspan="4">②20厚1:2干硬性水泥砂浆结合层,上洒1~2 mm厚干水泥并洒清水适量</td></tr>
<tr><td colspan="4">③改性沥青一布四涂防水层</td></tr>
<tr><td colspan="4">④100厚C10混凝土垫层找坡表面赶光</td></tr>
<tr><td colspan="4">⑤素土夯实基土</td></tr>
<tr><td colspan="2">清单项目</td><td colspan="3">定额项目</td></tr>
<tr><td>清单编码</td><td>项目名称</td><td>项次</td><td>定额编码</td><td>项目名称</td></tr>
<tr><td rowspan="4">011102003001</td><td rowspan="4">块料楼地面
(带防水地面)</td><td>1</td><td>01090105</td><td>陶瓷地砖楼地面(周长1 200 mm)</td></tr>
<tr><td>2</td><td>01080187</td><td>水乳型再生胶沥青聚酯布二布三涂</td></tr>
<tr><td>3</td><td>01080189</td><td>水乳型再生胶沥青聚酯布一布一涂</td></tr>
<tr><td>4</td><td>01090013</td><td>商品混凝土地坪垫层(厚100 mm)</td></tr>
</table>

表6.25　块料楼面(带防水)

<table>
<tr><td>标配图号</td><td colspan="4">西南11J312-P12-3122L</td></tr>
<tr><td rowspan="5">构造做法</td><td colspan="4">①地砖面层,水泥浆擦缝</td></tr>
<tr><td colspan="4">②20厚1:2干硬性水泥砂浆结合层,上洒1~2 mm厚干水泥并洒清水适量</td></tr>
<tr><td colspan="4">③改性沥青一布四涂防水层</td></tr>
<tr><td colspan="4">④1:3水泥砂浆找坡层,最薄处20 mm厚</td></tr>
<tr><td colspan="4">⑤结构层</td></tr>
<tr><td colspan="2">清单项目</td><td colspan="3">定额项目</td></tr>
<tr><td>清单编码</td><td>项目名称</td><td>项次</td><td>定额编码</td><td>项目名称</td></tr>
<tr><td rowspan="4">011102003002</td><td rowspan="4">块料楼地面
(带防水楼面)</td><td>1</td><td>01090105</td><td>陶瓷地砖楼地面(周长1 200 mm)</td></tr>
<tr><td>2</td><td>01080187</td><td>水乳型再生胶沥青聚酯布二布三涂</td></tr>
<tr><td>3</td><td>01080189</td><td>水乳型再生胶沥青聚酯布一布一涂</td></tr>
<tr><td>4</td><td>01090019</td><td>水泥砂浆找平层(厚20 mm)</td></tr>
</table>

表6.26 强化木地板楼面

<table>
<tr><td>标配图号</td><td colspan="4">西南11J312-P29-3172L</td></tr>
<tr><td rowspan="6">构造做法</td><td colspan="4">①8厚强化木地板面层(企口上下均匀刷胶)</td></tr>
<tr><td colspan="4">②3厚聚乙烯(EPE)高弹泡沫垫层</td></tr>
<tr><td colspan="4">③20厚1:3水泥砂浆找平层</td></tr>
<tr><td colspan="4">④水泥浆结合层一道</td></tr>
<tr><td colspan="4">⑤50厚C10细石混凝土敷管层(没有敷管可不做)</td></tr>
<tr><td colspan="4">⑥结构层</td></tr>
<tr><td colspan="2">清单项目</td><td colspan="3">定额项目</td></tr>
<tr><td>清单编码</td><td>项目名称</td><td>项次</td><td>定额编码</td><td>项目名称</td></tr>
<tr><td rowspan="2">011104002001</td><td rowspan="2">竹木(复合)地板</td><td>1</td><td>01090160</td><td>强化木地板面层(含高弹泡沫垫层及踢脚板)</td></tr>
<tr><td>2</td><td>01090019</td><td>水泥砂浆找平层(20 mm,含水泥浆结合层)</td></tr>
</table>

表6.27 不锈钢管扶手、栏杆

<table>
<tr><td>标配图号</td><td colspan="4">西南11J412-P58-①</td></tr>
<tr><td rowspan="2">构造做法</td><td colspan="4">①不锈钢管栏杆(竖条式直线型)</td></tr>
<tr><td colspan="4">②不锈钢扶手(φ75)</td></tr>
<tr><td colspan="2">清单项目</td><td colspan="3">定额项目</td></tr>
<tr><td>清单编码</td><td>项目名称</td><td>项次</td><td>定额编码</td><td>项目名称</td></tr>
<tr><td rowspan="2">011503001001</td><td rowspan="2">金属扶手、栏杆</td><td>1</td><td>01090194</td><td>不锈钢管栏杆(竖条式直线型)</td></tr>
<tr><td>2</td><td>01090223</td><td>不锈钢扶手(φ75)</td></tr>
</table>

表6.28 塑料扶手、栏杆

<table>
<tr><td>标配图号</td><td colspan="4">西南11J412-P58-②</td></tr>
<tr><td rowspan="2">构造做法</td><td colspan="4">①钢筋铁花栏杆</td></tr>
<tr><td colspan="4">②塑料扶手</td></tr>
<tr><td colspan="2">清单项目</td><td colspan="3">定额项目</td></tr>
<tr><td>清单编码</td><td>项目名称</td><td>项次</td><td>定额编码</td><td>项目名称</td></tr>
<tr><td rowspan="2">011503003001</td><td rowspan="2">塑料扶手、栏杆</td><td>1</td><td>01090215</td><td>钢筋铁花栏杆</td></tr>
<tr><td>2</td><td>01090234</td><td>塑料扶手</td></tr>
</table>

表6.29 预埋铁件

标配图号	西南11J412-P39-M-10(M-3)			
构造做法	①钢板:90 mm×40 mm×5 mm(M-3)			
	②圆钢:ϕ6长50 mm+60 mm+50 mm(M-3)			
	③钢板:100 mm×100 mm×5 mm(M-10)			
	④圆钢:ϕ6长70 mm+40 mm+70 mm(M-10)			
清单项目		定额项目		
清单编码	项目名称	项次	定额编码	项目名称
010516002001	预埋铁件	1	01050372	预埋铁件制安
		2	01050373	预埋铁件运输(1 km以内)
		3	01050374	预埋铁件运输 (每增1 km)

表6.30 双飞粉内墙(柱)面

标配图号	西南11J515-P6-N03			
构造做法	①基层处理			
	②9厚1:1:6水泥石灰砂浆打底扫毛			
	③7厚1:1:6水泥石灰砂浆垫层			
	④5厚1:0.3:2.5水泥石灰砂浆罩面压光			
	⑤喷涂料(品种、颜色由设计定)			
清单项目		定额项目		
清单编码	项目名称	项次	定额编码	项目名称
011201001001	砖墙面一般抹灰	1	01100015	墙面混合砂浆(厚9+7+5)
011407001001	墙面喷刷涂料	1	01120266	墙柱面双飞粉(两遍)
		2	01120178	乳胶漆(两遍)

表6.31 涂料外墙面

标配图号	西南11J516-P84-5107			
构造做法	①14厚1:3水泥砂浆打底扫毛,分两次抹			
	②6厚1:2.5水泥砂浆找平			
	③刷(喷)涂料面层二遍			
	④喷甲醛硅酸钠憎水剂			
清单项目		定额项目		
清单编码	项目名称	项次	定额编码	项目名称
011201001002	砖墙面一般抹灰	1	01100001	外墙面水泥砂浆抹灰(1:3厚14,1:2.5厚6)
		2	01100031×-2	水泥砂浆抹灰(1:3厚减2 mm)
011407001002	墙面喷刷涂料	1	01120228	外墙彩砂喷涂
		2	01120274	喷半透明保护剂

表 6.32　白瓷砖内墙面

标配图号	西南 11J515-P8-N10			
构造做法	①基层处理			
	②10 厚 1:3水泥砂浆打底扫毛,分两次抹			
	③8 厚 1:0.15:2水泥石灰砂浆粘结层(加建筑胶适量)			
	④152×152×5 白瓷板、白水泥擦缝			
清单项目		定额项目		
清单编码	项目名称	项次	定额编码	项目名称
011204003001	块料墙面	1	01100118	水泥砂浆粘贴瓷板墙面(152×152×5)
		2	01100059	1:3水泥砂浆打底(厚 13 mm)
		3	01100063×-3	1:3水泥砂浆打底(减 3 mm)

表 6.33　面砖外墙面

标配图号	西南 11J516-P95-5407			
构造做法	①基层处理			
	②14 厚 1:3水泥砂浆打底,两次成活,扫毛或划出纹道			
	③8 厚 1:0.15:2水泥石灰砂浆(掺建筑胶或专业黏结剂)			
	④贴外墙砖,1:1水泥砂浆勾缝			
清单项目		定额项目		
清单编码	项目名称	项次	定额编码	项目名称
011204003002	块料墙面	1	01100147	水泥砂浆粘贴面砖(周长 1 200 mm 内)
		2	01100059	1:3水泥砂浆打底 (厚 13 mm)
		3	01100063	1:3水泥砂浆打底 (增 1 mm)

表 6.34　混合砂浆喷涂料顶棚

标配图号	西南 11J515-P31-P05			
构造做法	①基层处理			
	②刷水泥浆一道(加建筑胶适量)			
	③10 厚 1:1:4水泥石灰砂浆打底 01110005			
	④4 厚 1:0.3:3水泥石灰砂浆赶光			
	⑤喷涂料			
清单项目		定额项目		
清单编码	项目名称	项次	定额编码	项目名称
011301001001	天棚抹灰	1	01110005	现浇混凝土天棚面混合砂浆抹灰
011407002001	天棚喷刷涂料	1	01120267	天棚面双飞粉(两遍)
		2	01120179	乳胶漆(两遍)

表 6.35　塑料条形扣板吊顶

<table>
<tr><td>标配图号</td><td colspan="4">西南 11J515-P33-P12</td></tr>
<tr><td rowspan="3">构造做法</td><td colspan="4">①300×300 方木天棚龙骨</td></tr>
<tr><td colspan="4">②方木天棚龙骨防火涂料(两遍)</td></tr>
<tr><td colspan="4">③塑料条形扣板</td></tr>
<tr><td colspan="2">清单项目</td><td colspan="3">定额项目</td></tr>
<tr><td>清单编码</td><td>项目名称</td><td>项次</td><td>定额编码</td><td>项目名称</td></tr>
<tr><td rowspan="3">011302001001</td><td rowspan="3">吊顶天棚</td><td>1</td><td>01110128</td><td>空腹 PVC 扣板</td></tr>
<tr><td>2</td><td>01110029</td><td>300×300 方木天棚龙骨(吊在混凝土板下)</td></tr>
<tr><td>3</td><td>01120169</td><td>方木天棚龙骨防火涂料(两遍)</td></tr>
</table>

表 6.36　不上人屋面防水

<table>
<tr><td>标配图号</td><td colspan="4">西南 11J201-P22-2203a</td></tr>
<tr><td rowspan="9">构造做法</td><td colspan="4">①20 厚 1:2.5 水泥砂浆保护层,分格缝间距≤1.0 m</td></tr>
<tr><td colspan="4">②高分子卷材一道,同材性胶粘剂两道</td></tr>
<tr><td colspan="4">③改性沥青卷材一道,同材性胶粘剂两道</td></tr>
<tr><td colspan="4">④刷底胶粘剂一道(材料同上)</td></tr>
<tr><td colspan="4">⑤25 厚 1:3水泥砂浆找平层</td></tr>
<tr><td colspan="4">⑥水泥膨胀珍珠岩或水泥膨胀蛭石预制块用 1:3水泥砂浆铺贴</td></tr>
<tr><td colspan="4">⑦隔汽层</td></tr>
<tr><td colspan="4">⑧15 厚 1:3水泥砂浆找平层</td></tr>
<tr><td colspan="4">⑨结构层</td></tr>
<tr><td colspan="2">清单项目</td><td colspan="3">定额项目</td></tr>
<tr><td>清单编码</td><td>项目名称</td><td>项次</td><td>定额编码</td><td>项目名称</td></tr>
<tr><td rowspan="8">010902001001</td><td rowspan="8">屋面卷材防水</td><td>1</td><td>01090025</td><td>水泥砂浆面层(厚 20 mm)</td></tr>
<tr><td>2</td><td>01080086</td><td>高分子防水涂料</td></tr>
<tr><td>3</td><td>01080046</td><td>高聚物改性沥青防水卷材(满铺)</td></tr>
<tr><td>4</td><td>01090019</td><td>水泥砂浆找平层(20 mm)</td></tr>
<tr><td>5</td><td>01090020</td><td>水泥砂浆找平层(增 5 mm)</td></tr>
<tr><td>6</td><td>03132350</td><td>水泥膨胀珍珠岩保温层</td></tr>
<tr><td>7</td><td>01090019</td><td>水泥砂浆找平层(20 mm)</td></tr>
<tr><td>8</td><td>01090020 * (−1)</td><td>水泥砂浆找平层(减 5 mm)</td></tr>
</table>

表6.37　上人屋面防水(不保温)

<table>
<tr><td>标配图号</td><td colspan="5">西南 11J201-P22-2205b</td></tr>
<tr><td rowspan="8">构造做法</td><td colspan="5">①35 厚 590×590 钢筋混凝土预制板或铺地面砖</td></tr>
<tr><td colspan="5">②10 厚 1∶2.5 水泥结合层</td></tr>
<tr><td colspan="5">③20 厚 1∶2.5 水泥砂浆保护层</td></tr>
<tr><td colspan="5">④高分子卷材一道,同材性胶粘剂两道</td></tr>
<tr><td colspan="5">⑤改性沥青卷材一道,同材性胶粘剂两道</td></tr>
<tr><td colspan="5">⑥刷底胶粘剂一道(材料同上)</td></tr>
<tr><td colspan="5">⑦15 厚 1∶3水泥砂浆找平层</td></tr>
<tr><td colspan="5">⑧结构层</td></tr>
<tr><td colspan="2">清单项目</td><td colspan="3">定额项目</td></tr>
<tr><td>清单编码</td><td>项目名称</td><td>项次</td><td>定额编码</td><td>项目名称</td></tr>
<tr><td>011101003001</td><td>块料楼地面</td><td>1</td><td>01090105</td><td>陶瓷地砖楼地面(周长 1 200 mm)</td></tr>
<tr><td rowspan="5">010902001001</td><td rowspan="5">屋面卷材防水</td><td>1</td><td>01090025</td><td>水泥砂浆面层(厚 20 mm)</td></tr>
<tr><td>2</td><td>01080086</td><td>高分子防水涂料</td></tr>
<tr><td>3</td><td>01080046</td><td>高聚物改性沥青防水卷材(满铺)</td></tr>
<tr><td>4</td><td>01090019</td><td>水泥砂浆找平层(20 mm)</td></tr>
<tr><td>5</td><td>01090020 * -1</td><td>水泥砂浆找平层(减 5 mm)</td></tr>
</table>

表6.38　散水

<table>
<tr><td>标配图号</td><td colspan="4">西南 11J812-P4-①</td></tr>
<tr><td rowspan="4">构造做法</td><td colspan="4">①60 厚 C15 混凝土提浆抹光</td></tr>
<tr><td colspan="4">②100 厚碎砖(石)黏土夯实垫层</td></tr>
<tr><td colspan="4">③15 厚 1∶1沥青砂浆或油膏嵌缝</td></tr>
<tr><td colspan="4">④素土夯实</td></tr>
<tr><td colspan="2">清单项目</td><td colspan="3">定额项目</td></tr>
<tr><td>清单编码</td><td>项目名称</td><td>项次</td><td>定额编码</td><td>项目名称</td></tr>
<tr><td rowspan="4">010507001001</td><td rowspan="4">散水</td><td>1</td><td>01090041</td><td>混凝土散水</td></tr>
<tr><td>2</td><td>01090002</td><td>泥结碎石垫层</td></tr>
<tr><td>3</td><td>01010122</td><td>人工原土打夯</td></tr>
<tr><td>4</td><td>01080213</td><td>建筑油膏填缝</td></tr>
</table>

表6.39　地沟

标配图号	西南11J812-P3-②a			
清单项目		定额项目		
清单编码	项目名称	项次	定额编码	项目名称
0104010140001	砖地沟	1	01140221	砖砌排水沟(深400 mm宽260 mm)

表6.40　室外砖砌踏步

标配图号	西南11J812-P7-①a			
构造做法	①水磨石台阶面层			
	②M5水泥砂浆砖砌台阶			
	③100厚C15混凝土垫层			
	④素土夯实			
清单项目		定额项目		
清单编码	项目名称	项次	定额编码	项目名称
011107005001	现浇水磨石台阶	1	01090050	水磨石台阶面层
010401012001	零星砌砖(台阶)	2	01040084	砖砌台阶
		3	01090013	商品混凝土地坪垫层
		4	01010122	人工原土打夯

第 7 章 工料分析案例

本章要点

1. 工料分析的含义及作用
2. 工料分析的方法
3. 各种表格的填写方法

7.1 相关知识

7.1.1 工料分析的含义及作用

单位工程施工图预算的工料分析,是根据单位工程各分部分项工程的工程量,运用消耗量定额,详细计算出一个单位工程的全部人工需要量和各种材料、机械的消耗量的分解汇总过程,这一分解汇总的过程就称为工料分析。

通过工料分析得到单位工程的全部人工用量和各种材料的消耗量,是工程消耗的最高限额;是编制单位工程劳动计划和材料供应计划,开展班组经济核算的基础;是向工人班组下达施工任务和考核人工、材料节超情况的依据,并为分析技术经济指标提供依据,为编制施工组织设计和施工方案提供依据;同时材料分析的结果还是材料价差计算的依据之一。

7.1.2 工料分析的方法和步骤

工料分析一般情况是采用表格进行的,即在"工料分析表"上完成,见表 7.1。

表 7.1 工料分析表(模板)

序号	定额编号	项目名称	计量单位	工程量	工料名称 1		工料名称 2		工料名称 3	
					定额	数量	定额	数量	定额	数量
×	××	××××	××	Q	A_1	W_1	A_2	W_2	A_3	W_3

具体的方法或步骤如下：

(1)**抄写项目名称和工程量**(Q)

按照“建筑安装工程预算表”的排列顺序，将各分部分项工程的定额编号、分项工程的名称、预算单位、工程量(数量)逐一抄写到“工料分析表”上。

(2)**查抄工料名称和定额消耗量**(A)

根据“建筑安装工程预算表”中的定额编号；从“预算定额”中查出所需分析项目的工料名称、计量单位、定额消耗量，填入“工料分析表”中对应的栏目内。

(3)**计算工料数量**

①第一次工料分析：可以得到各种人工、材料、设备、半成品的预算用量。即：

$$W = Q \times A$$

②第二次工料分析：对第一次分析得到的半成品进行再次分析(主要是针对土建工程中混凝土、砂浆的二次分析)，从而可得到半成品中各种材料的预算用量(Y)。即：

$$Y = W \times \text{半成品材料的定额配比量}$$

注：半成品的定额配比量可以从《××省房屋建筑与装饰工程消耗量定额(下册)》附录中查找。

(4)**进行工料汇总**

当所有分项工程在“工料分析表”中整个分解计算过程完毕后，对人工工日、规格及型号相同的各种材料的预算用量分别进行累加，最后填入“工料汇总表”中。

(5)**计算主要材料的平方米用量**

$$\text{每平方米用量(如钢材、水泥、木材等)} = \frac{\text{用量}}{\text{建筑面积(m}^2\text{)}}$$

7.2　案例解析

【案例 7.1】根据《××省房屋建筑与装饰工程消耗量定额》计算出某单位工程中的一砖混水砖墙(用 M5 混合砂浆砌筑标准砖)分项工程的工程量为 500 m^3，试用《××省房屋建筑与装饰工程消耗量定额》，分析该分项工程中的 P.S32.5 水泥、细砂、黏土砖、施工用水的需用量。

【解】查《××省房屋建筑与装饰工程消耗量定额》01040009 可知：砌筑 10 m^3 的一砖混水砖墙需要消耗：5.3 千块标准砖，2.396 m^3 砂浆，1.06 m^3 水。

查《××省房屋建筑与装饰工程消耗量定额》知：拌制 1 m^3M5 混合砂浆需要消耗：0.245 t 的 P.S32.5 水泥，1.23 m^3 细砂，0.32 m^3 水。

(1)表上计算法

表上计算法详见表 7.2、表 7.3 所示。

表 7.2　工料分析表(套定额做一次分析)

序号	定额编号	项目名称	计量单位	工程量	黏土砖/千块		M5 混合砂浆/m^3		水/m^3	
					定额	数量	定额	数量	定额	数量
1	01040009	一砖混水砖墙	10 m^3	50	5.30	265.0	2.396	119.8	1.06	53.0
	…									

表7.3　工料分析表(套配合比做二次分析)

序号	定额编号	项目名称	计量单位	工程量	P.S32.5 水泥/t		细砂/m^3		水/m^3	
					定额	数量	定额	数量	定额	数量
1	P392-254	M5 混合砂浆	m^3	119.8	0.245	29.351	1.23	147.35	0.32	38.34
	…									

由表可汇总出各种材料的需用量,汇总如下:

P.S32.5 水泥:29.351 t;

细砂:147.35 m^3;

黏土砖:265 千块;

施工用水:38.34+53.0=91.34(m^3)。

(2)列式计算法

黏土砖:500/10×5.3=265.0(千块);

M5 混合砂浆:500/10×2.396=119.8(m^3);

施工用水:500/10×1.06=53.0(m^3)。

其中 M5 混合砂浆的量只是半成品量,要知道水泥、细砂、拌和用水的量还必须借助《××省建筑工程消耗量定额》的砂浆配合比才能计算得出:

P.S32.5 水泥:119.8×0.245=29.351(t);

细砂:119.8×1.23=147.35(m^3);

施工用水:119.8×0.32=38.34(m^3)。

【案例 7.2】某框架结构房屋建筑工程,其填充墙为 M7.5 混合砂浆(使用 P.S32.5 水泥、细砂配制)砌筑 190 厚混凝土小型空心砌块墙,工程量为 860 m^3,请按"××省 2013 版建设工程造价计价依据",在表 7.4 中对 M7.5 砌筑砂浆进行材料用量分析。

表7.4　M7.5 砌筑砂浆半成品材料分析表

M7.5 砌筑砂浆消耗量				
序号	材料名称	计算式	单位	数量
1				
2				
3				
4				

【解】本题分两步解。第一步,套用《××省房屋建筑与装饰工程消耗量定额》01040024 计算砌筑 190 厚混凝土小型空心砌块墙 860 m^3 需要的 M7.5 砌筑砂浆量;第二步,查用《××省房屋建筑与装饰工程消耗量定额》的配合比含量计算 M7.5 砌筑砂浆中各种材料的需用量,计算过程见表 7.5。

表 7.5 M7.5 砌筑砂浆半成品材料分析表

M7.5 砌筑砂浆消耗量		$860/10 \times 1.11 = 95.46(m^3)$ (01040024)		
序号	材料名称	计算式	单位	数量
1	水泥 P.S32.5	95.46×0.277	t	26.44
2	细砂	95.46×1.23	m^3	117.62
3	石灰膏	95.46×76	kg	7 254.96
4	水	95.46×0.34	m^3	32.46

【案例 7.3】某挖土方工程,土壤为三类,工程量为 60 000 m^3,采用履带式液压单斗挖掘机作业(挖掘机综合台班中:斗容量 0.8 m^3 的占 10%,斗容量 1 m^3 的占 40%,斗容量 1.25 m^3 的占 50%),人工配合清挖(占土方总量的 5%),当工程进展到 45%时(假设各项工作均衡推进),由于柴油涨价,经协商,发包方同意对未完工程所需消耗的柴油价格进行补差。

【问题】

①试分析计算可以获得补差的柴油数量(本例土方运输不要求计算)。

②若柴油市场价为 8.8 元,计算柴油补差价。

【难点分析】

本题求柴油数量也应按工料分析两次分析法的套路进行。

①计算挖掘机挖土未完工程量;

②套用预算定额消耗量,计算使用燃料为柴油的施工机械台班量;

③对挖掘机按斗容量占比分解台班量;

④套用施工机械台班定额消耗量计算柴油数量;

⑤汇总柴油数量后乘以柴油单价差。

【解】

①挖掘机挖土未完工程量计算。

$$60\ 000 \times 95\% \times (1 - 45\%) = 31\ 350(m^3)$$

②使用燃料为柴油的施工机械台班量计算。

查《××省房屋建筑与装饰工程消耗量定额》[01010047]可知:

履带式液压单斗挖掘机定额消耗量为:2.0/1 000 m^3,则

$$挖掘机台班 = 31\ 350/1\ 000 \times 2.0 = 62.7(台班)$$

履带式推土机(75 kW)定额消耗量为:0.2 台班/1 000 m^3,则

$$履带式推土机台班 = 31\ 350/1\ 000 \times 0.2 = 6.27(台班)$$

③按斗容量占比分解台班量计算。

$$斗容量 0.8\ m^3 的占 10\%:62.7 \times 10\% = 6.27(台班)$$

$$斗容量 1\ m^3 的占 40\%:62.7 \times 40\% = 25.08(台班)$$

$$斗容量 1.25\ m^3 的占 50\%:62.7 \times 50\% = 31.35(台班)$$

④柴油数量计算。

查《××省机械仪器仪表台班费用定额》知每一台班的柴油消耗量,则

$$斗容量 0.8\ m^3 挖掘机:6.27 \times 50.2 = 314.75(kg)$$

斗容量 1 m^3 挖掘机:25.08 × 63.0 = 1 580.04(kg)

斗容量 1.25 m^3 挖掘机:31.35 × 78.2 = 2 451.57(kg)

推土机(75 kW):6.27 × 53.99 = 338.52(kg)

柴油消耗量合计:314.75 + 1 580.04 + 2 451.57 + 338.52 = 4 684.88(kg)

⑤柴油补差价计算。

查《××省施工机械台班定额》知柴油价为 8.26 元/kg,则:

4 684.88 × (8.8 − 8.26) = 2 529.84(元)

注:计算出的柴油补差价,只能按价差进入其他项目费中计算。

第 8 章
工程预付款与工程索赔案例

本章要点

1.工程结算的含义及其作用
2.工程预付款的计算方法
3.工程进度款的计算方法
4.工程结算的方法
5.工程索赔分析与计算

8.1 相关知识

8.1.1 工程预付款

(1)预付款的数额和拨付时间

《建设工程工程量清单计价规范(GB 50500—2013)》10.1.2 条规定:包工包料工程的预付款的支付比例不低于签约合同价(扣除暂列金额)的 10%,不宜高于签约合同价(扣除暂列金额)的 30%。

10.1.3 条规定:承包人应在签订合同或向发包人提供与预付款等额的预付款保函后向发包人提交预付款支付申请。

10.1.4 条规定:发包人应在收到支付申请的 7 天内进行核实,向承包人发出预付款支付证书,并在签发支付证书后的 7 天内向承包人支付预付款。

预付款的数额可按以下公式计算:

$$预付款数额 = 工程(年度)建安工程量 \times 工程备料款额度 \tag{8.1}$$

(2)预付款的拨付及违约责任

《建设工程工程量清单计价规范(GB 50500—2013)》10.1.5 条规定:发包人没有按合同约定按时支付预付款的,承包人可催告发包人支付;发包人在预付款期满后 7 天内仍未支付的,承包人可在付款期满后的第 8 天起暂停施工。发包人应承担由此增加的费用和延误的工期,并向承包人支付合理利润。

（3）**预付款的扣回**

《建设工程工程量清单计价规范（GB 50500—2013）》10.1.6 条规定：预付款应从每一个支付期应支付给承包人的工程进度款中扣回，直到扣回的金额达到合同约定的预付款金额为止。

预付款一般在工程进度款的累计金额超过合同价的某一比值时开始起扣，每月从承包人的工程进度款内按主材比重扣回。预付款的起扣点金额按下式计算：

$$预付款起扣点金额 = 承包工程款总额 - \frac{预付款的数额}{主要材料比重} \tag{8.2}$$

工程进度款的累计金额超过起扣点金额的当月为起扣月。起扣月应扣回的预付款按下式计算：

$$起扣月应扣预付款 = (当月累计工程进度款 - 起扣点金额) \times 主材比重 \tag{8.3}$$

超过起扣点后，月度应扣回的预付款按下式计算：

$$月应扣预付款 = 当月工程进度款 \times 主材比重 \tag{8.4}$$

8.1.2　工程进度款

（1）**工程进度款结算方式**

《建设工程工程量清单计价规范（GB 50500—2013）》10.3.1 条规定：发承包双方应按照合同约定的时间、程序和方法，根据工程计量结果，办理期中价款结算，支付进度款。

10.3.2 条规定：进度款支付周期应与合同约定的工程计量周期一致。

（2）**工程量核算**

《建设工程工程量清单计价规范（GB 50500—2013）》8.1.1 条规定：工程量必须按照相关工程现行国家计量规范规定的工程量计算规则计算。

8.1.2 条规定：工程计量可选择按月或按工程形象进度分段计量，具体计量周期应在合同中约定。

8.2.1 条规定：工程量必须以承包人完成合同工程应予计量的工程量确定。

8.2.3 条规定：承包人应当按照合同约定的计量周期和时间向发包人提交当期已完工程量报告。发包人应在收到报告后 7 天内核实，并将核实计量结果通知承包人。发包人未在约定时间进行核实的，承包人提交的计量报告中所列的工程量应视为承包人实际完成的工程量。

（3）**工程进度款支付**

《建设工程工程量清单计价规范（GB 50500—2013）》10.3.7 条规定：进度款的支付比例按照合同约定，按期中结算价款总额计，不低于 60%，不高于 90%。

8.1.3　工程结算

工程结算，是指承包商在工程施工过程中，依据承包合同中关于付款的规定和已经完成的工程量，以预付备料款和工程进度款的形式，按照规定的程序向业主收取工程价款的一项经济活动。

工程结算是工程项目承包中一项十分重要的工作，主要作用表现在：

（1）**工程价款结算是反映工程进度的主要指标**

在施工过程中，工程价款结算的依据之一就是已完成的工程量。承包商完成的工程量越多，所应结算的工程价款就越多，根据累计已结算的工程价款占合同总价款的比例，能够近似地反映出工程的进度情况,有利于准确掌握工程进度。

(2)工程价款结算是加速资金周转的重要环节

对于承包商来说,只有当工程价款结算完毕,才意味着其获得了工程成本和相应的利润,实现了既定的经济效益目标。

8.1.4 竣工结算

(1)竣工结算的一般规定

《建设工程工程量清单计价规范(GB 50500—2013)》11.1.1条规定:工程完工后,发承包双方必须在合同约定时间内办理工程竣工结算。

(2)竣工结算文件的编审

《建设工程工程量清单计价规范(GB 50500—2013)》11.1.2条规定:工程竣工结算应由承包人或受其委托具有相应资质的工程造价咨询人编制,并由发包人或受其委托具有相应资质的工程造价咨询人核对。

(3)竣工结算文件的递交时限要求及违约责任

《建设工程工程量清单计价规范(GB 50500—2013)》11.3.1条规定:合同工程完工后,承包人应在提交竣工验收申请的同时向发包人提交竣工结算文件。承包人未在约定的时间内提交竣工结算文件,经业主催告后14天内仍未提交或没有明确答复的,发包人有权根据已有资料编制竣工结算文件,作为办理竣工结算和支付结算款的依据,承包人应予认可。

(4)竣工结算文件的审查时限要求及违约责任

《建设工程工程量清单计价规范(GB 50500—2013)》11.3.2条规定:发包人应在收到承包人提交的竣工结算文件后的28天内核对。

11.3.4条规定:发包人在收到承包人竣工结算文件后的28天内,不核对竣工结算或未提出核对意见的,应视为承包人提交的竣工结算文件已被发包人认可,竣工结算办理完毕。

(5)竣工结算价款的支付及违约责任

《建设工程工程量清单计价规范(GB 50500—2013)》11.4.1条规定:承包人应根据办理的竣工结算文件向发包人提交结算款支付申请。

11.4.2条规定:发包人应在收到承包人提交结算款支付申请后的7天内予以核实,并向承包人签发竣工结算支付证书。

11.4.3条规定:发包人签发竣工结算支付证书后的14天内,应按照结算支付证书列明的金额向承包人支付结算款。

11.4.5条规定:发包人未按本规范11.4.3条、11.4.4条规定支付竣工结算款的,承包人可催告业发包人支付,并有权获得延迟支付的利息。发包人在竣工结算支付证书签发后或者在收到承包人提交的竣工结算款支付申请后的7天后56天内仍未支付的,除法律另有规定外,承包人可与发包人协商将该工程折价,也可直接向人民法院申请将该工程依法拍卖,承包人应就该工程折价或拍卖的价款优先受偿。

8.1.5 工程索赔

(1)工程索赔的概念

工程索赔是在工程承包合同履行中,当事人一方由于另一方未履行合同所规定的义务或者出现了应当由对方承担的风险而遭受损失时,向另一方提出赔偿要求的行为。在实际工作中,“索赔”是双向的,我国《建设工程施工合同(示范文本)》中的索赔就是双向的,既包括承包人向发包人的索赔,也包括发包人向承包人的索赔。但在工程实践中,发包人索赔数量较小,而且处理方便。可以通过冲账、扣拨工程款、扣保证金等实现对承包人的索赔;而承包人对发包人的索赔则比较困难一些。通常情况下,索赔是指承包人(施工单位)在合同实施过程中,对非自身原因造成的工程延期、费用增加而要求发包人给予补偿损失的一种权利要求。

索赔有较广泛的含义,可以概括为如下3个方面:

①一方违约使另一方蒙受损失,受损方向对方提出赔偿损失的要求。

②发生应由业主承担责任的特殊风险或遇到不利自然条件等情况,使承包商蒙受较大损失而向业主提出补偿损失要求。

③承包商本人应当获得的正当利益,由于没能及时得到监理工程师的确认和业主应给予的支付,而以正式函件向业主索赔。

(2)工程索赔产生的原因

①当事人违约。当事人违约常常表现为没有按照合同约定履行自己的义务。发包人违约常常表现为没有为承包人提供合同约定的施工条件、未按照合同约定的期限和数额付款等。工程师未能按照合同约定完成工作,如未能及时发出图纸、指令等,也视为发包人违约。承包人违约的情况则主要是没有按照合同约定的质量、期限完成施工,或者由于不当行为给发包人造成其他损害。

②不可抗力。不可抗力又可分为自然事件和社会事件。自然事件主要是不利的自然条件和客观障碍,如在施工过程中遇到了经现场调查无法发现、业主提供的资料中也未提到的、无法预料的情况,如地下水、地质断层等。社会事件则包括国家政策、法律、法令的变更,战争、罢工等。

③合同缺陷。合同缺陷表现为合同文件规定不严谨甚至矛盾、合同中的遗漏或错误。在这种情况下,工程师应当给予解释,如果这种解释将导致成本增加或工期延长,发包人应当给予补偿。

④合同变更。合同变更表现为设计变更、施工方法变更、追加或者取消某些工作、合同规定的其他变更等。

⑤工程师指令。工程师指令有时也会产生索赔,如工程师指令承包人加速施工、进行某项工作、更换某些材料、采取某些措施等。

⑥其他第三方原因。其他第三方原因常常表现为与工程有关的第三方的问题而引起的对本工程的不利影响。

(3)工程索赔的分类

工程索赔依据不同的标准可以进行不同的分类。

①按索赔的合同依据分类。按索赔的合同依据可以将工程索赔分为合同中明示的索赔和合同中默示的索赔。

②按索赔目的分类。按索赔目的可以将工程索赔分为工期索赔和费用索赔。

③按索赔事件的性质分类。按索赔事件的性质可以将工程索赔分为工程延误索赔、工程变更索赔、合同被迫终止索赔、工程加速索赔、意外风险和不可预见因素索赔及其他索赔。

(4)**索赔的费用**

可索赔的费用。费用内容一般可包括下述几个方面。

①人工费。包括增加工作内容的人工费、停工损失费和工作效率降低的损失费等累计,其中增加工作内容的人工费应按照计日工费计算,而停工损失费和工作效率降低的损失费按窝工费计算,窝工费按人工单价×60%计算。

②设备费。可采用机械台班费、机械折旧费、设备租赁费等几种形式。当工作内容增加引起的设备费索赔时,设备费的标准按照机械台班费计算。因窝工引起的设备费索赔,当施工机械属于施工企业自有时,按照机械台班×40%计算索赔费用。当施工机械是施工企业从外部租赁时,索赔费用的标准按照设备租赁费计算。

③材料费。

④保函手续费。工程延期时,保函手续费相应增加。

⑤贷款利息。

⑥保险费。

⑦管理费。

⑧利润。

在不同的索赔事件中可以索赔的费用是不同的。如在 FIDIC 合同条件中,不同的索赔事件导致的索赔内容不同,大致有以下区别,具体见表 8.1。

表 8.1　FIDIC 合同条件中可以合理补偿承包商索赔的条款

序号	款条号	主要内容	可补偿内容		
			工期	费用	利润
1	1.9	延误发放图纸	√	√	√
2	2.1	延误移交施工现场	√	√	√
3	4.7	承包商依据工程师提供的错误数据导致放线错误	√	√	√
4	4.12	不可预见的外界条件	√	√	
5	4.24	施工中遇到文物和古迹	√	√	
6	7.4	非承包商原因检验导致施工的延误	√	√	√
7	8.4(a)	变更导致竣工时间的延长	√		
8	8.4(c)	异常不利的气候条件	√		
9	8.4(d)	由于传染病或其他政府行为导致工期的延误	√		
10	8.4(e)	业主或其他承包商的干扰	√		
11	8.5	公共当局引起的延误	√		
12	10.2	业主提前占用工程		√	√
13	10.3	对竣工检验的干扰	√	√	√
14	13.7	后续法规引起的调整	√	√	
15	18.1	业主办理的保险未能从保险公司获得补偿部分		√	
16	19.4	不可抗力事件造成的损害	√	√	

8.2　案例解析

8.2.1　工程预付款支付与结算

【案例 8.1】某工程承发包双方在可调价格合同中约定有关工程价款的内容为：

①合同履行中，根据市场情况规定的价格调整系数调整合同价款（签订合同时间为基期，指数为 1），调整时间为当月。

②工程预付款为建筑安装工程造价的 30%，建筑材料和结构件的比重是 65%。工程实施后，工程预付款从未施工工程尚需的建筑材料和结构件价值相当于工程预付款时起扣，每月以抵支工程款的方式陆续收回，并于竣工前全部扣完。

③工程进度款逐月计算拨付。

④工程保修金为建筑安装工程合同价的 5%，逐月扣留。

⑤该项目的建筑安装工程合同价为 1 200 万元。

该工程于 2018 年 3 月开工建设，3 至 7 月计划产值、实际产值和根据市场情况规定的价格调整系数见表 8.2，其中计划产值和实际产值按基期价格计算。

表 8.2　计划产值、实际产值和根据市场情况规定的价格调整系数

月份	3	4	5	6	7
计划产值/万元	80	220	250	170	190
实际产值/万元	85	230	240	190	210
价格调整系数	100%	100%	105%	108%	100%

【问题】(1)该工程预付款是多少？工程预付款起扣点是多少？应从几月份开始起扣？

(2)该工程 3—7 月实际应拨付的工程款是多少？将计算过程和结果填入表 8.3 中。

表 8.3　应拨付的工程款计算表

单位：万元

月份	3	4	5	6	7
应签发的工程款					
应扣工程预付款					
应扣保修金					
应拨付的工程款					

【解】①工程预付款：1 200×30% = 360（万元）

工程预付款起扣点：1 200−360/65% = 646.15（万元）

用表 8.4 中的数据计算得

85 + 230 + 252 = 567 万元小于 646.15 万元（截至 5 月）

85 + 230 + 252 + 205.2 = 772.2 万元大于 646.15 万元（截至 6 月）

所以应从6月份开始起扣。

②该工程3—7月实际应拨付的工程款是多少？计算过程和结果见表8.4。

表 8.4 应拨付的工程款计算表

单位:万元

月份	3	4	5	6	7
应签发的工程款	85	230	240×1.05＝252	190×1.08＝205.2	210
应扣工程预付款	0	0	0	(772.2－646.15)×65%＝81.93	210×65%＝136.5
应扣保修金	85×5%＝4.25	230×5%＝11.5	252×5%＝12.6	205.2×5%＝11.26	210×5%＝10.5
应拨付的工程款	85－4.25＝80.75	230－11.5＝218.5	252－12.6＝239.4	205.2－81.93－11.26＝113.01	210－136.5－10.5＝63

【案例 8.2】某业主与承包商签订了某建筑工程项目总包施工合同。承包范围包括土建工程和水、电、通风及建筑设备安装工程，合同总价为4 800万元。工期为2年，第一年已完成2 600万元，第二年应完成2 200万元。承包合同约定：

①业主应向承包商支付当年合同价25%的工程预付款。

②工程预付款应从未施工工程中所需的主要材料及设备价值相当于工程预付款时起扣；每月以抵充工程款的方式陆续收回。按主要材料及设备费比重为62.5%考虑。

③工程质量保证金为承包合同总价的3%。经双方协商，业主从每月承包商的工程款中按3%的比例扣留。在缺陷责任期满后，质量保证金及其利息扣除已支出费用后的剩余部分退回给承包商。

④业主按实际完成的建安工程量每月向承包商支付工程款，但当承包商每月实际完成的建安工程量少于计划完成工程量的10%以上(含10%)时，业主可按5%的比例扣留工程款，在竣工结算时一次性退回给承包商。

⑤除设计变更和其他不可抗力因素外，合同价格不作调整。

⑥由业主直接供应的材料和设备在发生当月的工程款中扣回其费用。

经业主的工程师代表签认的承包商在第二年各月计划和实际完成的建安工程量以及业主直接提供的材料、设备价值见表8.5。

表 8.5 工程结算数据表

月份	1—6	7	8	9	10	11	12
计划建安完成工程量	1 100	200	200	200	190	190	120
实际完成建安工程量	1 110	180	210	205	195	180	120
业主直供材料、设备价值	90.56	35.5	24.4	10.5	21	10.5	5.5

【问题】

①工程预付款是多少？

②工程预付款从几月起开始起扣？

③1—6 月以及其他各月业主应支付给承包商的工程款是多少?

④竣工结算时,业主应支付给承包商的工程结算款是多少?

要求:问题(1)、(2)、(4)列式计算,问题(3)在工程款支付计算表中计算。

【解】①工程预付款:2 200×25%=550(万元)。

②工程预付款的起扣款额为:2 200−550/62.5%=1 320(万元)。

1—8 月累计完成建安工程量:1 110+180+210=1 500 万元>1 320 万元,预付款应从 8 月起开始起扣。

③1—6 月以及其他各月业主应支付给承包商的工程款计算见表 8.6。

表 8.6　工程款支付计算表

月份	1—6	7	8	9	10	11	12
计划建安完成工程量	1 100	200	200	200	190	190	120
实际完成建安工程量	1 110	180	210	205	195	180	120
计划支付工程款(扣质量保证金)	1 110×97%=1 076.70	180×92%=165.60	210×97%=203.70	205×97%=198.85	195×97%=189.15	180×97%=174.60	120×97%=116.40
应扣工程预付款余额	0	0	(1 500−1 320)×62.5%=112.5	205×62.5%=128.13	195×62.5%=121.88	180×62.5%=112.50	120×62.5%=75
业主直供材料设备价值	90.56	35.5	24.4	10.5	21	10.5	5.5
应支付的工程款	1076.70−0−90.56=986.14	165.60−0−35.5=130.10	203.70−112.5−24.4=66.80	198.85−128.13−10.5=60.23	189.15−121.88−21=46.28	174.60−112.5−10.5=51.60	116.40−75−5.5=35.90

注:表中 7 月份实际完成的建安工程量少于计划完成工程量的 10%,应按 5%的比例扣留工程款(180×5%=9 万元),在竣工结算时一次性退回给承包商。

④竣工结算时,业主应支付给承包商的工程结算款是 9 万元。

8.2.2　工程索赔费计算

【案例 8.3】某建设项目业主与施工单位签订了可调价格合同。合同中约定:主导施工机械一台为施工单位自有设备,台班单价 800 元/台班,人工日工资单价为 53.23 元/工日,合同履行后第 30 天,因场外停电全场停工 2 天,造成人员窝工 20 个工日;合同履行后的第 50 天业主指令增加一项新工作,完成该工作需要 5 天时间,机械 5 台班,人工 20 个工日,材料费 5 000 元,求施工单位可获得的直接工程费的补偿额。

【解】因场外停电导致的直接工程费索赔额:

$$人工费 = 20 \times 53.23 \times 60\% = 638.76(元)$$

$$机械费 = 2 \times 800 \times 40\% = 640(元)$$

因业主指令增加新工作导致的直接工程费索赔额:

$$人工费 = 20 \times 53.23 = 1\ 064.60(元)$$

$$材料费 = 5\ 000(元)$$

$$机械费 = 5 \times 800 = 4\ 000(元)$$

可获得的直接工程费的补偿额=11 343.36(元)。

【案例 8.4】某厂(甲方)与某建筑公司(乙方)订立了某工程项目施工合同,同时与某降水公司订立了工程降水合同。甲、乙双方合同规定:采用单价合同,每一分项工程的实际工程量增加(或减少)超过招标文件中工程量的 10%以上部分调整单价;主导施工机械一台(乙方自备),台班费为 400 元/台班,其中台班折旧费为 50 元/台班。工程施工中发生如下事件:

事件一:降水方案错误,导致乙方晚开工 2 天,乙方人员配合用工 5 个工日,窝工 6 个工日。

事件二:为保证施工质量,乙方在施工中将基础设计尺寸扩大,增加工程量 26 m^3,总体作业时间增加 3 天。

事件三:因设计变更,土方工程量由招标文件的 300 m^3 增至 350 m^3,合同中该工程的单价是 55 元/m^3,经协商调整后的综合单价是 50 元/m^3。

事件四:所有工程完成后,甲方指令乙方再增一项额外工作,经核准,完成该工作需要一天时间,机械一个台班,人工 10 个工日。

【问题】

①上述哪些事件乙方可以提出索赔要求?哪些不能提出索赔要求?为什么?

②事件三的结算价是多少?

③假设人工工日单价为 50 元/工日,合同规定窝工人工费补偿标准为 30 元/工日,因增加用工所需的管理费为增加人工费的 20%,利息不计,试计算除事件三外的所有索赔费用。

【解】事件一:可以提出索赔要求,因为降水工程由甲方另行发包,是甲方的责任。可以索赔工期 2 天,费用:6×30+5×50×(1+20%)= 480(元)。

事件二:不能提出索赔要求,因为保证工程质量的技术措施由乙方承担。

事件三:可以提出索赔要求,因为设计变更是甲方的责任,且事件三的工程量增加了 50 m^3,超过了招标文件中工程量的 10%。

事件三的结算价为:

按原单价结算的工程量:300×(1+10%)= 330(m^3)。

按新单价结算的工程量:350−330=20(m^3)。

总结算价:330×55+20×50=19 150(元)。

事件四:可以提出索赔要求,因为甲方指令增加工作,是甲方的责任,可以索赔工期一天,费用如下:人工费:10×50×(1+20%)= 600(元);机械费:1×400=400(元)。

【案例 8.5】××省某县城新建办公楼建筑面积为 1 806 m^2。项目进行了工程量清单计价方式的招投标,并以《建筑工程施工合同(示范文本)》为基础签订了固定总价合同,约定合同价款为 2 064 330 元,包干范围为施工图内所有工作内容。

在施工过程中发生以下事件:

事件一:全省安全大检查前,建设方要求施工方按国家有关安全生产规定在施工区域各通道口设置安全防护措施及警示牌，产生费用3 652元。

事件二：原施工图中包括室外散水，在散水施工前，为达到庭院景观效果，设计单位通知取消散水。经查对计算，原招标控制价中散水造价为12 694元；原投标报价中散水造价为11 694元。

【问题1】请根据×省现行建设工程造价管理有关规定，结合以上给定条件，逐项分析两事件对合同价款的影响，并计算该工程结算总价款，结果以元为单位取整。

【问题2】该项目竣工验收后，根据合同约定，建设方扣留了工程质量保修金。在保修期内发生了两起事件：一是用户在承重墙上开洞过大，引起相邻墙体开裂，施工方接到建设方通知后，积极赶到现场进行了处理，发生费用8 500元；二是房屋地漏、下水管等多处渗水，经检查确定原因是施工中未按要求做细部防水处理，甲方多次通知施工方，施工方均未进行回应，建设方另行处理，发生费用2 300元。请简要分析保修期内两事件应由哪方负责，在清退工程质量保修金时会产生多少影响。

【解】

①已知合同价款为2 064 330元，事件一中安全防护措施及警示牌费用属于措施费中的安全文明施工费，按规定已计算在合同价款中，其产生费用3 652元不再重复计算。事件二中散水因设计单位通知取消，而投标报价中散水造价为11 694元，应当从总价中扣除，则工程结算总价款为：2 064 330−11 694=2 052 636元。

②事件一用户在承重墙上开洞过大，引起相邻墙体开裂，不在保修范围内，所发生费用8 500元应由责任方——用户自行承担。事件二房屋地漏、下水管等多处渗水，经检查确定原因是施工中未按要求做细部防水处理，在保修范围内，所发生费用2 300元应由施工方承担，在清退质保金时扣除。

【案例8.6】某房建工程项目，依据《××省2013版建设工程造价计价依据》采用工程量清单的方式招标确定承包人，订立了施工合同。该项目现已竣工并交付使用。该项目施工合同部分条款如下：

①采用固定单价方式确定合同价款，合同签订过程中未对承包人投标书提出任何调整要求，暂定合同总价为投标人中标价2 000万元。中标价中，有招标人自行分包的空调专业工程暂估价100万元；还有点式全玻璃幕墙，清单工程量450 m^2，综合单价900元/m^2，其中15 mm厚平板钢化玻璃材料单价400元/m^2（与当月省工程造价管理机构公布的价格信息一致）；C30钢筋混凝土独立基础，清单工程量570 m^3，综合单价380元/m^3。

②合同价款中包括的风险范围：承包人自身技术水平、管理、经营引起的风险；完成工程量清单内容所需主要材料市场价格变动不超过±10%（以省工程造价管理机构公布的价格信息为准）。

③风险范围以外合同价款调整方法：

a.××省建设行政主管部门发布的政策性调整。

b.完成工程量清单项目内容所需的主要材料市场价格变动幅度超过±10%部分的价差，以省工程造价管理机构公布的价格信息为基准，价差由发包人承担或受益。

c.工程量清单项目工程数量误差或设计变更造成的项目工程数量增（减）超过10%时，超出±10%以外的部分按原综合单价的95%调整该项目综合单价。

根据以上条件，针对以下问题，请作出合理的结算价款建议，并计算。

①2014年4月1日以前完成的工程量为合同量的80%,经确认未完工程的综合人工工日消耗量为17 256元/工日,请根据合同约定计算2014年4月1日以后完成工程量的人工费。

②点式全玻璃幕墙未发生设计变更,经工程师核实,按合同约定应予计取的实际工程量为650 m²;C30钢筋混凝土独立基础因为发生设计变更,经工程师核实,实际工程量为600 m³,该两项清单项目已于2013年10月前完成。资料显示,施工单位按经批准的施工进度计划购入点式全玻璃幕墙工程中使用的15 mm厚平钢化玻璃,采购当月该品牌规格平钢化玻璃价格信息指导价格为420元/m²,请计算结算时C30钢筋混凝土独立基础、点式全玻璃幕墙的工程数量和综合单价。

③结算时招标人自行分包的空调专业工程暂估价如何处理?

【解】①2014年4月1日以后完成工程量的人工费为

$$17\ 256 \times 63.88 = 1\ 102\ 313.28(\text{元})$$

②本问题的解题关键是“工程量清单项目工程数量误差或设计变更造成的项目工程数量增(减)超过10%时,超出±10%以外的部分按原综合单价的95%调整该项目综合单价”。

点式全玻璃幕墙:清单工程量450 m²,实际工程量650 m²,超出±10%以外的部分按原综合单价的95%调整该项目综合单价,则有:

450 m²的110%部分为495 m²,综合单价仍为900元/m²,

超出±10%以外的部分为155 m²,综合单价为900×0.95=855元/m²,

而其中的平板钢化玻璃,420−400/400=5%小于10%,主材单价不调整。

C30钢筋混凝土独立基础:清单工程量570 m³,实际工程量600 m³,工程量未超出±10%以外,所以C30钢筋混凝土独立基础综合单价不调整,仍为380元/m³。

③暂估价中的材料单价应按发、承包双方最终确认价在综合单价中调整,专业工程空调暂估价应按中标价或发包人、承包人与分包人最终确认计价计算。其中专业工程空调暂估价100万元应从结算中扣除。

【案例8.7】某建设工程系外资贷款项目,业主与承包商按照FIDIC《土木工程施工合同条件》签订了施工合同。合同《专用条件》规定:钢材、木材、水泥由业主供货到现场仓库,其他材料由承包商自行采购。

①当工程施工到第五层框架柱钢筋绑扎时,因业主方提供的钢筋未到,使该项作业从10月3日至10月16日停工(该项作业总时差为零)。

②10月7日至10月9日因停电、停水使第三层的砌砖停工(该项作业总时差为4天)。

③10月14日至10月17日因砂浆搅拌机发生故障使第一层抹灰迟开工(该项作业总时差为4天)。

为此,承包商于10月20日向工程师提交了一份索赔意向书,并于10月25日送交了一份工期、费用索赔计算书和索赔依据的详细材料。其计算书的主要内容如下所述。

(1)工期索赔

①框架柱钢筋绑扎:10月3日至10月16日停工,计14天。

②砌砖:10月7日至10月9日,计3天。

③抹灰:10月14日至10月17日,计4天。

总计要求顺延工期21天。

(2)费用索赔

①窝工机械设备费:

一台塔吊:14×468=6 552(元)

一台混凝土搅拌机:14×110=1 540(元)

一台砂浆搅拌机:7×48=336(元)

小计:8 428 元。

②窝工人工费:

扎筋:35 人×40.3×14=19 747(元)

砌砖:30 人×40.3×3=3 627(元)

抹灰:35 人×40.3×4=5 642(元)

小计: 29 016 元。

③保函费延期补偿:(1 500 000×10%×6%/365)×21=517.81(元)。

④管理费增加:(8 428+29 016+517.81)×15%=5 694.27(元)。

⑤利润损失:(8 428+29 016+517.81+5 694.27)×5%=2 182.8(元)。

经济索赔合计: 45 838.88 元。

【问题】①承包商提出的工期索赔是否正确? 应批准的工期索赔为多少天?

②假定经双方协商一致,窝工机械设备费索赔按台班单价的 65%计算;考虑对窝工人工合理安排工人从事其他作业后的降效损失,窝工人工费索赔按 20 元/工日计;保函费计算方式合理;管理费、利润不予补偿。试确定经济补偿额。

【解】①承包商提出的工期索赔只应赔第五层框架柱钢筋绑扎时,因业主方提供的钢筋未到,使该项作业延误的 14 天。

②可索赔的经济补偿额计算为:

a.窝工机械设备费:

一台塔吊:14×468×65%=4 258.80(元)

砌墙用砂浆搅拌机:3×48×65%=93.6(元)

小计:4 258.80+93.6=4 352.4(元)。

b.窝工人工费:

扎筋:35×20×14=9 800(元)

砌砖:30×20×3=1 800(元)

小计: 11 600(元)。

c.保函费延期补偿:(1 500 000×10%×6%/365)×14=345.21(元)

经济索赔合计:4 352.4+11 600+345.21=16 297.61(元)。

【案例 8.8】某房地产开发商采用工程量清单计价方式招标某小区建安工程施工,某建筑公司中标,中标价为 300 万元(其中暂列金额 300 000 元,分部分项工程人工费为 345 779.28 元),双方签订的合同中关于价款有如下约定:

①采用固定单价方式确定合同价款。

②合同价款中包括的风险范围:完成工程量清单内容所需的主要材料市场价格变动不超过±10%(以省工程造价管理机构公布的价格信息数据为准)。

③风险范围以外合同价款调整方法:

a.完成工程量清单项目内容所需的主要材料市场价格变动超过±10%部分的价差,按省工程造价管理机构公布的信息数据计算涨(跌)价幅度并由发包人承担或受益。

b.工程量清单项目工程数量误差或设计变更造成的项目工程量增(减)超过±10%时,可根据实际情况协商调整综合单价。

c.其余价格变动风险承担方式执行《建设工程工程量清单计价规范》及××省现行工程造价计价规定。

招标及合同履行中发生了以下事件:

事件一:项目投标截止日前 23 天,省建设主管部门发布了调整计价依据综合人工工日单价的通知,综合人工工日单价由 53.23 元/工日调整到 63.88 元/工日。

事件二:因供电局片区停电,造成施工过程中施工现场停电 3 天,共造成承包方施工人员窝工 60 个工日。

事件三:施工过程中,因设计变更增加了 GRC 窗线条 300 m(招标文件清单工程量为 2 500 m)。

事件四:施工中发现个别部位质量达不到设计要求,承包人返工后验收合格,相关全部费用计算为 1.2 万元。

事件五:项目结算时发包人提出将项目设计费用 5 万元计入工程结算中。

【问题】请按题目条件判断以上各事件对工程结算造价的影响,只作分析说明,不计算费用。

【解】事件一人工费和社保费计算基数都应调整,按 63.88 元/工日计算。

事件二供电局片区停电仍属于业主方责任,应赔偿工程延误损失的工期和费用。

事件三窗线条 300 m 应增加计算,其中 250 m 执行原单价,50 m 应执行协商调整后单价。

事件四承包人返工费用应自行承担。

事件五设计费用不在建安工程费中计算,应列入工程建设其他费计算。

第 9 章

示范工程计量与计价案例

本章要点

1.如何读识建筑工程施工图

2.如何依据施工图列出清单项目、定额项目以及措施项目

3.如何正确计算工程量

4.清单计价法如何计算综合单价

5.各种计价表格的填制方法

9.1 施工图读识

9.1.1 建筑施工图

(1)建筑设计说明

①本工程结构形式为砖混结构,建筑层数为一层,层高 3.0 m,建筑总高度 4.5 m(到屋脊顶),室内外高差 0.30 m,土壤类别为三类土。

②地面做法:100 mm 厚 C10 混凝土垫层,20 mm 厚 1:2 水泥砂浆粘结层,10 mm 厚 600 mm×600 mm 防滑地砖,门洞开口处铺贴花岗岩板(西南 04J312-P19-3181)。

③内墙面做法:10 mm 厚 1:3 水泥砂浆抹灰层,8 mm 厚 1:0.15:2 水泥石灰砂浆粘贴 5 mm厚 200 mm×300 mm 瓷板墙面,高 2.9 m(西南 04J515-P5-N11)。

④外墙面做法:14 mm 厚 1:3 水泥砂浆抹灰层,8 mm 厚 1:0.15:2 水泥石灰砂浆粘贴 5 mm厚 200 mm×300 mm 外墙面砖,1:1 水泥砂浆勾缝,缝宽 10 mm(西南 04J516-P68-5407)。

⑤独立柱面做法:12 mm 厚 1:3 水泥砂浆打底,6 mm 厚 1:2.5 水泥砂浆找平,刷米黄色彩砂喷涂涂料(西南 04J516-P64-5313)。

⑥天棚面做法:不上人 U 型轻钢龙骨,中距 600 mm×400 mm,空腹 PVC 扣板吊顶,距地高度 2.9 m(西南 04J515-P16-P21)。

⑦屋面做法详见设计图。其中油毡瓦改用彩色水泥瓦(西南 03J201-2519)。

⑧屋面排水做法:ϕ100 铸铁水口埋设于天沟中,塑料排水管 ϕ110、塑料水斗、塑料弯头。

⑨室外散水做法:厚 100 mm 泥结碎石垫层,宽 600 mm 厚 60 mm C15 混凝土,5 mm 厚 1∶2水泥砂浆加浆抹光,原土打夯,建筑油膏嵌缝(西南 04J812-P4-①)。

⑩室外踏步做法:素土夯实,M5.0 水泥砂浆砌筑标准砖,100 mm 厚 C15 混凝土垫层(西南 04J812-P7-①c),面层做 20 mm 厚 1∶2.5 水泥砂浆粘贴 10 mm 厚 600 mm×600 mm 防滑地砖。

⑪室外地沟做法同图中厨房地沟大样图,沿散水外设置。盖板改为预制混凝土沟盖板,厚度为 50 mm(西南 04J812-P3-②a)。

⑫门窗做法见表 9.1。其中木门采用成品带门套实木门,刷润油粉、调合漆二遍、磁漆一遍,安装 L 型执手锁、门轧头及猫眼。

表 9.1　门窗表

类型	设计代号	洞口尺寸/mm		数量	备注
		宽	高		
窗	C-1	2 100	1 800	6	铝合金或塑钢推拉窗,居中立樘,窗框宽 100 mm
门	M-1	1 800	2 100	1	成品双开实木门,齐开启方向一侧立樘
	M-2	1 000	2 100	1	成品实木门,齐开启方向一侧立樘
	M-3	1 500	2 100	2	成品双开实木门,齐开启方向一侧立樘

(2)建筑设计图

建筑设计图如图 9.1—图 9.8 所示。

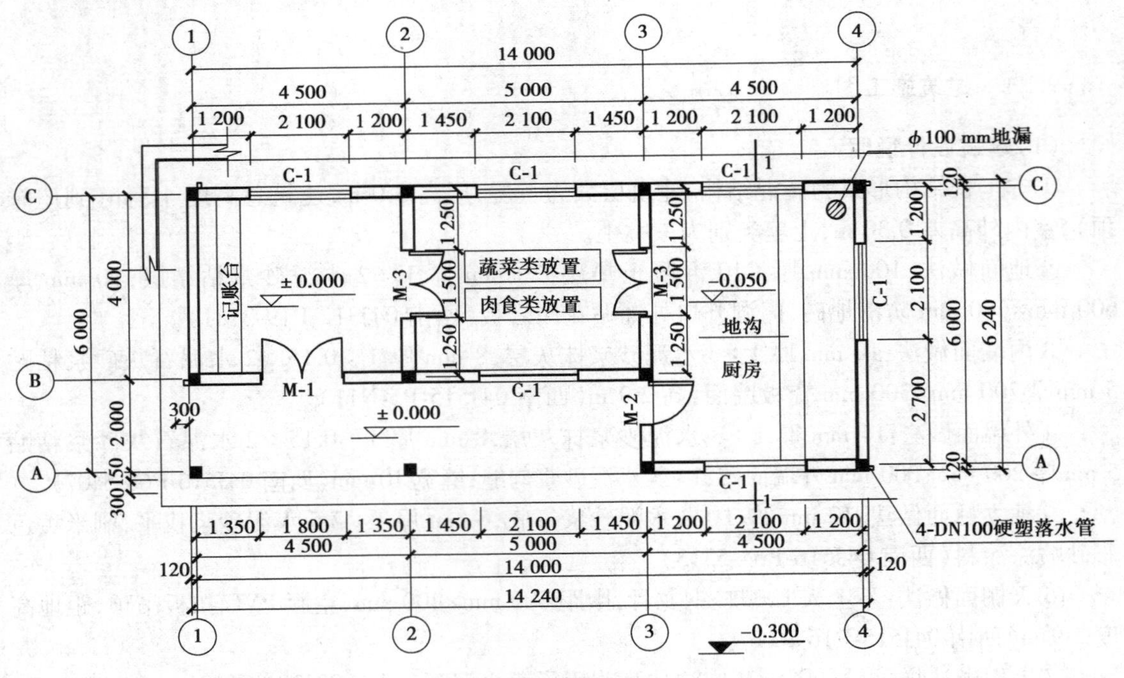

图 9.1　平面图

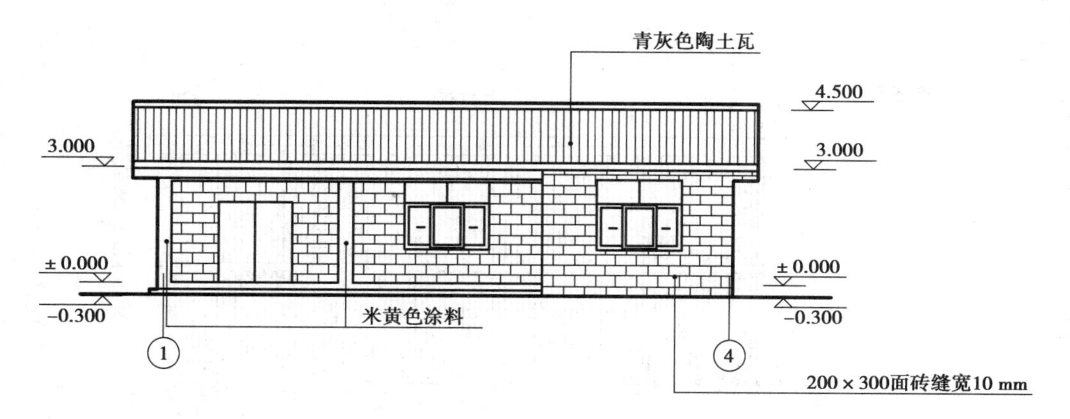

图9.2　正立面图

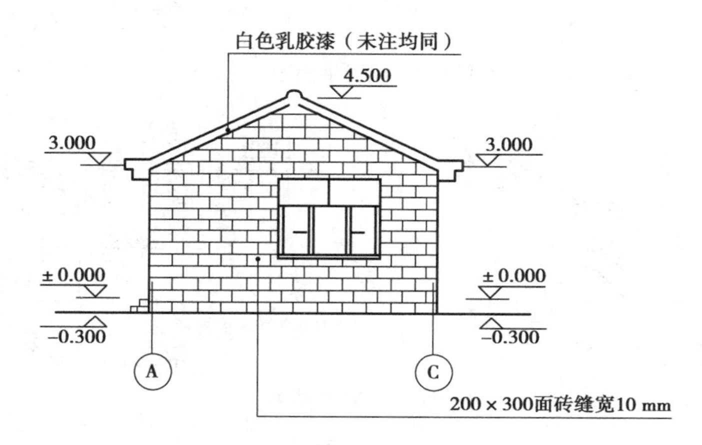

图9.3　侧立面图

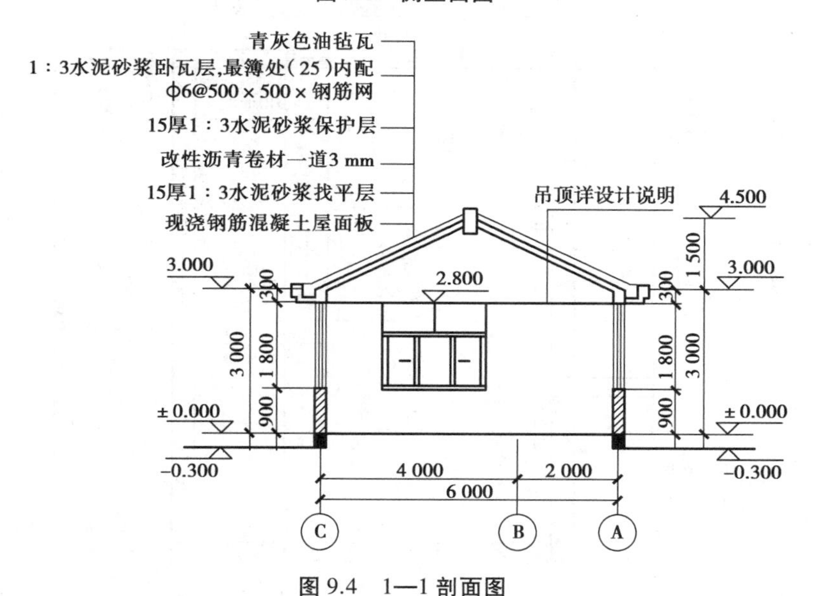

图9.4　1—1剖面图

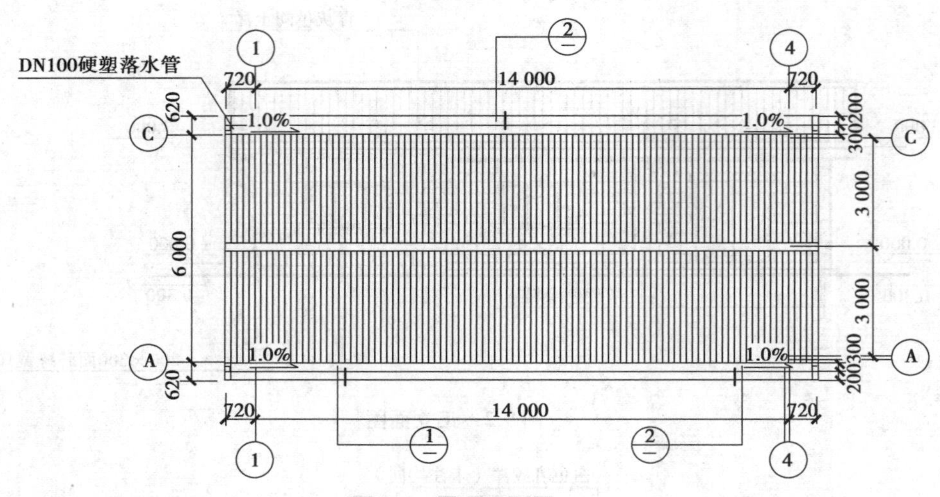

图 9.5　屋顶平面图

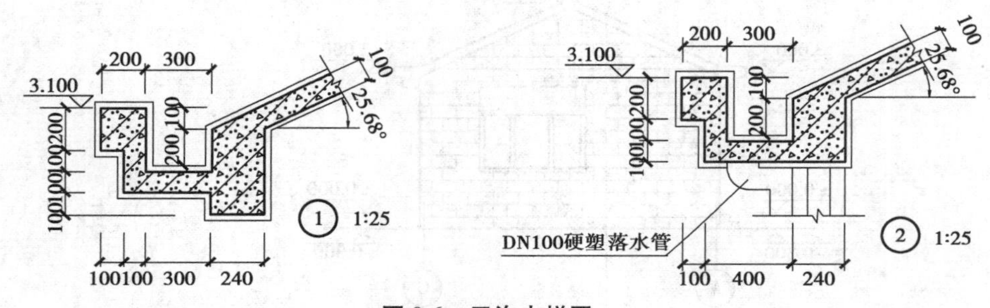

图 9.6　天沟大样图

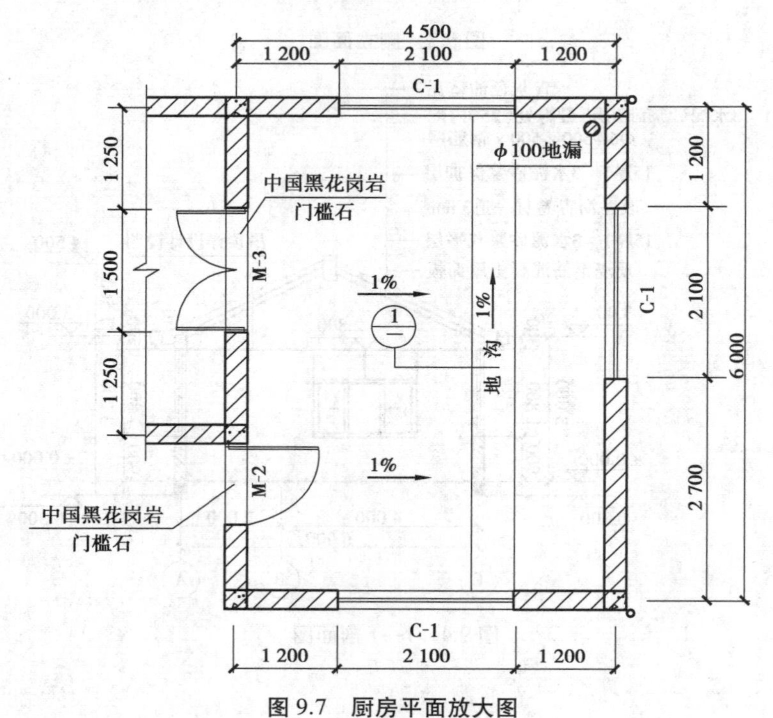

图 9.7　厨房平面放大图

9.1.2　结构施工图

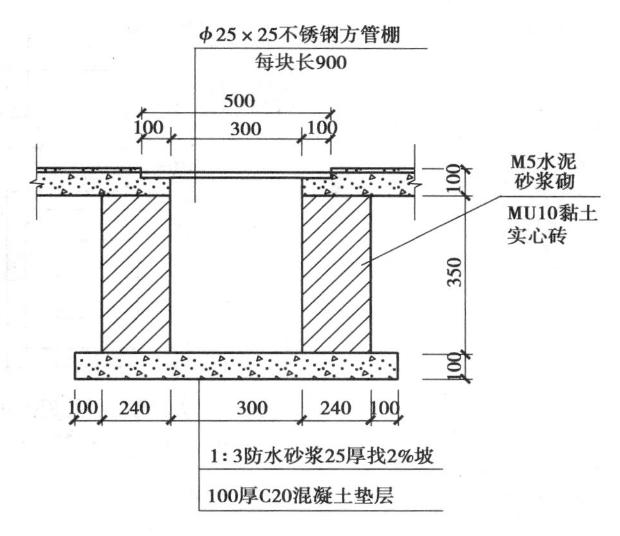

图9.8　厨房地沟大样图

(1)结构设计说明

①本工程为丙类建筑,建筑安全等级为二级,设计基准期为50年。

②本工程抗震设防为8度,设计地震基本加速度为0.20g,设计地震分组为第二组。

③钢筋采用HPB235,f_y=210 N/mm^2,HRB400,f_y=360 N/mm^2。

④除图中标明者外混凝土均为C25。

⑤除图中标明者外,屋面现浇板横轴线上加设斜梁,梁截面240 mm×300 mm。3.0 m标高处①、②横轴线上加设截面240 mm×400 mm单梁,其余无梁的位置加设240 mm×300 mm的圈梁。

⑥墙体为240 mm厚实心墙,MU10标准砖,M5.0混合砂浆砌筑。门洞上设置现浇混凝土过梁,长为门洞宽每边加250 mm,截面为240 mm×180 mm。

⑦毛石基础采用M5.0水泥砂浆砌筑MU30平毛石。

(2)结构设计图

结构设计图如图9.9—图9.11所示。

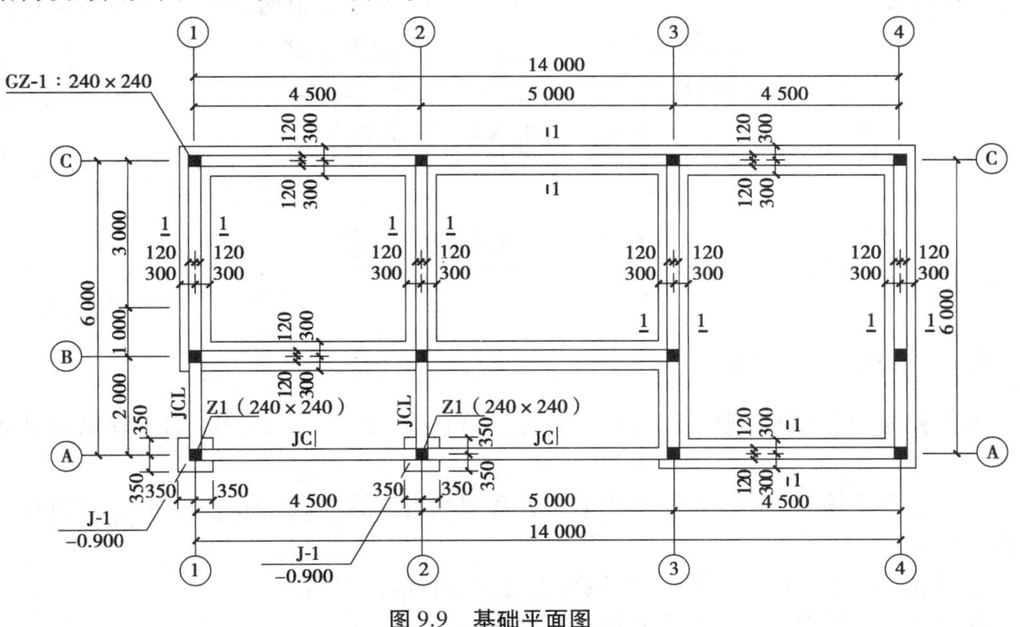

图9.9　基础平面图

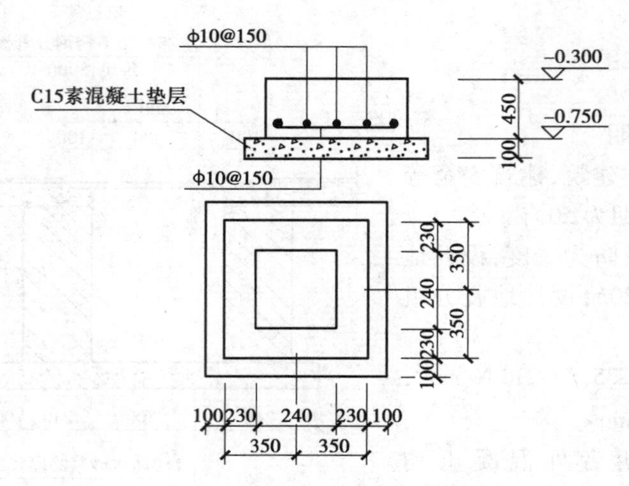

图 9.10　J-1 平面及配筋图

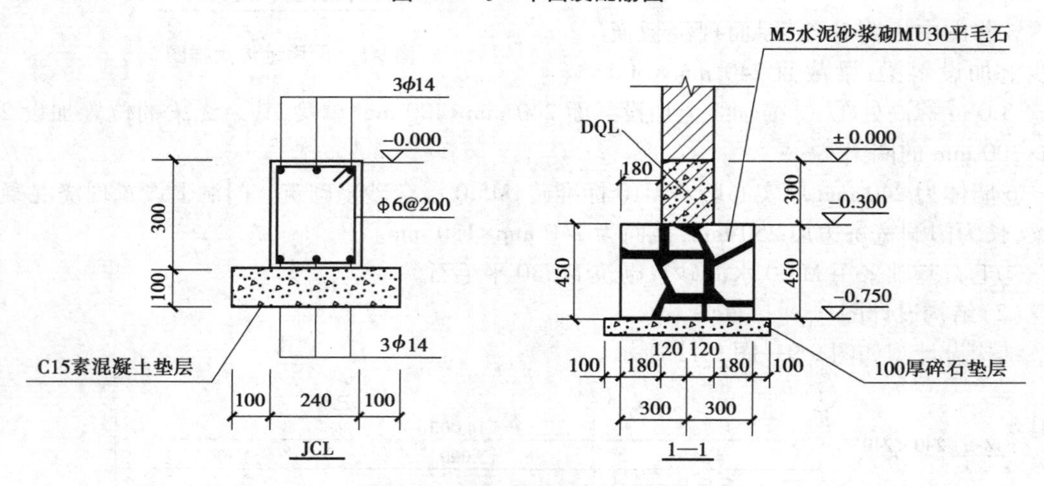

图 9.11　JCL、基础 1—1 剖面图

9.2　计价项目列项

9.2.1　拟定施工方案

本工程为单层建筑,规模不大,施工相对简单一些。按照一般常规,本工程采用以下施工方案。

①人工平整场地、开挖坑槽,挖出的土方在槽坑边自然堆放。余土采用人装自卸汽车运,运距 10 km。

②现浇混凝土采用商品混凝土,混凝土支模租赁组合式钢模。

③预制沟盖板由施工单位附属加工厂制作,运距 6 km。

④砌墙采用钢制里、外脚手架。

⑤垂直运输采用人力运输。

9.2.2　分部分项工程列项

分部分项工程清单项目依据《房屋建筑与装饰工程工程量计算规范》的项目划分标准(也可参考第4章中的表4-1～表4-100)进行列项;对应的定额项目依据《房屋建筑与装饰工程工程量计算规范》中每一清单分项的工作内容要求,并对照设计图中的构造做法与拟定的施工做法,以《××省房屋建筑与装饰工程消耗量定额》的项目划分标准进行列项,结果见表9.2。

表9.2　分部分项工程清单及对应定额列项表

序号	编码	项目名称	单位
1	010101001001	平整场地	m^2
	01010121	人工场地平整	100 m^2
2	010101003001	挖沟槽土方	m^3
	01010004	人工挖沟槽、基坑 三类土 深度2 m以内	100 m^3
	01010102	人工装车 自卸汽车运土方 运距1 km以内	1 000 m^3
	01010103×9	人工装车 自卸汽车运土方 运距 每增加1 km	1 000 m^3
3	010101004001	挖基坑土方	m^3
	01010004	人工挖沟槽、基坑 三类土 深度2 m以内	100 m^3
4	010103001001	回填方(室内)	m^3
	01010124	人工夯填 地坪	100 m^3
5	010103001002	回填方(基础)	m^3
	01010125	人工夯填 基础	100 m^3
6	010401003001	实心砖墙	m^3
	01040009	混水砖墙 1砖	10 m^3
7	010401012001	零星砌砖(室外台阶)	m^2
	01040084	砖砌台阶	100 m^2
	01010122	人工原土打夯	100 m^2
	01090012	地面垫层 混凝土地坪	10 m^3
8	010401014001	砖地沟、明沟(室外排水沟)	m
	01010004	人工挖沟槽、基坑 三类土 深度2 m以内	100 m^3
	01010124	人工夯填 地坪	100 m^3
	01010102	人工装车 自卸汽车运土方 运距1 km以内	1 000 m^3
	01010103×9	人工装车 自卸汽车运土方 运距 每增加1 km	1 000 m^3
	01140221	砖砌排水沟(西南11J812) 深400厚240宽260(1a)	100 m

续表

序号	编码	项目名称	单位
9	010401014003	砖地沟(室内)	m
	01010004	人工挖沟槽、基坑 三类土 深度 2 m 以内	100 m^3
	01010124	人工夯填 地坪	100 m^3
	01010102	人工装车 自卸汽车运土方 运距 1 km 以内	1 000 m^3
	01010103×9	人工装车 自卸汽车运土方 运距 每增加 1 km	1 000 m^3
	01140222	砖砌排水沟(西南 11J812) 深 400 厚 240 宽 380(1b)	100 m
	01080253	不锈钢箅子	10 m^2
10	010403001001	石基础	m^3
	01040040	石基础 平毛石	10 m^3
11	010404001001	垫层(碎石)	m^3
	01090005	地面垫层 碎石 干铺	10 m^3
12	010501001001	垫层(混凝土)	m^3
	01050068	商品混凝土施工 基础垫层 混凝土	10 m^3
13	010501003001	独立基础	m^3
	01050072	商品混凝土施工 独立基础 混凝土及钢筋混凝土	10 m^3
14	010502001001	矩形柱	m^3
	01050082	商品混凝土施工 矩形柱 断面周长 1.2 m 以内	10 m^3
15	010502002001	构造柱	m^3
	01050088	商品混凝土施工 构造柱	10 m^3
16	010503001001	基础梁(JCL)	m^3
	01050093	商品混凝土施工 基础梁	10 m^3
17	010503002001	矩形梁	m^3
	01050094	商品混凝土施工 单梁连续梁	10 m^3
18	010503004001	圈梁	m^3
	01050096	商品混凝土施工 圈梁	10 m^3
19	010503004002	圈梁(DQL)	m^3
	01050096	商品混凝土施工 圈梁(DQL)	10 m^3
20	010503005001	过梁	m^3
	01050097	商品混凝土施工 过梁	10 m^3

续表

序号	编码	项目名称	单位
21	010505001001	有梁板	m^3
	01050109	商品混凝土施工 有梁板	10 m^3
22	010505007001	天沟	m^3
	01050128	商品混凝土施工 天沟	10 m^3
23	010507001001	散水	m^2
	01090041	散水面层(商品混凝土) 混凝土厚 60 mm	100 m^2
	01090002	泥结碎石垫层	100 m^2
	01010122	人工原土打夯	100 m^2
	01080213	填缝 建筑油膏	100 m
24	010512008	沟盖板	m^3
	01050173	预制混凝土 地沟盖板	10 m^3
	01050214	预制构件运输 1 类 运距 1 km 以内	10 m^3
	01050215×5	预制构件运输 1 类 运距 每增加 1 km 以内	10 m^3
	01050318	预制平板安装 不焊接	10 m^3
25	010515001001	现浇构件钢筋(ϕ10 内圆钢)	t
	01050352	现浇构件 圆钢 ϕ10 内	t
26	010515001002	现浇构件钢筋(ϕ10 外圆钢)	t
	01050353	现浇构件 圆钢 ϕ10 外	t
27	010801002001	木质门带套(M-1)	樘
	01070012	木门安装 成品木门(带门套)	100 m^2
28	010801002002	木质门带套(M-2)	樘
	01070012	木门安装 成品木门(带门套)	100 m^2
29	010801002003	木质门带套(M-3)	樘
	01070012	木门安装 成品木门(带门套)	100 m^2
30	010801006001	门锁安装	个
	01070160	特殊五金安装 L 型执手锁	把
	01070163	特殊五金安装 门轧头(门碰珠)	付
	01070165	特殊五金安装 门眼(猫眼)	只

续表

序号	编码	项目名称	单位
31	010807001001	金属窗(C-1)	樘
	01070074	铝合金窗(成品)安装 推拉窗	100 m^2
32	010901001001	瓦屋面	m^2
	01080003	彩色水泥瓦屋面 砂浆卧瓦	100 m^2
	01090019	找平层 水泥砂浆 硬基层上 20 mm	100 m^2
	01090020×-1	找平层 水泥砂浆 每增减 5 mm	100 m^2
	01080046	高聚物改性沥青防水卷材 满铺	100 m^2
	01090025	水泥砂浆 面层 20 mm 厚	100 m^2
	01090020×-1	水泥砂浆 每增减 5 mm	100 m^2
33	010902004001	屋面排水管	m
	01080094	塑料排水管 ϕ110	m
	01080098	塑料水斗 ϕ110	个
	01080100	塑料弯头 ϕ110	个
	01080089	铸铁水口 ϕ100	个
34	011102003001	块料楼地面	m^2
	01090013	地面垫层 混凝土地坪 商品混凝土	10 m^3
	01090019	找平层 水泥砂浆 硬基层上 20 mm	100 m^2
	01090108	陶瓷地砖 楼地面 周长在 2 400 mm 以内	100 m^2
35	011107002001	块料台阶	m^2
	01090112	陶瓷地砖台阶	100 m^2
36	011202001001	梁柱面一般抹灰(独立柱)	m^2
	01100013	独立柱面一般抹灰	100 m^2
37	011204003001	块料墙面(内墙面)	m^2
	01100008	一般抹灰 水泥砂浆抹灰 内墙面 砖、混凝土基层 7+6+5 mm	100 m^2
	01100031×-8	一般抹灰砂浆厚度调整 水泥砂浆 每增减 1 mm	100 m^2
	01100134	瓷板 200 mm×300 mm 砂浆粘贴 墙面	100 m^2

续表

序号	编码	项目名称	单位
38	011204003003	块料墙面(外墙面)	m^2
	01100001	一般抹灰 水泥砂浆抹灰 外墙面 7+7+6 mm 砖基层	100 m^2
	01100031×-6	一般抹灰砂浆厚度调整 水泥砂浆 每增减 1 mm	100 m^2
	01100147	外墙面 水泥砂浆粘贴面砖 周长 1 200 mm 以内	100 m^2
39	011302001001	吊顶天棚	m^2
	01110035	装配式 U 型轻钢天棚龙骨(不上人型)间距 600 mm×400 mm 平面	100 m^2
	01110128	天棚面层 空腹 PVC 扣板	100 m^2
40	011401001001	木门油漆	樘
	01120005	木材面油漆 润油粉、调合漆二遍、磁漆一遍 单层木门	100 m^2
41	011407001001	柱面喷刷涂料(独立柱)	m^2
	01120228	彩砂喷涂 抹灰面	100 m^2
42	011407004001	线条刷涂料	m
	01120240	刷白水泥浆二遍 抹灰面 光面	m^2

9.2.3　总价措施项目列项

总价措施项目依据《建设工程工程量清单计价规范》以及《××省建设工程造价计价规则》的规定列项，见表 9.3。

表 9.3　总价措施项目列项

序号	项目名称	计量单位	计算方法	金额/元
1	安全文明施工费			
2	冬雨季施工、定位复测、生产工具用具使用等			

9.2.4　单价措施项目列项

单价措施项目依据《房屋建筑与装饰工程工程量计算规范》附录 S 的规定并结合工程实际需要列项，见表 9.4。

表 9.4　单价措施项目清单列项表

项次	项目编码	项目名称	项目特征	计量单位
1	011701002001	外脚手架	1.搭设方式: 2.搭设高度: 3.脚手架材质:钢管架	m^2
2	011701003001	里脚手架		m^2
3	011702001001	基础模板	基础类型:混凝土独立基础	m^2
4	011702002001	矩形柱模板		m^2
5	011702003001	构造柱模板		m^2
6	011702005001	基础梁模板	梁截面形状:矩形	m^2
7	011702006001	矩形梁模板	支撑高度:2.7 m	m^2
8	011702008001	圈梁模板		m^2
9	011702009001	过梁模板		m^2
10	011702014001	有梁板模板	支撑高度:平均 3.75 m	m^2
11	011702022001	天沟模板	支撑高度:2.7 m	m^2

9.3　算量及清单编制

9.3.1　分部分项工程量计算

清单工程量依据《房屋建筑与装饰工程工程量计算规范》(GB 50500—2013)中的工程量计算规则计算,定额工程量依据《××省房屋建筑与装饰工程消耗量定额》(DBJ 53/T—61—2013)中的工程量计算规则进行计算,结果见表 9.5。

表 9.5　分部分项工程清单、定额工程量计算表

序	编码	项目名称	计量单位	工程量	计算式
1	010101 001001	平整场地	m^2	79.36	计算说明:按首层建筑面积计算 14.24×6.24−(5+4.5)×2×0.5=79.36(m^2)
定	01010121	人工场地平整	m^2	167.78	计算说明:按首层外墙外边线每边外放 2 m 所围面积计算 (14.24+4)×(6.24+4)−(5+4.5)×2=167.78(m^2)

续表

序	编码	项目名称	计量单位	工程量	计算式
2	010101003001	挖沟槽土方	m^3	20.90	石基槽：(14+6)×2×0.8×0.55+(4-0.4×2)×2×0.8×0.55=20.42(m^3) JCL 槽：(4.5-0.35×2)×0.44×0.1+(5-0.35-0.3)×0.44×0.1+(2-0.35-0.3)×0.44×0.1×2=0.48(m^3) 小计：20.42+0.48=20.90(m^3)
定	01010004	人工挖沟槽、基坑 三类土 深度 2 m以内	m^3	23.80	计算说明：按基底加工作面的面积乘以挖土深度计算，挖深过小，不须放坡 基槽：(14+6)×2×(0.6+2×0.15)×0.55+(4-2×0.3-2×0.15)×2×(0.6+2×0.15)×0.55=22.87(m^3) JCL 槽：(4.5-0.35×2-2×0.3)×(0.44+2×0.3)×0.1+(5-0.35-0.3-0.3-0.15)×(0.44+2×0.3)×0.1+(2-0.35-0.3-0.3-0.15)×(0.44+2×0.3)×0.1×2=0.93(m^3) 小计：22.87+0.93=23.80(m^3)
定	01010102	人工装车 自卸汽车运土方 运距 1 km 以内	m^3	1.93	23.80+1.86-(8.23+12.41)×1.15=1.93(m^3)
定	01010103	人工装车 自卸汽车运土方 运距 每增加 1 km	m^3	1.93	23.80+1.86-(8.23+12.41)×1.15=1.93(m^3)
3	010101004001	挖基坑土方	m^3	0.89	计算说明：按垫层底面积乘以挖土深度计算 基坑：0.9×0.9×(0.45+0.1)×2=0.89(m^3)
定	01010004	人工挖沟槽、基坑 三类土 深度 2 m以内	m^3	1.86	计算说明：按基底加工作面的面积乘以挖土深度计算，挖深过小，不须放坡 基坑：(0.7+2×0.3)×(0.7+2×0.3)×(0.45+0.1)×2=1.86(m^3)
4	010103001001	回填方(室内)	m^3	12.41	(4.5-0.24)×(4-0.24)×0.17+(5-0.24)×(4-0.24)×0.17+(6-0.24)×(4.5-0.24)×0.17-(6-0.24)×0.3×0.17+(4.5+5-0.24)×(2-0.24)×0.17=12.41(m^3)
定	01010124	人工夯填 地坪	m^3	12.41	同清单量
5	010103001002	回填方(基础)	m^3	4.36	20.9+0.89-12.64-3.71-0.64-0.44=4.36(m^3)

续表

序	编码	项目名称	计量单位	工程量	计算式
定	01010125	人工夯填 基础	m^3	8.23	23.80+1.86−12.64−3.71−0.64−0.44=8.23(m^3)
6	010401003001	实心砖墙	m^3	23.81	(14×2+6×2−0.24×9+4×2−0.24×2)×(0.9+1.8)×0.24+(6−0.24)×1.5/2×0.24×2+(6−0.48)×1.2/2×0.24+(3−0.48)×1.2/2×0.24+(1.2+0.7)/2×(1.0−0.12)×0.24+(4.5+5.0−0.24×2)×1.0×0.24−(3.78+2.1+6.3+22.68)×0.24=23.81(m^3)
定	01040009	混水砖墙1砖	m^3	23.81	同清单量
7	010401012001	零星砌砖(台阶)	m^2	7.55	(2.0+0.24+0.6+4.5+5.0+0.24)×0.6=7.55(m^2)
定	01040084	砖砌台阶	m^2	7.55	同清单量
定	01010122	人工原土打夯	m^2	7.55	同清单量
定	01090012	地面垫层 混凝土地坪	m^3	0.76	7.55×0.1=0.76(m^3)
8	010401014001	砖地沟(室外)	m	24.44	14.24+0.6×2+(0.24+0.3+0.24)+6.24+0.6×2+(0.24+0.3+0.24)=24.44(m)
定	01010004	人工挖沟槽、基坑 三类土 深度2 m以内	m^3	13.17	24.44×(0.1+0.24+0.3+0.24+0.1)×(0.1+0.35+0.1)=13.17(m^3)
定	01010124	人工夯填 地坪	m^3	2.2	13.17−24.44×(0.1+0.24+0.3+0.24+0.1)×0.1−24.44×(0.24+0.3+0.24)×(0.35+0.1)=2.2(m^3)
定	01010102	人工装车 自卸汽车运土方 运距 1 km以内	m^3	10.64	13.17−2.2×1.15=10.64(m^3)
定	01010103×9	人工装车 自卸汽车运土方 运距 每增加 1 km	m^3	10.64	同上

续表

序	编码	项目名称	计量单位	工程量	计算式
定	01140221	砖砌排水沟(西南11J812)深400厚240宽260(1a)	m	24.44	同清单量
9	010401014001	砖地沟(厨房)	m	5.76	6-0.24=5.76(m)
定	01010004	人工挖沟槽、基坑 三类土 深度2 m以内	m^3	3.10	5.76×(0.1+0.24+0.3+0.24+0.1)×(0.1+0.35+0.1)=3.10(m^3)
定	01010124	人工夯填 地坪	m^3	0.51	3.1-5.76×(0.1+0.24+0.3+0.24+0.1)×0.1-5.76×(0.24+0.3+0.24)×(0.35+0.1)=0.51(m^3)
定	01010102	人工装车 自卸汽车运土方 运距1 km以内	m^3	2.51	3.10-0.51×1.15=2.51(m^3)
定	01010103×9	人工装车 自卸汽车运土方 运距 每增加1 km	m^3	2.51	同上
定	01140222	砖砌排水沟(西南11J812)深400厚240宽380(1b)	m	5.76	同清单量
定	01080253	不锈钢箅子	m^2	2.88	5.76×0.5=2.88(m^2)
10	010403001001	石基础	m^3	12.64	(14+6)×2×0.6×0.45+(4-0.3×2)×2×0.6×0.45=12.64(m^3)
定	01040040	石基础 平毛石	m^3	12.64	同清单量
11	010404001001	垫层(碎石)	m^3	3.71	(14+6)×2×0.8×0.1+(4-0.4×2)×2×0.8×0.1=3.71(m^3)

续表

序	编码	项目名称	计量单位	工程量	计算式
定	01090005	地面垫层 碎石 干铺	m^3	3.71	同清单量
12	010501 001001	垫层(混凝土)	m^3	0.64	独基:0.9×0.9×0.1×2=0.16(m^3) 基础梁:(4.5−0.35×2)×0.44×0.1+(5−0.35−0.3)×0.44×0.1+(2−0.35−0.3)×0.44×0.1×2=0.48(m^3) 小计:0.16+0.48=0.64(m^3)
定	01050068	商品混凝土施工 基础垫层混凝土	m^3	0.64	同清单量
13	010501 003001	独立基础	m^3	0.44	0.7×0.7×0.45×2=0.44(m^3)
定	01050072	商品混凝土施工 独立基础混凝土及钢筋混凝土	m^3	0.44	同清单量
14	010502 001001	矩形柱	m^3	0.38	(3.0+0.3)×0.24×0.24×2=0.38(m^3)
定	01050082	商品混凝土施工 矩形柱断面周长1.2 m以内	m^3	0.38	同清单量
15	010502 002001	构造柱	m^3	1.81	2.7×(0.072×6+0.079 2×3)= 1.81(m^3)
定	01050088	商品混凝土施工 构造柱	m^3	1.81	同清单量
16	010503 001001	基础梁(JCL)	m^3	0.90	(4.5−0.24)×0.24×0.3+(5−0.24)×0.24×0.3+(2−0.24)×0.24×0.3×2=0.903(m^3)
定	01050093	商品混凝土施工 基础梁	m^3	0.90	同清单量

续表

序	编码	项目名称	计量单位	工程量	计算式
17	010503002001	矩形梁	m^3	1.15	(6.0+0.12−0.12)×0.24×0.4×2=1.152(m^3)
定	01050094	商品混凝土施工 单梁连续梁	m^3	1.15	同清单量
18	010503004001	圈梁	m^3	1.48	(6−0.24)×0.24×0.3×2+(4.5+5.0−0.24×2)×0.24×0.3=1.48(m^3)
定	01050096	商品混凝土施工 圈梁	m^3	1.48	同清单量
19	010503004002	圈梁(DQL)	m^3	3.42	(14+6)×2×0.3×0.24+(4−0.24)×0.3×0.24×2=3.42(m^3)
定	01050096	商品混凝土施工 圈梁	m^3	3.42	同清单量
20	010503005001	过梁	m^3	0.33	(1.8+0.5)×0.18×0.24+(1+0.25)×0.18×0.24+(1.5+0.5)×0.18×0.24×2=0.33(m^3)
定	01050097	商品混凝土施工　过梁	m	0.33	同清单量
21	010505001001	有梁板	m^3	14.21	现浇屋面板:107.71×0.1=10.77(m^3) 脊梁:(14+0.72×2)×0.24×0.2=0.74(m^3) 边梁:(14+0.72×2+4.5+0.72)×0.24×0.2+(0.72+4.5+5.0−0.24×2)×0.24×0.2=1.46(m^3) 斜梁:(6−0.24)×1.118×0.24×0.2×4=1.24(m^3) 小计:10.77+0.74+1.46+1.24=14.21(m^3)
定	01050109	商品混凝土施工 有梁板	m^3	14.21	同清单量
22	010505007007	天沟	m^3	2.78	(14+0.72×2)×(0.3×0.1+0.2×0.1+0.2×0.2)= 2.78(m^3)
定	01050128	商品混凝土施工 天沟	m^3	2.78	同清单量
23	010507001001	散水	m^2	18.61	计算说明:按首层外墙外边线长乘以散水宽再加四角面积 (14.24+6.24+4.0+0.12+4.5+0.12)×0.6+0.6×0.6×3=18.61(m^3)

续表

序	编码	项目名称	计量单位	工程量	计算式
定	01090041	散水面层(商品混凝土)混凝土厚 60 mm	m^2	18.61	同清单量
定	01090002	泥结碎石垫层	m^3	1.86	$18.61\times0.1=1.86(m^3)$
定	01010122	人工原土打夯	m^2	18.61	同清单量
定	01080213	填缝 建筑油膏	m	29.22	14.24+6.24+4.0+0.12+4.5+0.12=29.22(m)
24	010512008001	沟盖板	m^3	0.60	$23.88\times0.5\times0.05=0.60(m^3)$
定	01050173	预制混凝土地沟盖板	m^3	0.609	$0.60\times(1+1.5\%)=0.609(m^3)$
定	01050214	预制构件运输	m^3	0.608	$0.60\times(1+1.3\%)=0.608(m^3)$
定	01050325	预制板安装	m^3	0.60	同清单量
25	010515001001	现浇构件钢筋(ϕ10 内圆钢)	t	0.028	(1)独立基础钢筋双向Φ 10@ 150 单长:0.7−2×0.035+12.5×0.01=0.755(m) 支数:(0.7−2×0.035)/0.15+1=6×2=12(支) 重量:0.755×12×0.617×2/1 000=0.011(t) (2)JCL 箍筋Φ 6@ 200 (0.3+0.24)×2=1.08(m) (4.5+5+2+2)/0.2+3=71(支) 1.08×71×0.222=17.02(kg)=0.017(t) (3)小计:0.011+0.017=0.028(t)
定	01050352	现浇构件 圆钢 ϕ10 内	t	0.028	同清单量
26	010515001002	现浇构件钢筋(ϕ10 外圆钢)	t	0.107	JCL 主筋:(4.5+5+0.24+12.5×0.014)×6×1.21+(2+0.24+12.5×0.014)×6×2×1.21=107(kg)=0.107(t)
定	01050352	现浇构件 圆钢 ϕ10 外	t	0.107	同清单量
27	010801001001	木质门带套(M-1)	樘	1	按图示以数量计算

续表

序	编码	项目名称	计量单位	工程量	计算式
定	01070012	木门安装 成品木门(带门套)	m^2	3.78	$1.8\times2.1\times1=3.78(m^3)$
28	010801001002	木质门带套(M-2)	樘	1	按图示以数量计算
定	01070012	木门安装 成品木门(带门套)	m^2	2.1	$1.0\times2.1\times1=2.1(m^3)$
29	010801001003	木质门带套(M-3)	樘	2	按图示以数量计算
定	01070012	木门安装 成品木门(带门套)	m^2	6.3	$1.5\times2.1\times2=6.3(m^3)$
30	010801006001	门锁安装	个	4	按图示以数量计算
定	01070160	特殊五金安装 L 型执手锁	把	4	按图示以数量计算
定	01070163	特殊五金安装 门轧头(门碰珠)	付	4	按图示以数量计算
定	01070165	特殊五金安装 门眼(猫眼)	只	4	按图示以数量计算
31	010807001001	金属窗(C-1)	樘	6	按图示以数量计算
定	01070074	铝合金窗(成品)安装 推拉窗	m^2	22.68	$2.1\times1.8\times6=22.68(m^3)$
32	010901001001	瓦屋面	m^2	107.71	$(14+0.72\times2)\times(6+0.24)\times1.118=107.71(m^2)$
定	01080020	屋面铺设彩色沥青瓦	m^2	107.71	同清单量

续表

序	编码	项目名称	计量单位	工程量	计算式
定	01090019	找平层 水泥砂浆 硬基层上 20 mm	m^2	107.71	同清单量
定	01090020×−1	找平层 水泥砂浆 每增减 5 mm	m^2	107.71	同清单量
定	01080046	高聚物改性沥青防水卷材满铺	m^2	107.71	同清单量
定	01090025	水泥砂浆 面层 20 mm 厚	m^2	107.71	同清单量
定	01090020×−1	水泥砂浆 每增减 5 mm	m^2	107.71	同清单量
33	010902004001	屋面排水管	m	12	(0.3+0.9+1.8)×4=12(m)
定	01080094	塑料排水管 ϕ110	m	12	同清单量
定	01080098	塑料水斗 ϕ110	个	4	按图示以数量计算
定	01080100	塑料弯头 ϕ110	个	4	按图示以数量计算
定	01080089	铸铁水口 ϕ100	个	4	按图示以数量计算
34	011202003001	块料地面	m^2	76.96	计算说明:按室内实铺面积计算 房间 1:(4.5−0.24)×(4−0.24)=16.02(m^2) 房间 2:(5−0.24)×(4−0.24)=17.90(m^2) 厨房:(6−0.24)×(4.5−0.24)−(6−0.24)×0.5=21.65(m^2) 走道:(4.5+5)×2=19.0(m^2) 门洞开口: 小计:16.02+17.9+22.65+19.0+1.39=76.96(m^2)

续表

序	编码	项目名称	计量单位	工程量	计算式
定	01090013	地面垫层 混凝土地坪 商品混凝土	m^2	7.46	$(4.5-0.24)\times(4-0.24)\times0.08+(5-0.24)\times(4-0.24)\times0.1+(6-0.24)\times(4.5-0.24)\times0.1-(6-0.24)\times0.3\times0.1+(4.5+5-0.24)\times(2-0.24)\times0.1=7.46(m^3)$
定	01090108	陶瓷地砖 楼地面 周长在2 400 mm 以内	m^2	74.57	$(4.5-0.24)\times(4-0.24)+(5-0.24)\times(4-0.24)+(6-0.24)\times(4.5-0.24)-(6-0.24)\times0.5+(4.5+5)\times2=74.57(m^2)$
定	01090073	花岗石楼地面拼花	m^2	1.39	$1.8\times0.24+1\times0.24+1.5\times0.24\times2=1.39(m^2)$
35	011107002001	块料台阶	m^2	7.55	$(2.0+0.24+0.6+4.5+5.0+0.24)\times0.6=7.55(m^2)$
定	01090112	陶瓷地砖 台阶	m^2	7.55	同清单量
36	011202001001	梁柱面一般抹灰（独立柱）	m^2	5.18	$(0.9+1.8)\times0.24\times4\times2=5.18(m^2)$
定	01100013	独立柱面一般抹灰、水泥砂浆	m^2	5.18	同清单
37	011204003001	块料墙面（内墙面）	m^2	117.88	计算说明：按室内墙面积，减去门窗洞口面积，增加洞口侧壁面积
					房间1：$(4.26\times2+3.76\times2)\times2.9-1.8\times2.1-1.5\times2.1-2.1\times1.8+(1.5+2.1\times2)\times(0.24-0.09)+(2.1\times2+1.8\times2)\times(0.24-0.1)/2=37.21(m^2)$
					房间2：$(4.76\times2+3.76\times2)\times2.9-1.5\times2.1\times2-2.1\times1.8\times2+(2.1\times2+1.8\times2)\times(0.24-0.1)/2\times2=36.65(m^2)$
					厨房：$(5.76\times2+4.26\times2)\times2.9-1\times2.1-1.5\times2.1-2.1\times1.8\times3+(1.5+2.1\times2)\times(0.24-0.09)+(2.1\times2+1.8\times2)\times(0.24-0.1)/2\times3=44.02(m^2)$
					小计：$37.21+36.65+44.02=117.88(m^2)$

续表

序	编码	项目名称	计量单位	工程量	计算式
定	01100008	一般抹灰 水泥砂浆抹灰 内墙面 砖、混凝土基层(7+6+5)mm	m^2	112.9	(4.26×2+3.76×2)×2.9−1.8×2.1−1.5×2.1−2.1×1.8+(4.76×2+3.76×2)×2.9−1.5×2.1×2−2.1×1.8×2+(5.76×2+4.26×2)×2.9−1×2.1−1.5×2.1−2.1×1.8×3=112.9(m^2)
定	01100031×−5	一般抹灰砂浆厚度调整 水泥砂浆 每增减 1 mm	m^2	112.9	同上
定	01100134	瓷板 200 mm×300 mm 砂浆粘贴 墙面	m^2	117.88	同清单量
38	011204003002	块料墙面(外墙面)	m^2	114.26	计算说明:按室外墙面积,减去门窗洞口面积,增加洞口侧壁面积
					外墙:(4+0.24+14.24+6.24+4.5+0.24)×(3+0.3)−2.1×1.8×5+(2.1×2+1.8×2)×(0.24−0.09)/2×5=81.24(m^2)
					山墙:6.24×1.5/2×2=9.36(m^2)
					走道:(4.5+5+2)×2.7−1.8×2.1+(1.8+2.1×2)×(0.24−0.09)−1×2.1+(1+2.1×2)×(0.24−0.09)−2.1×1.8+(2.1×2+1.8×2)×(0.24−0.09)/2=23.66(m^2)
					小计:81.24+9.36+23.66=114.26(m^2)
定	01100001	一般抹灰 水泥砂浆抹灰 外墙面(7+7+6)mm 砖基层	m^2	112.76	(4+0.24+14.24+6.24+4.5+0.24)×(3+0.3)−2.1×1.8×5+6.24×1.5/2×2+(4.5+5+2)×2.7−1.8×2.1+(1.8+2.1×2)×(0.24−0.09)−1×2.1+(1+2.1×2)×(0.24−0.09)−2.1×1.8=112.76(m^2)
定	01100031×−7	一般抹灰砂浆厚度调整 水泥砂浆 每增减 1 mm	m^2	112.76	同上
定	01100147	外墙面 水泥砂浆粘贴面砖 周长1 200 mm 以内	m^2	114.26	同清单量

续表

序	编码	项目名称	计量单位	工程量	计算式
39	011302001001	吊顶天棚	m^2	74.34	计算说明:按室内净空面积计算 房间 1:(4.5−0.24)×(4−0.24)= 16.02(m^2) 房间 2:(5−0.24)×(4−0.24)= 17.90(m^2) 厨房:(6−0.24)×(4.5−0.24)= 24.54(m^2) 外廊:(4.5+5−0.24×2)×(2−0.24)= 15.88(m^2) 小计:16.02+17.9+24.54+15.88 = 74.34(m^2)
定	01110035	装配式 U 型轻钢天棚龙骨(不上人型),龙骨间距 600 mm × 400 mm 平面	m^2	74.34	同清单量
定	01110128	天棚面层 空腹 PVC 扣板	m^2	74.34	同清单量
40	011401001001	木门油漆	樘	4	按图示以数量计算
定	01120005	木材面油漆润油粉、调和漆两遍、磁漆一遍 单层木门	m^2	12.18	1.8×2.1×1+1.0×2.1×1+1.5×2.1×2 = 12.18(m^2)
41	011407001001	柱面喷刷涂料	m^2	5.18	(0.9+1.8)×0.24×4×2 = 5.18(m^2)
定	01120228	彩砂喷涂	m^2	5.18	同清单量
42	011407004001	线条刷涂料	m	15.55	6.24×1.118×2+0.4×4 = 15.55(m)
定	0112024	刷白水泥浆两遍 抹灰面光面	m^2	4.91	6.24×1.118×0.3×2+(0.4×0.4+0.2×0.1)×4 = 4.91(m^2)

9.3.2 单价措施工程量计算

单价措施项目清单工程量依据《房屋建筑与装饰工程工程量计算规范》(GB 50500—2013)中的工程量计算规则进行计算,定额工程量依据《××省房屋建筑与装饰工程消耗量定额》(DBJ 53/T—61—2013)中的工程量计算规则进行计算,结果见表 9.6。

表 9.6 单价措施项目清单、定额工程量计算表

序	编码	项目名称	计量单位	工程量	计算式
1	011701002001	外脚手架	m^2	165.89	(14.24+6.24)×2×(3.75+0.3)= 165.89(m^2)
			m^2	165.89	同清单量
2	011701003001	里脚手架	m^2	15.23	(4−0.24) ×(3.75+0.3)= 15.23(m^2)
			m^2	15.23	同清单量
3	011702001001	基础模板	m^2	2.52	0.35×8×0.45×2=2.52(m^2)
			m^2	2.52	同清单量
4	011702002001	矩形柱模板	m^2	2.88	(0.3+0.9+1.8)×0.24×4=2.88(m^2)
			m^2	2.88	同清单量
5	011702003001	构造柱模板	m^2	12.64	(0.9+1.8)×(0.36×3+0.3×12)= 12.64(m^2)
			m^2	12.64	同清单量
6	011702005001	基础梁模板	m^2	7.52	(4.5+5.0−0.12×4+2×2−0.12×4)×0.3×2= 7.52(m^2)
			m^2	7.52	同清单量
7	011702006001	矩形梁模板	m^2	2.96	(2−0.24)×(0.3+0.24+0.3)×2=2.96(m^2)
			m^2	2.96	同清单量
8	011702008001	圈梁模板	m^2	16.26	(4.5+5.0−0.24×2+6×2−0.24×4+4×2−0.24×4)×(0.3+0.3)= 16.26(m^2)
			m^2	16.26	同清单量
9	011702009001	过梁模板	m^2	4.11	(1.8+0.25+1.0+0.25×2+1.5+0.25×2+1.5+0.25×2)×(0.18+0.18)+(1.8+1.0+1.5×2)×0.24=4.11(m^2)
			m^2	4.11	同清单量
10	011702014001	有梁板模板	m^2	136.54	107.71+(14+0.72×2)×0.3×4+(6−0.24)×1.118×0.2×8=136.54(m^2)

续表

序	编码	项目名称	计量单位	工程量	计算式
			m^2	136.54	同清单量
11	011702022001	天沟模板	m^2	43.23	(14+0.72×2)×(0.4+0.1+0.4+0.3+0.2)×2=43.23(m^2)
			m^2	43.23	同清单量

9.3.3　工程量清单编制

依据《建设工程工程量清单计价规范》和《××省建设工程造价计价规则》规定的表格，工程量清单文件见表 9.7—表 9.16。

表 9.7　封面(封-1)

<table>
<tr><td>

某单层建筑　工程

招标工程量清单

招　标　人：××工程建设指挥部
（单位盖章）

造价咨询人：××工程造价咨询公司
（单位盖章）

</td></tr>
</table>

表 9.8　扉页(扉-1)

<table>
<tr><td colspan="2">

某单层建筑　工程

招标工程量清单

</td></tr>
<tr><td>招　标　人：××工程建设指挥部
（单位盖章）</td><td>造价咨询人：××工程造价咨询公司
（单位盖章）</td></tr>
<tr><td>法定代表人
或其授权人：
（签字或盖章）</td><td>法定代表人
或其授权人：
（签字或盖章）</td></tr>
<tr><td>编　制　人：
（造价人员签字盖专用章）</td><td>复　核　人：
（造价工程师签字盖专用章）</td></tr>
<tr><td>编制时间：2018 年 11 月 20 日</td><td>复核时间：2018 年 11 月 30 日</td></tr>
</table>

表 9.9　总说明(表-01)

工程名称:某单层建筑　　　　　　　　　　　　　　标段:　　　　　　　　　　　　　　第 1 页　共 1 页

1.工程概况:

①建设规模:本工程为单层建筑,建筑面积 79.36 m^2。

②工程特征:砖混结构;240 mm 厚内外实心墙;墙下平毛石带形基础;柱下钢筋混凝土独立基础;混凝土基础梁、独立柱、圈梁、构造柱、屋盖;彩色水泥瓦防水屋面;陶瓷地砖地面;白瓷板内墙面;陶瓷面砖外墙面;PVC 扣板天棚;带套实木门;铝合金推拉窗。

③计划工期:60 天。

④施工现场实际情况:城市次干道附近,三通一平完成,有空地可使用。

⑤自然地理条件:地势平坦,交通便利。

⑥环境保护要求:建筑周边有大树,注意保护。

2.工程招标发包范围:施工图标明的全部工程内容。

3.工程量清单编制依据:

①××设计院所出××单层建筑施工图。

②《房屋建筑与装饰工程工程量计算规则》(GB 50854—2013)。

③《××省建设工程造价计价规则》(DBJ 53/T—58—2013)。

④常规施工方案。

4.工程质量、材料、施工等的特殊要求:工程质量一次验收合格;材料必须进场检验,合格后方能使用;施工中注意控制扬尘。

5.其他需要说明的问题:本工程由于工期紧,结构配筋图部分暂缺,投标人可报出钢筋制安项目的综合单价,工程完工时最后结算,为此可列计暂列金额 20 000 元。

表 9.10　分部分项工程清单(表-08)

工程名称:某单层建筑　　　　　　　　　　　　　　标段:　　　　　　　　　　　　　　第　页　共 7 页

序号	项目编码	项目名称	项目特征	计量单位	工程量	金额/元				
						综合单价	合价	其中		
								人工费	机械费	暂估价
1	010101001001	平整场地	土壤类别:三类土	m^2	79.36					
2	010101003001	挖沟槽土方	1.土壤类别:三类土 2.挖土深度:0.55 m 3.弃土运距:10 km	m^3	20.9					
3	010101004001	挖基坑土方	1.土壤类别:三类土 2.挖土深度:0.55 m	m^3	0.89					
4	010103001001	回填方(室内)	1.填方材料品种:原土 2.填方来源、运距:坑槽边	m^3	12.41					
5	010103001002	回填方(基础)	1.填方材料品种:原土 2.填方来源、运距:坑槽边	m^3	4.36					

续表

序号	项目编码	项目名称	项目特征	计量单位	工程量	金额/元				
						综合单价	合价	其中		
								人工费	机械费	暂估价
6	010401003001	实心砖墙	1.砖品种、规格、强度等级:标准砖、240×115×53、MU10 2.墙体类型:直形墙 3.砂浆强度等级、配合比:M5.0 混合砂浆	m^3	23.81					
7	010401012001	零星砌砖(室外台阶)	1.零星砌砖名称、部位:室外台阶 2.砖品种、规格、强度等级:标准砖、240×115×53、MU10 3.砂浆强度等级、配合比:M5.0 水泥砂浆 4.垫层种类、强度等级:C15 商品混凝土	m^2	7.55					
8	010401014001	砖地沟(室外排水沟)	1.砖品种、规格、强度等级:标准砖、240×115×53、MU10 2.沟截面尺寸:400×260	m	24.44					
9	010401014003	砖地沟(室内)	1.砖品种、规格、强度等级:标准砖、240×115×53、MU10 2.沟截面尺寸:350×300 3.垫层材料种类、厚度:混凝土、厚 100 mm 4.混凝土强度等级:C20 5.砂浆强度等级:M5.0 水泥砂浆 6.盖板品种:不锈钢箅子	m	5.76					
10	010403001001	石基础	1.石料种类、规格:平毛石、MU30 2.基础类型:带型 3.砂浆强度等级:M5.0 水泥砂浆	m^3	12.64					
11	010404001001	垫层(碎石)	垫层材料种类、配合比、厚度:碎石、100 mm	m^3	3.71					
12	010501001001	垫层(混凝土)	1.混凝土种类:商品混凝土 2.混凝土强度等级:C15	m^3	0.64					

续表

序号	项目编码	项目名称	项目特征	计量单位	工程量	金额/元				
						综合单价	合价	其中		
								人工费	机械费	暂估价
13	010501003001	独立基础	1.混凝土种类:商品混凝土 2.混凝土强度等级:C25	m^3	0.44					
14	010502001001	矩形柱	1.混凝土种类:商品混凝土 2.混凝土强度等级:C25	m^3	0.38					
15	010502002001	构造柱	1.混凝土种类:商品混凝土 2.混凝土强度等级:C25	m^3	1.81					
16	010503001001	基础梁(JCL)	1.混凝土种类:商品混凝土 2.混凝土强度等级:C25	m^3	0.9					
17	010503002001	矩形梁	1.混凝土种类:商品混凝土 2.混凝土强度等级:C25	m^3	1.15					
18	010503004001	圈梁	1.混凝土种类:商品混凝土 2.混凝土强度等级:C25	m^3	1.48					
19	010503004002	圈梁(DQL)	1.混凝土种类:商品混凝土 2.混凝土强度等级:C25	m^3	3.42					
20	010503005001	过梁	1.混凝土种类:商品混凝土 2.混凝土强度等级:C25	m^3	0.33					
21	010505001001	有梁板	1.混凝土种类:商品混凝土 2.混凝土强度等级:C25	m^3	14.21					
22	010505007001	天沟	1.混凝土种类:商品混凝土	m^3	2.78					
23	010507001001	散水	1.垫层材料种类、厚度:泥结碎石、100 mm 2.面层厚度:5 mm 1:2水泥砂浆 3.混凝土种类:商品混凝土 4.混凝土强度等级:C15 5.变形缝填塞材料种类:建筑油膏	m^2	18.61					

续表

序号	项目编码	项目名称	项目特征	计量单位	工程量	金额/元				
						综合单价	合价	其中		
								人工费	机械费	暂估价
24	010512008001	沟盖板、井盖板、井圈	1.单件体积:0.013 m^3 2.安装高度:-0.3 m 3.混凝土强度等级:C25	m^3	0.6					
25	010515001001	现浇构件钢筋	钢筋种类、规格:HPB 10 内	t	0.028					
26	010515001002	现浇构件钢筋	钢筋种类、规格:HPB 10 外	t	0.107					
27	010801002001	木质门带套(M-1)	门代号及洞口尺寸:M-1、1 800×2 100	樘	1					
28	010801002002	木质门带套(M-2)	门代号及洞口尺寸:M-2、1 000×2 100	樘	1					
29	010801002003	木质门带套(M-3)	门代号及洞口尺寸:M-3、1 500×2 100	樘	2					
30	010801006001	门锁安装	1.锁品种:L 型执手插锁 2.其他:门轧头、猫眼	个	4					
31	010807001001	金属窗(C-1)	1.窗代号及洞口尺寸:C-1、2 100×1 800 2.框、扇材质:铝合金 3.玻璃品种、厚度:4 mm 厚平板玻璃	樘	6					
32	010901001001	瓦屋面	1.瓦品种、规格:彩色沥青瓦 2.粘结层砂浆的配合比:1∶3 水泥砂浆 3.防水层品种:高聚物改性沥青防水、高聚物改性沥青卷材 4.找平层材料、厚度:1∶3水泥砂浆,15 mm 5.保护层材料、厚度:1∶3水泥砂浆,15 mm	m^2	107.71					
33	010902004001	屋面排水管	1.排水管品种、规格:塑料管,ϕ110 2.雨水斗、山墙出水口品种、规格:塑料水斗,铸铁水口,塑料弯头 3.接缝、嵌缝材料种类:密封胶	m	12					

续表

序号	项目编码	项目名称	项目特征	计量单位	工程量	金额/元				
						综合单价	合价	其中		
								人工费	机械费	暂估价
34	011102003001	块料楼地面	1.找平层厚度、砂浆配合比:20 mm、1∶2 水泥砂浆 2.结合层厚度、砂浆配合比:20 mm、1∶2.5 水泥砂浆 3.面层材料品种、规格、颜色:600 mm×600 mm×10 mm 防滑地砖 4.嵌缝材料种类:白水泥 5.门洞开口处:花岗岩板	m^2	76.96					
35	011107002001	块料台阶面	1.粘结材料种类:20 mm 厚 1∶2 水泥砂浆 2.面层材料品种、规格、颜色:600 mm×600 mm 防滑地砖 3.勾缝材料种类:白水泥	m^2	7.55					
36	011202001001	柱、梁面一般抹灰	1.柱(梁)体类型:混凝土 2.底层厚度、砂浆配合比:13 mm 厚 1∶3 水泥砂浆	m^2	5.18					
37	011204003001	块料墙面(内墙面)	1.墙体类型:砖墙 2.安装方式:8 mm 厚 1∶2砂浆粘贴 3.面层材料品种、规格、颜色:200 mm×300 mm 瓷板墙面 4.缝宽、嵌缝材料种类:白水泥 5.底层抹灰材料:13 mm 厚 1∶3 水泥砂浆	m^2	117.88					

续表

序号	项目编码	项目名称	项目特征	计量单位	工程量	金额/元				
						综合单价	合价	其中		
								人工费	机械费	暂估价
38	011204003002	块料墙面（外墙面）	1.墙体类型：砖墙 2.安装方式：8 mm 厚 1∶2水泥砂浆粘贴 3.面层材料品种、规格、颜色：200 mm×300 mm 外墙面砖 4.缝宽、嵌缝材料种类：10 mm、1∶3 水泥砂浆 5.底层抹灰材料：13 mm 厚 1∶3 水泥砂浆	m^2	114.26					
39	011302001001	吊顶天棚	1.吊顶形式、吊杆规格、高度：梁下悬吊。最高处 1.6 m 2.龙骨材料种类、规格、中距：不上人 U 型轻钢龙骨、中距 600 mm×400 mm 3.面层材料品种、规格：空腹 PVC 扣板	m^2	74.34					
40	011401001001	木门油漆	1.门类型：实木门 2.门代号及洞口尺寸：M-1、M-2、M-3 3.腻子种类：润油粉 4.刮腻子遍数：两遍 5.油漆品种、刷漆遍数：调合漆两遍、磁漆一遍	樘	4					
41	011407001001	柱面喷刷涂料	1.基层类型：抹灰面 2.喷刷涂料部位：柱面 3.涂料品种、喷刷遍数：彩砂喷涂，两遍	m^2	5.18					
42	011407004001	线条刷涂料	1.线条宽度：0.3 m 2.刷防护材料、油漆：白水泥浆	m	15.55					

表 9.11　单价措施项目清单(表-08)

工程名称:某单层建筑　　　　　　　　　　标段:　　　　　　　　　　第 1 页　共 1 页

序号	项目编码	项目名称	项目特征	计量单位	工程量	金额/元				
						综合单价	合价	其中		
								人工费	机械费	暂估价
1	011701002001	外脚手架	1.搭设方式:墙外双排 2.搭设高度:3.75 m 3.脚手架材质:钢管架	m^2	165.89					
2	011701003001	里脚手架	1.搭设方式:可移动门式架 2.搭设高度:3 m 3.脚手架材质:钢架	m^2	15.23					
3	011702001002	基础	基础类型:独立基础	m^2	2.52					
4	011702002001	矩形柱		m^2	2.88					
5	011702003001	构造柱		m^2	12.64					
6	011702005001	基础梁	梁截面形状:矩形	m^2	7.52					
7	011702006001	矩形梁		m^2	2.96					
8	011702008001	圈梁		m^2	16.26					
9	011702009001	过梁		m^2	4.11					
10	011702014001	有梁板	支撑高度:平均 3.75 m	m^2	136.54					
11	011702022001	天沟、檐沟	构件类型:天沟	m^2	43.23					

表 9.12　**总价措施项目清单(表-12)**

工程名称:某单层建筑　　　　标段:　　　　第 1 页　共 1 页

序号	项目编码	项目名称	计算基础	费率/%	金额/元	调整费率/%	调整后金/元	备注
1	011707001001	安全文明施工费(建筑)		15.65				
		环境保护费、安全施工费、文明施工费(建筑)		10.17				
		临时设施费(建筑)		5.48				
2	011707005001	冬、雨季施工增加费,生产工具用具使用费,工程定位复测,工程点交、场地清理费		5.95				
合　计								

编制人(造价人员):　　　　复核人(造价工程师):

注:按施工方案计算的措施费,若无“计算基数”和“费率”的数值,也可只填“金额”数值,但应在备注栏说明施工方案出处或计算方法。

表 9.13　**其他项目清单(表-13)**

工程名称:某单层建筑　　　　标段:　　　　第 1 页　共 1 页

序号	项目名称	金额/元	结算金额/元	备注
1	暂列金额	20 000		详见明细表
2	暂估价			
2.1	材料(设备)结算价			详见明细表
2.2	专业工程暂估价			详见明细表
3	计日工			详见明细表
4	总承包服务费			详见明细表
5	其他			
5.1	人工费调差			
5.2	机械费调差			
5.3	风险费			
5.4	索赔与现场签证			详见明细表
合　计				—

注:①材料(工程设备)暂估单价进入清单项目综合单价,此处不汇总。
②人工费调差、机械费调差和风险费应在备注栏说明计算方法。

表 9.14　总承包服务费计价表(表-13-5)

工程名称:某单层建筑　　　　　　　　标段:　　　　　　　　　　　第 1 页　共 1 页

序号	项目名称	项目价值/元	服务内容	计算基础	费率/%	金额/元
1	发包人发包专业工程					
2	发包人提供材料		甲供材料验收保管	甲供材料总价	1	
合　计						

注:此表项目名称、服务内容由招标人填写,编制招标控制价时,费率及金额由招标人按有关计价规定确定;投标时,费率及金额由投标人自主报价,计入投标总价中。

表 9.15　发包人提供材料和工程设备一览表(表-21)

工程名称:某单层建筑　　　　　　　　标段:　　　　　　　　　　　第 1 页　共 1 页

序号	材料(工程设备)名称、规格、型号	单位	数量	单价/元	交货方式	送达地点	备注
1	Ⅰ级钢筋 HPB300 ϕ10 以内	t					
2	Ⅰ级钢筋 HPB300 ϕ10 以外	t					
3	(商)混凝土 C10	m^3					
4	(商)混凝土 C15	m^3					
5	(商)混凝土 C25	m^3					
6	(商)细石混凝土 C20(未计价)	m^3					
7	玻纤胎沥青瓦 1 000×333	m^2					
8	全瓷墙面砖 300×300	m^2					

表 9.16　规费税金清单(表-14)

工程名称:某单层建筑　　　　　　　　标段:　　　　　　　　　　　第 1 页　共 1 页

序号	项目名称	计算基础	计算基数	计算费率/%	金额/元
1	规费	社会保险费、住房公积金、残疾人保证金+危险作业意外伤害险+工程排污费			

续表

序号	项目名称	计算基础	计算基数	计算费率/%	金额/元
1.1	社会保险费、住房公积金、残疾人保证金	分部分项定额人工费+单价措施定额人工费+其他项目定额人工费		26	
1.2	危险作业意外伤害险	分部分项定额人工费+单价措施定额人工费+其他项目定额人工费		1	
1.3	工程排污费				
2	税金	分部分项工程+措施项目+其他项目+规费-不计税工程设备费		3.48	
合　计					

编制人(造价人员):　　　　　　　　　　复核人(造价工程师):

9.4　套价及招标控制价编制

依据《建设工程工程量清单计价规范》和《××省建设工程造价计价规则》规定的表格,套价过程及招标控制价文件见表9.17—表9.34。

表9.17　封面(封-2)

某单层建筑　工程

招标控制价

招　标　人:××工程建设指挥部

(单位盖章)

造价咨询人:××工程造价咨询公司

(单位盖章)

表 9.18 扉页(扉-2)

某单层建筑 工程

招标控制价

招标控制价(小写):213 280.50

(大写):贰拾壹万叁仟贰佰捌拾元伍角

招 标 人:××工程建设指挥部
(单位盖章)

造价咨询人:××工程造价咨询公司
(单位盖章)

法定代表人
或其授权人:
(签字或盖章)

法定代表人
或其授权人:
(签字或盖章)

编 制 人:
(造价人员签字盖专用章)

复 核 人:
(造价工程师签字盖专用章)

编制时间:2018 年 12 月 20 日

复核时间:2018 年 12 月 30 日

表 9.19 总说明(表-01)

1.工程概况:

①建设规模:本工程为单层建筑,建筑面积 79.36 m^2。

②工程特征:砖混结构;240 mm 厚内外实心墙;墙下平毛石带形基础;柱下钢筋混凝土独立基础;混凝土基础梁、独立柱、圈梁、构造柱、屋盖;彩色水泥瓦防水屋面;陶瓷地砖地面;白瓷板内墙面;陶瓷面砖外墙面;PVC 扣板天棚;带套实木门;铝合金推拉窗。

③施工现场实际情况:位于城市次干道附近,三通一平完成,有空地可使用。

④自然地理条件:地势平坦,交通便利。

⑤环境保护要求:建筑周边有大树,注意保护。

2.工程招标发包范围:施工图标明的全部工程内容。

3.工程量清单编制依据:

① ××设计院所出××单层建筑施工图。

②《房屋建筑与装饰工程工程量计算规则》(GB 50854—2013)。

③《××省建设工程造价计价规则》(DBJ 53/T—58—2013)。

④《××省房屋建筑与装饰工程工程消耗量定额》(DBJ 53/T—61—2013)。

⑤常规施工方案。

⑥人工工资单价为 63.88 元/工日(云建标〔2013〕918 号文)。

⑦未计价材价格参考 2014 年第 12 期价格信息。

⑧机械台班单价执行《××省机械仪器仪表台班费用定额》(DBJ 53/T—58—2013)。

续表

4.工程质量、材料、施工等的特殊要求。 工程质量一次验收合格;材料必须进场检验,合格后方能使用;施工中注意控制扬尘,保护周边大树。 5.其他需要说明的问题。 本工程由于工期紧,部分结构配筋图暂缺,为此可列计暂列金额20 000元;投标人可先报出钢筋项目的综合单价,工程完工时按时结算。

表9.20　单位工程招标控制价汇总表(表-04)

工程名称:某单层建筑　　　　标段:　　　　第1页　共1页

序号	汇总内容	金额/元	其中:暂估价/元
1	分部分项工程	152 794.52	
1.1	人工费	25 402.85	
1.2	材料费	112 684.56	
1.3	设备费		
1.4	机械费	1 193.96	
1.5	管理费和利润	13 513.18	
2	措施项目	22 543.48	
2.1	单价措施项目	17 035.52	
2.1.1	人工费	7 251.97	
2.1.2	材料费	5 218.84	
2.1.3	机械费	692.14	
2.1.4	管理费和利润	3 872.59	
2.2	总价措施项目费	5 507.96	
2.2.1	安全文明施工费	3 990.72	
2.2.1.1	临时设施费	1 397.39	
2.2.2	其他总价措施项目费	1 517.24	
3	其他项目	21 953.14	—
3.1	暂列金额	20 000	
3.2	专业工程暂估价		
3.3	计日工		
3.4	总承包服务费	320.37	
3.5	其他	1 632.78	
4	规费	8 816.8	—
5	税金	7 172.56	—
招标控制价合计=1+2+3+4+5		213 280.50	

表 9.21　分部分项工程计价表(表-08)

工程名称:某单层建筑　　　　标段:　　　　第1页　共7页

序号	项目编码	项目名称	项目特征	计量单位	工程量	金额/元				
						综合单价	合价	其中		
								人工费	机械费	暂估价
1	010101001001	平整场地	1.土壤类别:三类土	m^2	79.36	7.62	604.72	395.21		
2	010101003001	挖沟槽土方	1.土壤类别:三类土 2.挖土深度:0.55 m 3.弃土运距:10 km	m^3	20.9	57.6	1 203.84	752.61	49.95	
3	010101004001	挖基坑土方	1.土壤类别:三类土 2.挖土深度:0.55 m	m^3	0.89	98.37	87.55	57.22		
4	010103001001	回填方(室内)	1.填方材料品种:原土 2.填方来源、运距:坑槽边	m^3	12.41	24.21	300.45	177.09	28.29	
5	010103001002	回填方(基础)	1.填方材料品种:原土 2.填方来源、运距:坑槽边	m^3	4.36	58.76	256.19	154.56	18.92	
6	010401003001	实心砖墙	1.砖品种、规格、强度等级:标准砖、240 mm×115 mm×53 mm、MU10 2.墙体类型:直形墙 3.砂浆强度等级、配合比:M5.0 混合砂浆	m^3	23.81	455.35	10 841.88	2 171.95	82.62	
7	010401012001	零星砌砖(室外台阶)	1.零星砌砖名称、部位:室外台阶 2.砖品种、规格、强度等级:标准砖、240 mm×115 mm×53 mm、MU10 3.砂浆强度等级、配合比:M5.0 水泥砂浆 4.垫层种类、强度等级:C15 商品混凝土	m^2	7.55	160.77	1 213.81	300.72	14.87	
		本页小计					14 508.44	4 009.36	194.65	

续表

工程名称:某单层建筑　　　　标段:　　　　第2页　共7页

序号	项目编码	项目名称	项目特征	计量单位	工程量	金额/元				
						综合单价	合价	其中		
								人工费	机械费	暂估价
8	010401014001	砖地沟(室外排水沟)	1.砖品种、规格、强度等级:标准砖、240 mm×115 mm×53 mm、MU10 2.沟截面尺寸:400 mm×260 mm 3.垫层材料种类、厚度:混凝土、厚 100 mm 4.混凝土强度等级:C20 5.砂浆强度等级:M5.0 水泥砂浆	m	24.44	202.7	4 953.99	1 263.06	368.8	
9	010401014003	砖地沟(室内)	1.砖品种、规格、强度等级:标准砖、240 mm×115 mm×53 mm、MU10 2.沟截面尺寸:350 mm×300 mm 3.垫层材料种类、厚度:混凝土、厚 100 mm 4.混凝土强度等级:C20 5.砂浆强度等级:M5.0 水泥砂浆 6.盖板品种:不锈钢箅子	m	5.76	232.1	1 336.9	376.36	90.49	
10	010403001001	石基础	1.石料种类、规格:平毛石、MU30 2.基础类型:带型 3.砂浆强度等级:M5.0 水泥砂浆	m^3	12.64	305.31	3 859.12	1 102.97	49.17	
11	010404001001	垫层(碎石)	1.垫层材料种类、配合比、厚度:碎石、100 mm	m^3	3.71	150.8	559.47	122.76		
12	010501001001	垫层(混凝土)	1.混凝土种类:商品混凝土 2.混凝土强度等级:C15	m^3	0.64	340.42	217.87	28.01	0.94	
		本页小计					10 927.35	2 893.16	509.4	

续表

工程名称:某单层建筑　　　　标段:　　　　第3页　共7页

序号	项目编码	项目名称	项目特征	计量单位	工程量	金额/元				
						综合单价	合价	其中		
								人工费	机械费	暂估价
13	010501003001	独立基础	1.混凝土种类:商品混凝土 2.混凝土强度等级:C25	m^3	0.44	345.32	151.94	15.52	0.52	
14	010502001001	矩形柱	1.混凝土种类:商品混凝土 2.混凝土强度等级:C25	m^3	0.38	392.12	149.01	24.66	0.73	
15	010502002001	构造柱	1.混凝土种类:商品混凝土 2.混凝土强度等级:C25	m^3	1.81	412.18	746.05	141.99	3.49	
16	010503001001	基础梁(JCL)	1.混凝土种类:商品混凝土 2.混凝土强度等级:C25	m^3	0.9	355.57	320.01	36.22	1.74	
17	010503002001	矩形梁	1.混凝土种类:商品混凝土 2.混凝土强度等级:C25	m^3	1.15	381.14	438.31	65.09	2.22	
18	010503004001	圈梁	1.混凝土种类:商品混凝土 2.混凝土强度等级:C25	m^3	1.48	442.09	654.29	138.02	2.86	
19	010503004002	圈梁(DQL)	1.混凝土种类:商品混凝土 2.混凝土强度等级:C25	m^3	3.42	442.09	1 511.95	318.98	6.6	
20	010503005001	过梁	1.混凝土种类:商品混凝土 2.混凝土强度等级:C25	m^3	0.33	475.72	156.99	37.97	0.64	
21	010505001001	有梁板	1.混凝土种类:商品混凝土 2.混凝土强度等级:C25	m^3	14.21	357.14	5 074.96	524.63	27.43	
		本页小计					9 203.51	1 303.08	46.23	

续表

工程名称:某单层建筑　　　　标段:　　　　第4页　共7页

序号	项目编码	项目名称	项目特征	计量单位	工程量	金额/元				
						综合单价	合价	其中		
								人工费	机械费	暂估价
22	010505007001	天沟	1.混凝土种类:商品混凝土	m^3	2.78	463.01	1 287.17	299.07	8.59	
23	010507001001	散水	1.垫层材料种类、厚度:泥结碎石、100 mm 2.面层厚度:5 mm 1 : 2 水泥砂浆 3.混凝土种类:商品混凝土 4.混凝土强度等级:C15 5.变形缝填塞材料种类:建筑油膏	m^2	18.61	66.65	1 240.36	342.8	22.52	
24	010512008001	沟盖板、井盖板、井圈	1.单件体积:0.013 m^3 2.安装高度:-0.3 m 3.混凝土强度等级:C25	m^3	0.6	727.69	436.61	107.67	113.82	
25	010515001001	现浇构件钢筋	1.钢筋种类、规格:HPB 10 内	t	0.028	5 489.58	153.71	26.38	1.34	
26	010515001002	现浇构件钢筋	1.钢筋种类、规格:HPB 10 外	t	0.107	5 058.09	541.22	49.01	12.5	
27	010801002001	木质门带套(M-1)	1.门代号及洞口尺寸:M-1、1 800 mm×2 100 mm	樘	1	5 848.95	5 848.95	84.75	1.81	
28	010801002002	木质门带套(M-2)	1.门代号及洞口尺寸:M-2、1 000 mm×2 100 mm	樘	1	3 249.41	3 249.41	47.09	1	
29	010801002003	木质门带套(M-3)	1.门代号及洞口尺寸:M-3、1 500 mm×2 100 mm	樘	2	4 874.13	9 748.26	141.26	3.02	
30	010801006001	门锁安装	1.锁品种:L 型执手插锁 2.其他:门轧头、猫眼	个	4	145.36	581.44	127.72		
		本页小计					23 087.13	1 225.75	164.6	

续表

工程名称:某单层建筑　　　　标段:　　　　第 5 页　共 7 页

序号	项目编码	项目名称	项目特征	计量单位	工程量	金额/元				
						综合单价	合价	其中		
								人工费	机械费	暂估价
31	010807001001	金属窗(C-1)	1.窗代号及洞口尺寸:C-1、2 100 mm×1 800 mm 2.框、扇材质:铝合金 3.玻璃品种、厚度:4 mm 厚平板玻璃	樘	6	1 231.73	7 390.38	522.42	11.94	
32	010901001001	瓦屋面	1.瓦品种、规格:彩色水泥瓦 2.粘结层砂浆的配合比:1∶3 水泥砂浆 3.防水层品种:高聚物改性沥青防水、高聚物改性沥青卷材 4.找平层材料、厚度:1∶3 水泥砂浆,15 mm 5.保护层材料、厚度:1∶3 水泥砂浆,15 mm	m^2	107.71	206.78	22 272.27	2 465.48	38.78	
33	010902004001	屋面排水管	1.排水管品种、规格:塑料管,ϕ110 2.雨水斗、山墙出水口品种、规格:塑料水斗,铸铁水口,塑料弯头 3.接缝、嵌缝材料种类:密封胶	m	12	208.28	2 499.36	414.48		
34	011102003001	块料楼地面	1.找平层厚度、砂浆配合比:20 mm、1∶2 水泥砂浆 2.结合层厚度、砂浆配合比:20 mm、1∶2.5 水泥砂浆 3.面层材料品种、规格、颜色:600 mm×600 mm×10 mm 防滑地砖 4.嵌缝材料种类:白水泥 5.门洞开口处:花岗岩板	m^2	76.96	277.69	21 371.02	1 700.05	72.34	
35	011107002001	块料台阶面	1.粘结材料种类:20 mm 厚 1∶2 水泥砂浆 2.面层材料品种、规格、颜色:600 mm×600 mm 防滑地砖 3.勾缝材料种类:白水泥	m^2	7.55	387.36	2 924.57	222.8	8.38	
		本页小计					56 457.6	5 325.23	131.44	

续表

工程名称：某单层建筑　　　　标段：　　　　第6页　共7页

序号	项目编码	项目名称	项目特征	计量单位	工程量	金额/元				
						综合单价	合价	其中		
								人工费	机械费	暂估价
36	011202001001	柱、梁面一般抹灰	1.柱（梁）体类型：混凝土 2.底层厚度、砂浆配合比：13 mm 厚 1∶3 水泥砂浆	m^2	5.18	18.45	95.57	44.91	1.09	
37	011204003001	块料墙面（内墙面）	1.墙体类型：砖墙 2.安装方式：8 mm 厚 1∶2 砂浆粘贴 3.面层材料品种、规格、颜色：200 mm×300 mm 瓷板墙面 4.缝宽、嵌缝材料种类：白水泥 5.底层抹灰材料：13 mm 厚 1∶3 水泥砂浆	m^2	117.88	84.18	9 923.14	3 323.04	87.23	
38	011204003002	块料墙面（外墙面）	1.墙体类型：砖墙 2.安装方式：8 mm 厚 1∶2 水泥砂浆粘贴 3.面层材料品种、规格、颜色：200 mm×300 mm 外墙面砖 4.缝宽、嵌缝材料种类：10 mm、1∶3 水泥砂浆 5.底层抹灰材料：13 mm 厚 1∶3 水泥砂浆	m^2	114.26	164.61	18 808.34	4 640.1	44.56	
39	011302001001	吊顶天棚	1.吊顶形式、吊杆规格、高度：梁下悬吊，最厚处 1.6 m 2.龙骨材料种类、规格、中距：不上人 U 型轻钢龙骨、中距 600 mm×400 mm 3.面层材料品种、规格：空腹 PVC 扣板	m^2	74.34	116.87	8 688.12	2 257.71	10.41	
		本页小计					37 515.17	10 265.76	143.29	

续表

工程名称:某单层建筑　　　　标段:　　　　第7页　共7页

序号	项目编码	项目名称	项目特征	计量单位	工程量	金额/元				
						综合单价	合价	其中		
								人工费	机械费	暂估价
40	011401001001	木门油漆	1.门类型:实木门 2.门代号及洞口尺寸:M-1、M-2、M-3 3.腻子种类:润油粉 4.刮腻子遍数:二遍 5.油漆品种、刷漆遍数:调合漆二遍、磁漆一遍	樘	4	167.6	670.4	334.56		
41	011407001001	柱面喷刷涂料	1.基层类型:抹灰面 2.喷刷涂料部位:柱面 3.涂料品种、喷刷遍数:彩砂喷涂 二遍	m^2	5.18	79.9	413.88	39.73	4.35	
42	011407004001	线条刷涂料	1.线条宽度:0.3 m 2.刷防护材料、油漆:白水泥浆	m	15.55	0.71	11.04	6.22		
		本页小计					1 095.32	380.51	4.35	
		合计					152 794.52	25 402.85	1 193.96	

表 9.22　分部分项工程综合单价分析表(表-09)

工程名称:某单层建筑　　　　标段:　　　　第1页　共10页

序号	项目编码	项目名称	计量单位	工程量	清单综合单价组成明细											综合单价
					定额编号	定额名称	定额单位	数量	单价			合价				
									人工费	材料费	机械费	人工费	材料费	机械费	管理费和利润	
1	010101001001	平整场地	m^2	79.36	01010121	人工场地平整	100 m^2	1.677 8	235.72			395.49			209.61	7.62
2	010101003001	挖沟槽土方	m^3	20.9	01010004	人工挖沟槽、基坑三类土深度2 m以内	100 m^3	0.238	3 076.40			732.18			388.06	57.60
					01010102	人工装车自卸汽车运土方运距1 km以内	1 000 m^3	0.001 93	10 577.89	67.20	10 739.83	20.42	0.13	20.73	11.70	
					01010103×9	人工装车自卸汽车运土方运距 每增加1 km	1 000 m^3	0.001 93			15 138.00			29.22	1.24	
3	010101004001	挖基坑土方	m^3	0.89	01010004	人工挖沟槽、基坑 三类土深度2 m以内	100 m^3	0.018 6	3 076.40			57.22			30.33	98.37
4	010103001001	回填方(室内)	m^3	12.41	01010124	人工夯填 地坪	100 m^3	0.124 1	1 427.08		227.60	177.1		28.25	95.06	24.21
5	010103001002	回填方(基础)	m^3	4.36	01010125	人工夯填 基础	100 m^3	0.082 3	1 878.07		229.90	154.57		18.92	82.72	58.76
6	010401003001	实心砖墙	m^3	23.81	01040009	混水砖墙1砖	10 m^3	2.381	912.21	3 121.72	34.67	2 171.97	7 432.82	82.55	1 154.64	455.35

续表

工程名称:某单层建筑　　　　标段:　　　　第2页　共10页

序号	项目编码	项目名称	计量单位	工程量	清单综合单价组成明细											综合单价
					定额编号	定额名称	定额单位	数量	单价			合价				
									人工费	材料费	机械费	人工费	材料费	机械费	管理费和利润	
7	010401012001	零星砌砖(室外台阶)	m^2	7.55	01010122	人工原土打夯	100 m^2	0.075 5	90.71		16.13	6.85		1.22	3.68	160.77
					01040084	砖砌台阶	100 m^2	0.075 5	3 104.57	7 054.38	79.69	234.4	532.61	6.02	124.48	
					01090012	地面垫层 混凝土地坪 现浇混凝土	10 m^3	0.076	782.53	2 704.50	99.94	59.47	205.54	7.60	31.84	
8	010401014001	砖地沟(室外排水沟)	m	24.44	01140221	砖砌排水沟(西南11J812)深400 mm厚240 mm宽260 mm(1a)	100 m	0.244 4	2 921.30	10 786.92	361.50	713.97	2 636.32	88.35	382.15	202.70
					01010004	人工挖沟槽、基坑 三类土深度2 m以内	100 m^3	0.131 7	3 076.40			405.16			214.74	
					01010124	人工夯填地坪	100 m^3	0.022	1 427.08		227.60	31.40		5.01	16.85	
					01010102	人工装车自卸汽车运土方运距1 km以内	1 000 m^3	0.010 64	10 577.89	67.20	10 739.83	112.55	0.72	114.27	64.50	
					01010103×9	人工装车自卸汽车运土方运距 每增加1 km	1 000 m^3	0.010 64			15 138			161.07	6.83	

续表

工程名称:某单层建筑　　　　标段:　　　　第3页　共10页

序号	项目编码	项目名称	计量单位	工程量	清单综合单价组成明细											
					定额编号	定额名称	定额单位	数量	单价			合价				综合单价
									人工费	材料费	机械费	人工费	材料费	机械费	管理费和利润	
9	010401014003	砖地沟（室内）	m	5.76	01040094	沟箅子 不锈钢	m^2	2.88	7.41	3.02		21.34	8.70		11.32	232.1
					01140222换	砖砌排水沟（西南11J812）深400 mm厚240 mm宽380 mm(1b)	100 m	0.057 6	3 919.93	11 420.89	423.28	225.79	657.84	24.38	120.70	
					01010004	人工挖沟槽、基坑 三类土 深度2 m以内	100 m^3	0.031	3 076.40			95.37			50.55	
					01010124	人工夯填 地坪	100 m^3	0.005 1	1 427.08		227.6	7.28		1.16	3.91	
					01010102	人工装车 自卸汽车运土方 运距1 km以内	1 000 m^3	0.002 51	10 577.89	67.20	10 739.83	26.55	0.17	26.96	15.21	
					01010103×9	人工装车 自卸汽车运土方 运距每增加1 km	1 000 m^3	0.002 51			15 138.00			38	1.61	
10	010403001001	石基础	m^3	12.64	01040040	石基础 平毛石	10 m^3	1.264	872.60	1 677.50	38.93	1 102.97	2 120.36	49.21	586.66	305.31
11	010404001001	垫层（碎石）	m^3	3.71	01090005	地面垫层 碎石干铺	10 m^3	0.371	330.90	1 001.70		122.76	371.63		65.07	150.80

续表

工程名称:某单层建筑　　　　标段:　　　　第4页　共10页

序号	项目编码	项目名称	计量单位	工程量	清单综合单价组成明细											
					定额编号	定额名称	定额单位	数量	单价			合价				综合单价
									人工费	材料费	机械费	人工费	材料费	机械费	管理费和利润	
12	010501001001	垫层(混凝土)	m^3	0.64	01050068	商品混凝土施工 基础垫层混凝土	10 m^3	0.064	437.58	2 719.29	14.73	28.01	174.03	0.94	14.88	340.42
13	010501003001	独立基础	m^3	0.44	01050072	商品混凝土施工 独立基础混凝土及钢筋混凝土	10 m^3	0.044	352.62	2 901.35	11.91	15.52	127.66	0.52	8.25	345.32
14	010502001001	矩形柱	m^3	0.38	01050082	商品混凝土施工 矩形柱 断面周长 1.2 m以内	10 m^3	0.038	649.02	2 908.63	19.34	24.66	110.53	0.73	13.10	392.12
15	010502002001	构造柱	m^3	1.81	01050088	商品混凝土施工 构造柱	10 m^3	0.181	784.45	2 901.35	19.34	141.99	525.14	3.50	75.40	412.18
16	010503001001	基础梁(JCL)	m^3	0.9	01050093	商品混凝土施工 基础梁	10 m^3	0.09	402.44	2 919.83	19.34	36.22	262.78	1.74	19.27	355.57
17	010503002001	矩形梁	m^3	1.15	01050094	商品混凝土施工 单梁连续梁	10 m^3	0.115	565.98	2 925.26	19.34	65.09	336.4	2.22	34.59	381.14
18	010503004001	圈梁	m^3	1.48	01050096	商品混凝土施工 圈梁	10 m^3	0.148	932.65	2 973.88	19.34	138.03	440.13	2.86	73.28	442.09

续表

工程名称:某单层建筑　　　　标段:　　　　第5页　共10页

序号	项目编码	项目名称	计量单位	工程量	清单综合单价组成明细											
					定额编号	定额名称	定额单位	数量	单价			合价				综合单价
									人工费	材料费	机械费	人工费	材料费	机械费	管理费和利润	
19	010503004002	圈梁(DQL)	m^3	3.42	01050096	商品混凝土施工 圈梁	10 m^3	0.342	932.65	2 973.88	19.34	318.97	1 017.07	6.61	169.33	442.09
20	010503005001	过梁	m^3	0.33	01050097	商品混凝土施工 过梁	10 m^3	0.033	1 150.48	2 976.65	19.34	37.97	98.23	0.64	20.15	475.72
21	010505001001	有梁板	m^3	14.21	01050109	商品混凝土施工 有梁板	10 m^3	1.421	369.23	2 986.47	19.34	524.68	4 243.77	27.48	279.25	357.14
22	010505007001	天沟	m^3	2.78	01050128换	商品混凝土施工 挑檐天沟	10 m^3	0.278	1 075.74	2 951.96	30.94	299.06	820.64	8.60	158.86	463.01
23	010507001001	散水	m^2	18.61	01010122	人工原土 打夯	100 m^2	0.186 1	90.71		16.13	16.88		3.00	9.07	66.65
					01080213	填缝 建筑油膏	100 m	0.292 2	355.17	337.91		103.78	98.74		55.00	
					01090041	散水面层(商品混凝土)混凝土厚60 mm	100 m^2	0.186 1	777.68	2 174.21	7.82	144.73	404.62	1.46	76.77	
					01090002	地面垫层 泥结碎石	10 m^3	0.186	415.86	1 016.88	97.16	77.35	189.14	18.07	41.76	

续表

工程名称:某单层建筑　　　　标段:　　　　第6页　共10页

序号	项目编码	项目名称	计量单位	工程量	清单综合单价组成明细											综合单价
					定额编号	定额名称	定额单位	数量	单价			合价				
									人工费	材料费	机械费	人工费	材料费	机械费	管理费和利润	
24	010512008001	沟盖板、井盖板、井圈	m^3	0.6	01050173换	预制混凝土地沟盖板	10 m^3	0.061	975.45	2 431.77	289.48	59.5	148.34	17.66	32.28	727.69
					01050318	板安装 平板不焊接 每个构件体积0.2 m^3 以内	10 m^3	0.06	522.41	51.99	542.03	31.34	3.12	32.52	17.99	
					01050214	预制混凝土构件运输 1类构件 运距1 km以内	10 m^3	0.061	173.75	29.04	822.65	10.6	1.77	50.18	7.75	
					01050215×5	预制混凝土构件运输 1类构件 运距 每增加1 km以内	10 m^3	0.061	102.20		220.65	6.23		13.46	3.87	
25	010515001001	现浇构件钢筋	t	0.028	01050352	现浇构件圆钢 ϕ10内	t	0.028	942.23	3 998.35	47.89	26.38	111.95	1.34	14.04	5 489.60
26	010515001002	现浇构件钢筋	t	0.107	01050353	现浇构件圆钢 ϕ10外	t	0.107	458.02	4 235.47	116.81	49.01	453.2	12.5	26.5	5 058.10
27	010801002001	木质门带套(M-1)	樘	1	01070012	木门安装成品木门(带门套)	100 m^2	0.037 8	2 242.19	151 253.60	47.84	84.75	5 717.39	1.81	45.00	5 849.00

续表

工程名称:某单层建筑　　　　标段:　　　　第7页　共10页

序号	项目编码	项目名称	计量单位	工程量	清单综合单价组成明细												
					定额编号	定额名称	定额单位	数量	单价			合价				综合单价
									人工费	材料费	机械费	人工费	材料费	机械费	管理费和利润	
28	010801002002	木质门带套(M-2)	樘	1	01070012	木门安装成品木门(带门套)	100 m^2	0.021	2 242.19	151 253.60	47.84	47.09	3 176.33	1.00	25.00	3 249.40
29	010801002003	木质门带套(M-3)	樘	2	01070012	木门安装成品木门(带门套)	100 m^2	0.063	2 242.19	151 253.60	47.84	141.26	9 528.98	3.01	74.99	4 874.10
30	010801006001	门锁安装	个	4	01070160	特殊五金安装L型执手锁	把	4	25.55	78.00		102.20	312.00		54.16	145.36
					01070163	特殊五金安装门轧头(门碰珠)	付	4	3.19	6.50		12.76	26.00		6.76	
					01070165	特殊五金安装门眼(猫眼)	只	4	3.19	12.00		12.76	48.00		6.76	
31	010807001001	金属窗(C-1)	樘	6	01070074	铝合金窗(成品)安装推拉窗	100 m^2	0.226 8	2 303.51	29 006.17	52.62	522.44	6 578.60	11.93	277.40	1 231.70

续表

工程名称:某单层建筑　　　　标段:　　　　第8页　共10页

序号	项目编码	项目名称	计量单位	工程量	清单综合单价组成明细											综合单价
					定额编号	定额名称	定额单位	数量	单价			合价				
									人工费	材料费	机械费	人工费	材料费	机械费	管理费和利润	
32	010901001001	瓦屋面	m^2	107.7	1080020	屋面铺设彩色沥青瓦	100 m^2	1.077 1	683.52	10 372.83		736.22	11 172.58		390.19	206.78
					01080046	高聚物改性沥青防水卷材 满铺	100 m^2	1.077 1	553.20	4 945.12		595.85	5 326.39		315.81	
					01090019	找平层 水泥砂浆 硬基层上 20 mm	100 m^2	1.077 1	501.46	705.73	29.29	540.12	760.14	31.55	287.61	
					01090020×-1	找平层 水泥砂浆 每增减5 mm	100 m^2	1.077 1	-95.82	168.30	-7.39	-103.21	181.28	-7.96	-55.04	
					01090025	水泥砂浆 面层 20 mm厚	100 m^2	1.077 1	742.92	779.29	21.73	800.20	839.37	23.41	425.10	
					01090020×-1	找平层 水泥砂浆 每增减5 mm	100 m^2	1.077 1	-95.82	168.30	-7.39	-103.21	181.28	-7.96	-55.04	
33	010902004001	屋面排水管	m	12	01080089	铸铁雨水口直径100 mm	10个	0.4	206.33	744.96		82.53	297.98		43.74	208.28
					01080094	塑料排水管单屋面排水管系统直径 $\phi110$	10 m	1.2	184.61	1 132.94		221.53	1 359.53		117.41	
					01080098	塑料水斗直径 $\phi110$	10个	0.4	192.28	265.10		76.91	106.04		40.76	
					01080100	塑料弯头	10个	0.4	83.68	253.90		33.47	101.56		17.74	

续表

工程名称:某单层建筑　　　　标段:　　　　第9页　共10页

序号	项目编码	项目名称	计量单位	工程量	清单综合单价组成明细											
					定额编号	定额名称	定额单位	数量	单价			合价				综合单价
									人工费	材料费	机械费	人工费	材料费	机械费	管理费和利润	
34	011102003001	块料楼地面	m^2	76.96	01090013	地面垫层 混凝土地坪 商品混凝土	10 m^3	0.746	437.58	2 603.50	14.73	326.43	1 942.21	10.99	173.47	277.69
					01090073	花岗石楼地面拼花	100 m^2	0.013 9	3 171.00	9 431.04	29.2	44.08	131.09	0.41	23.38	
					01090108	陶瓷地砖 楼地面 周长在2 400 mm以内	100 m^2	0.745 7	1 782.89	22 289.36	81.88	1 329.5	1 6621.18	61.06	707.23	
35	011107002001	块料台阶面	m^2	7.55	01090112	陶瓷地砖 台阶	100 m^2	0.075 5	2 951.26	34 104.10	111.04	222.82	2 574.86	8.38	118.45	387.36
36	011202001001	柱、梁面一般抹灰	m^2	5.18	01100061	装饰抹灰 1∶3水浆砂浆打底抹底13 mm厚柱面	100 m^2	0.051 8	866.85	495.61	20.86	44.90	25.67	1.08	23.84	18.45
37	011204003001	块料墙面(内墙面)	m^2	117.9	01100059	装饰抹灰 1∶3水浆砂浆打底抹底厚13 mm砖墙	100 m^2	1.129	700.76	480.49	21.73	791.16	542.47	24.53	420.35	84.18
					01100134	瓷板 200 mm×300 mm 砂浆粘贴 墙面	100 m^2	1.178 8	2 148.28	3 567.43	53.24	2 532.39	4 205.29	62.76	1 344.83	

续表

工程名称:某单层建筑　　　　标段:　　　　第 10 页　共 10 页

序号	项目编码	项目名称	计量单位	工程量	清单综合单价组成明细											综合单价
					定额编号	定额名称	定额单位	数量	单价			合价				
									人工费	材料费	机械费	人工费	材料费	机械费	管理费和利润	
38	011204003002	块料墙面(外墙面)	m^2	114.3	01100059	装饰抹灰 1∶3 水浆砂浆打底 抹底厚 13 mm 砖墙	100 m^2	1.127 6	700.76	480.49	21.73	790.18	541.80	24.50	419.83	164.61
					01100147	外墙面 水泥砂浆粘贴面砖 周长 1 200 mm 以内	100 m^2	1.142 6	3 369.61	9 732.58	17.10	3 850.12	11 120.45	19.54	2 041.39	
39	011302001001	吊顶天棚	m^2	74.34	01110035	装配式 U 型轻钢天棚龙骨(不上人型) 龙骨间距 600 mm×400 mm 平面	100 m^2	0.743 4	1 417.31	3 543.67	13.99	1 053.63	2 634.36	10.40	558.87	116.87
					01110128	天棚面层 空腹 PVC 扣板	100 m^2	0.743 4	1 619.74	3 481.26		1 204.11	2 587.97		638.18	
40	011401001001	木门油漆	樘	4	01120005	木材面油漆 润油粉、调合漆二遍、磁漆一遍 单层木门	100 m^2	0.121 8	2 746.84	1 301.29		334.57	158.50		177.32	167.60
41	011407001001	柱面喷刷涂料	m^2	5.18	01120228	彩砂喷涂抹灰面	100 m^2	0.051 8	766.56	6 728.48	83.67	39.71	348.54	4.33	21.23	79.90
42	011407004001	线条刷涂料	m	15.55	01120240	刷白水泥浆二遍 抹灰面 光面	100 m^2	0.049 1	127.76	31.26		6.27	1.53		3.32	0.71

表 9.23　分部分项工程综合单价材料明细表(表-10)

工程名称:某单层建筑　　　　标段:　　　　第 1 页　共 10 页

序号	项目编码	项目名称	计量单位	工程量	材料组成明细						
					主要材料名称、规格、型号	单位	数量	单价/元	合价/元	暂估材料单价/元	暂估材料合价/元
2	010101003001	挖沟槽土方	m^3	20.9	其他材料费			—	0.01	—	0
					材料费小计			—	0.01	—	
6	010401003001	实心砖墙	m^3	23.81	标准砖 240 mm×115 mm×53 mm	千块	0.53	450	238.5		
					混合砂浆(细砂) M5.0 P.S 32.5(未计价)	m^3	0.239 6	192.28	46.07		
					其他材料费			—	0.59	—	0
					材料费小计			—	285.16	—	
7	010401012001	零星砌砖(室外台阶)	m^2	7.55	标准砖 240 mm×115 mm×53 mm	千块	0.119 2	450	53.64		
					混合砂浆(细砂) M5.0 P.S 32.5(未计价)	m^3	0.055	192.28	10.58		
					(商)混凝土 C15	m^3	0.101 7	265	26.95		
					其他材料费			—	0.41	—	0
					材料费小计			—	91.58	—	
8	010401014001	砖地沟(室外排水沟)	m	24.44	标准砖 240 mm×115 mm×53 mm	千块	0.123 9	450	55.76		
					水泥砂浆 1∶3(未计价)	m^3	0.000 5	222.82	0.11		
					(商)细石混凝土 C20(未计价)	m^3	0.095 4	275	26.24		
					水泥砂浆 M5	m^3	0.058 9	310	18.26		
					其他材料费			—	7.51	—	0
					材料费小计			—	107.87	—	

续表

工程名称:某单层建筑　　　　标段:　　　　第 2 页　共 10 页

序号	项目编码	项目名称	计量单位	工程量	材料组成明细						
					主要材料名称、规格、型号	单位	数量	单价/元	合价/元	暂估材料单价/元	暂估材料合价/元
9	010401014003	砖地沟(室内)	m	5.76	标准砖 240 mm×115 mm×53 mm	千块	0.112 6	450	50.67		
					水泥砂浆 1∶3(未计价)	m^3	0.026 2	222.82	5.84		
					不锈钢箅子	m^2	0.505	0.8	0.4		
					水泥砂浆 M5	m^3	0.053 5	310	16.59		
					其他材料费			—	46.73	—	0
					材料费小计			—	120.23	—	
10	010403001001	石基础	m^3	12.64	毛石	m^3	1.234	68	83.91		
					水泥砂浆(细砂) M5.0 P.S 32.5(未计价)	m^3	0.269	165.94	44.64		
					其他材料费			—	0.45	—	0
					材料费小计			—	129	—	
11	010404001001	垫层(碎石)	m^3	3.71	细砂	m^3	0.331	70	23.17		
					碎石 40 mm	m^3	1.1	70	77		
					材料费小计			—	100.17	—	
12	010501001001	垫层(混凝土)	m^3	0.64	(商)混凝土 C15	m^3	1.015	265	268.98		
					其他材料费			—	2.95	—	0
					材料费小计			—	271.93	—	

续表

工程名称：某单层建筑　　　　标段：　　　　第3页　共10页

序号	项目编码	项目名称	计量单位	工程量	材料组成明细						
					主要材料名称、规格、型号	单位	数量	单价/元	合价/元	暂估材料单价/元	暂估材料合价/元
13	010501003001	独立基础	m^3	0.44	（商）混凝土 C25	m^3	1.015	285	289.28		
					其他材料费			—	0.86	—	0
					材料费小计			—	290.13	—	
14	010502001001	矩形柱	m^3	0.38	（商）混凝土 C25	m^3	1.015	285	289.28		
					其他材料费			—	1.59	—	0
					材料费小计			—	290.86	—	
15	010502002001	构造柱	m^3	1.81	（商）混凝土 C25	m^3	1.015	285	289.28		
					其他材料费			—	0.86	—	0
					材料费小计			—	290.13	—	
16	010503001001	基础梁（JCL）	m^3	0.9	（商）混凝土 C25	m^3	1.015	285	289.28		
					其他材料费			—	2.71	—	0
					材料费小计			—	291.98	—	
17	010503002001	矩形梁	m^3	1.15	（商）混凝土 C25	m^3	1.015	285	289.28		
					其他材料费			—	3.25	—	0
					材料费小计			—	292.53	—	

续表

工程名称:某单层建筑　　　　标段:　　　　第4页　共10页

序号	项目编码	项目名称	计量单位	工程量	材料组成明细						
					主要材料名称、规格、型号	单位	数量	单价/元	合价/元	暂估材料单价/元	暂估材料合价/元
18	010503004001	圈梁	m^3	1.48	(商)混凝土 C25	m^3	1.015	285	289.28		0
					其他材料费			—	8.11	—	
					材料费小计			—	297.39	—	
19	010503004002	圈梁(DQL)	m^3	3.42	(商)混凝土 C25	m^3	1.015	285	289.28		0
					其他材料费			—	8.11	—	
					材料费小计			—	297.39	—	
20	010503005001	过梁	m^3	0.33	(商)混凝土 C25	m^3	1.015 2	285	289.33		0
					其他材料费			—	8.39	—	
					材料费小计			—	297.72	—	
21	010505001001	有梁板	m^3	14.21	(商)混凝土 C25	m^3	1.015	285	289.28		0
					其他材料费			—	9.37	—	
					材料费小计			—	298.65	—	
22	010505007001	天沟	m^3	2.78	其他材料费			—	295.2	—	0
					材料费小计			—	295.2	—	

续表

工程名称：某单层建筑　　　　标段：　　　　第5页　共10页

序号	项目编码	项目名称	计量单位	工程量	材料组成明细						
					主要材料名称、规格、型号	单位	数量	单价/元	合价/元	暂估材料单价/元	暂估材料合价/元
23	010507001001	散水	m^2	18.61	碎石 40 mm	m^3	0.117 2	70	8.2		
					（商）混凝土 C15	m^3	0.071 1	265	18.84		
					建筑油膏（沥青防水油膏）	kg	1.378 1	3.65	5.03		
					抹灰水泥砂浆 1∶2（未计价）	m^3	0.005 1	265.64	1.35		
					模板板枋材	m^3	0.000 4	1 500	0.6		
					瓜子石 5～15	m^3	0.011 6	80	0.93		
					黏土	m^3	0.030 1	33.21	1		
					其他材料费			—	0.87	—	0
					材料费小计			—	36.83	—	
24	010512008001	沟盖板、井盖板、井圈	m^3	0.6	其他材料费			—	251.99	—	0
					材料费小计			—	251.99	—	
25	010515001001	现浇构件钢筋	t	0.028	Ⅰ级钢筋 HPB300 φ10 以内	t	1.021 4	3 840	3 922.18		
					其他材料费			—	81.55	—	0
					材料费小计			—	4 003.72	—	
26	010515001002	现浇构件钢筋	t	0.107	Ⅰ级钢筋 HPB300 φ10 以外	t	1.019 6	4 070	4 149.77		
					其他材料费			—	84.06	—	0
					材料费小计			—	4 233.84	—	

续表

工程名称:某单层建筑　　　　标段:　　　　第 6 页　共 10 页

序号	项目编码	项目名称	计量单位	工程量	材料组成明细						
					主要材料名称、规格、型号	单位	数量	单价/元	合价/元	暂估材料单价/元	暂估材料合价/元
27	010801002001	木质门带套(M-1)	樘	1	成品木门(带门套)	m^2	3.78	1 500	5 670		
					一等板枋材	m^3	0.002 3	1 500	3.45		
					其他材料费			—	43.93	—	0
					材料费小计			—	5 717.38	—	
28	010801002002	木质门带套(M-2)	樘	1	成品木门(带门套)	m^2	2.1	1 500	3 150		
					一等板枋材	m^3	0.001 3	1 500	1.95		
					其他材料费			—	24.4	—	0
					材料费小计			—	3 176.35	—	
29	010801002003	木质门带套(M-3)	樘	2	成品木门(带门套)	m^2	3.15	1 500	4 725		
					一等板枋材	m^3	0.001 9	1 500	2.85		
					其他材料费			—	36.61	—	0
					材料费小计			—	4 764.46	—	
30	010801006001	门锁安装	个	4	L 型执手插锁	把	1	78	78		
					门轨头	付	1	6.5	6.5		
					门眼(猫眼)	只	1	12	12		
					材料费小计			—	96.5	—	
31	010807001001	金属窗(C-1)	樘	6	铝合金推拉窗	m^2	3.78	275	1 039.5		
					其他材料费			—	56.93	—	0
					材料费小计			—	1 096.43	—	

续表

工程名称：某单层建筑　　　　标段：　　　　第7页　共10页

序号	项目编码	项目名称	计量单位	工程量	材料组成明细						
					主要材料名称、规格、型号	单位	数量	单价/元	合价/元	暂估材料单价/元	暂估材料合价/元
32	010901001001	瓦屋面	m^2	107.71	水泥砂浆1：3(未计价)	m^3	0.045 1	222.82	10.05		
					抹灰水泥砂浆1：2(未计价)	m^3	0.020 2	265.64	5.37		
					彩色水泥瓦420 mm×330 mm	千块	0.011 1	500	5.55		
					Ⅰ级钢筋HPB300 ϕ10以内	t	0.001 2	3 840	4.61		
					高聚物改性沥青防水卷材 δ=3 mm	m^2	1.246 7	32	39.89		
					其他材料费			—	12.36	—	0
					材料费小计			—	77.83	—	
33	010902004001	屋面排水管	m	12	铸铁雨水口(带罩)	套	0.349	65	22.69		
					塑料排水管	m	1.054	98	103.29		
					排水管伸缩接	个	0.101	12	1.21		
					排水管检查口	个	0.111	23	2.55		
					塑料雨水斗100带罩	个	0.336 7	25	8.42		
					现浇混凝土C20碎石(最大粒径16 mm) P.S 42.5(未计价)	m^3	0.001	215.17	0.22		
					塑料弯头 ϕ110	个	0.336 7	25	8.42		
					其他材料费			—	8.41	—	0
					材料费小计			—	155.2	—	

续表

工程名称:某单层建筑　　　　标段:　　　　第 8 页　共 10 页

序号	项目编码	项目名称	计量单位	工程量	材料组成明细						
					主要材料名称、规格、型号	单位	数量	单价/元	合价/元	暂估材料单价/元	暂估材料合价/元
34	011102003001	块料楼地面	m^2	76.96	抹灰水泥砂浆 1：2(未计价)	m^3	0.019 9	265.64	5.29		
					(商)混凝土 C10	m^3	0.097 9	255	24.96		
					花岗岩板拼花 $\delta=20$	m^2	0.018 4	85	1.56		
					陶瓷地面砖 600 mm×600 mm	m^2	0.993 2	210	208.57		
					其他材料费			—	1.04	—	0
					材料费小计			—	241.43	—	
35	011107002001	块料台阶面	m^2	7.55	抹灰水泥砂浆 1：2(未计价)	m^3	0.029 9	265.64	7.94		
					陶瓷地砖	m^2	1.569	210	329.49		
					其他材料费			—	1.38	—	0
					材料费小计			—	338.82	—	
36	011202001001	柱、梁面一般抹灰	m^2	5.18	水泥砂浆 1：3(未计价)	m^3	0.015 5	222.82	3.45		
					水泥砂浆 1：2.5(未计价)	m^3	0.006 7	236.71	1.59		
					其他材料费			—	0.06	—	0
					材料费小计			—	5.1	—	

续表

工程名称：某单层建筑　　　　标段：　　　　第9页　共10页

序号	项目编码	项目名称	计量单位	工程量	材料组成明细						
					主要材料名称、规格、型号	单位	数量	单价/元	合价/元	暂估材料单价/元	暂估材料合价/元
37	011204003001	块料墙面（内墙面）	m^2	117.88	水泥砂浆 1∶3（未计价）	m^3	0.021	222.82	4.68		
					抹灰水泥砂浆 1∶2（未计价）	m^3	0.008 2	265.64	2.18		
					内墙瓷板 200 mm×300 mm	m^2	1.035	31	32.09		
					其他材料费			—	0.84	—	0
					材料费小计			—	39.78	—	
38	011204003002	块料墙面（外墙面）	m^2	114.26	水泥砂浆 1∶3（未计价）	m^3	0.017 2	222.82	3.83		
					抹灰水泥砂浆 1∶2（未计价）	m^3	0.015	265.64	3.98		
					全瓷墙面砖 300 mm×300 mm	m^2	1.04	90	93.6		
					其他材料费			—	0.98	—	0
					材料费小计			—	102.4	—	
39	011302001001	吊顶天棚	m^2	74.34	轻钢龙骨不上人型（平面）600 mm×400 mm	m^2	1.015	30	30.45		
					PVC 扣板	m^2	1.05	28	29.4		
					PVC 边条	m	1.458 3	3.2	4.67		
					其他材料费			—	5.73	—	0
					材料费小计			—	70.25	—	

续表

工程名称:某单层建筑　　　　标段:　　　　第10页　共10页

序号	项目编码	项目名称	计量单位	工程量	材料组成明细						
					主要材料名称、规格、型号	单位	数量	单价/元	合价/元	暂估材料单价/元	暂估材料合价/元
40	011401001001	木门油漆	樘	4	无光调合漆	kg	1.550 8	12.45	19.31		
					醇酸磁漆	kg	0.652 6	18.36	11.98		
					其他材料费			—	8.34	—	0
					材料费小计			—	39.63	—	
41	011407001001	柱面喷刷涂料	m^2	5.18	丙烯酸彩砂涂料	kg	3.8	17.6	66.88		
					水泥 32.5	kg	0.3	0.33	0.1		
					其他材料费			—	0.31	—	0
					材料费小计			—	67.28	—	
42	011407004001	线条刷涂料	m	15.55	其他材料费			—	0.1	—	0
					材料费小计			—	0.1	—	

表9.24　单价措施项目计价表(表-08)

工程名称:某单层建筑　　　　标段:　　　　第1页　共1页

序号	项目编码	项目名称	项目特征	计量单位	工程量	金额/元				
						综合单价	合价	其中		
								人工费	机械费	暂估价
1	011701002001	外脚手架		m^2	165.89	11.09	1 839.72	447.9	106.17	
2	011701003001	里脚手架		m^2	15.23	3.39	51.63	29.24	1.37	
3	011702001002	基础		m^2	2.52	38.82	97.83	36.21	5.7	
4	011702002001	矩形柱		m^2	2.88	51.67	148.81	64.48	6.28	
5	011702003001	构造柱		m^2	12.64	41.73	527.47	250.4	19.34	
6	011702005001	基础梁		m^2	7.52	42.19	317.27	139.35	11.96	
7	011702006001	矩形梁		m^2	2.96	62.16	183.99	80.19	7.4	
8	011702008001	圈梁		m^2	16.26	50.38	819.18	320.48	40.65	
9	011702009001	过梁		m^2	4.11	73.31	301.3	131.56	7.32	
10	011702014001	有梁板		m^2	136.54	56.39	7 699.49	3 170.46	423.27	
11	011702022001	天沟、檐沟		m^2	43.23	116.79	5 048.83	2 581.7	62.68	
		本页小计					17 035.52	7 251.97	692.14	
		合计					17 035.52	7 251.97	692.14	

表 9.25　单价措施项目综合单价分析表(表-09)

工程名称:某单层建筑　　　　标段:　　　　第1页　共1页

序号	项目编码	项目名称	计量单位	工程量	清单综合单价组成明细											综合单价
					定额编号	定额名称	定额单位	数量	单价			合价				
									人工费	材料费	机械费	人工费	材料费	机械费	管理费和利润	
1	011701002001	外脚手架	m^2	165.89	01150136	外脚手架 钢管架 5 m以内 双排	100 m^2	1.658 9	269.57	628.81	63.87	447.19	1 043.13	105.95	241.50	11.09
2	011701003001	里脚手架	m^2	15.23	01150159	里脚手架 钢管架	100 m^2	0.152 3	192.28	35.67	8.52	29.28	5.43	1.30	15.58	3.39
3	011702001002	基础	m^2	2.52	01150249	现浇混凝土模板独立基础 混凝土及钢筋混凝土 组合钢模板	100 m^2	0.025 2	1 437.04	1 448.26	226.26	36.21	36.50	5.70	19.43	38.82
4	011702002001	矩形柱	m^2	2.88	01150270	现浇混凝土模板矩形柱 组合钢模板	100 m^2	0.028 8	2 239.06	1 514.16	218.23	64.48	43.61	6.29	34.44	51.67
5	011702003001	构造柱	m^2	12.64	01150275	现浇混凝土模板构造柱 组合钢模板	100 m^2	0.126 4	1 980.92	981.5	152.52	250.39	124.06	19.28	133.52	41.73
6	011702005001	基础梁	m^2	7.52	01150277	现浇混凝土模板基础梁 组合钢模板	100 m^2	0.075 2	1 852.97	1 217.9	158.53	139.34	91.59	11.92	74.36	42.19
7	011702006001	矩形梁	m^2	2.96	01150279	现浇混凝土模板单梁连续梁 组合钢模板	100 m^2	0.029 6	2 709.28	1 809.98	249.8	80.19	53.58	7.39	42.82	62.16
8	011702008001	圈梁	m^2	16.26	01150284	现浇混凝土模板圈梁 直形 组合	100 m^2	0.162 6	1 970.89	1 761.99	249.8	320.47	286.50	40.62	171.57	50.38

表 9.26　单价措施项目综合单价材料明细表(表-10)

工程名称:某单层建筑　　　　标段:　　　　第1页　共4页

序号	项目编码	项目名称	计量单位	工程量	材料组成明细						
					主要材料名称、规格、型号	单位	数量	单价/元	合价/元	暂估材料单价/元	暂估材料合价/元
1	011701002001	外脚手架	m^2	165.89	焊接钢管 $\phi48\times3.5$	t·天	0.675	3.2	2.16		
					直角扣件	百套·天	1.681 4	0.8	1.35		
					对接扣件	百套·天	0.236 7	0.8	0.19		
					回转扣件	百套·天	0.067 7	0.8	0.05		
					底座	百套·天	0.204 8	0.5	0.1		
					其他材料费			—	2.31	—	0
					材料费小计			—	6.16	—	
2	011701003001	里脚手架	m^2	15.23	焊接钢管 $\phi48\times3.5$	t·天	0.013	3.2	0.04		
					直角扣件	百套·天	0.084 2	0.8	0.07		
					对接扣件	百套·天	0.003 5	0.8	0		
					其他材料费			—	0.23	—	0
					材料费小计			—	0.34	—	
3	011702001002	基础	m^2	2.52	焊接钢管 $\phi48\times3.5$	t·天	0.226	3.2	0.72		
					直角扣件	百套·天	0.348 1	0.8	0.28		
					对接扣件	百套·天	0.064 7	0.8	0.05		
					回转扣件	百套·天	0.02	0.8	0.02		
					底座	百套·天	0.010 6	0.5	0.01		
					组合钢模板综合	m^2·天	7.332 7	0.15	1.1		
					其他材料费			—	12.42	—	0
					材料费小计			—	14.59	—	

续表

工程名称:某单层建筑　　　　标段:　　　　第2页　共4页

序号	项目编码	项目名称	计量单位	工程量	材料组成明细						
					主要材料名称、规格、型号	单位	数量	单价/元	合价/元	暂估材料单价/元	暂估材料合价/元
4	011702002001	矩形柱	m^2	2.88	焊接钢管 ϕ48×3.5	t·天	0.698 5	3.2	2.24		
					直角扣件	百套·天	1.076 1	0.8	0.86		
					对接扣件	百套·天	0.199 9	0.8	0.16		
					回转扣件	百套·天	0.061 7	0.8	0.05		
					底座	百套·天	0.032 6	0.5	0.02		
					组合钢模板综合	m^2·天	16.44	0.15	2.47		
					其他材料费			—	9.28	—	0
					材料费小计			—	15.06	—	
5	011702003001	构造柱	m^2	12.64	焊接钢管 ϕ48×3.5	t·天	0.493 8	3.2	1.58		
					直角扣件	百套·天	0.760 8	0.8	0.61		
					对接扣件	百套·天	0.141 4	0.8	0.11		
					回转扣件	百套·天	0.043 6	0.8	0.03		
					底座	百套·天	0.023 1	0.5	0.01		
					组合钢模板综合	m^2·天	16.321 6	0.15	2.45		
					其他材料费			—	5.08	—	0
					材料费小计			—	9.88	—	

续表

工程名称：某单层建筑　　　　标段：　　　　第3页　共4页

序号	项目编码	项目名称	计量单位	工程量	材料组成明细						
					主要材料名称、规格、型号	单位	数量	单价/元	合价/元	暂估材料单价/元	暂估材料合价/元
6	011702005001	基础梁	m^2	7.52	组合钢模板综合	m^2·天	8.070 5	0.15	1.21		
					其他材料费			—	10.91	—	0
					材料费小计			—	12.12	—	
7	011702006001	矩形梁	m^2	2.96	焊接钢管 $\phi48\times3.5$	t·天	1.452 6	3.2	4.65		
					直角扣件	百套·天	2.237 8	0.8	1.79		
					对接扣件	百套·天	0.415 8	0.8	0.33		
					回转扣件	百套·天	0.128 4	0.8	0.1		
					底座	百套·天	0.067 9	0.5	0.03		
					组合钢模板综合	m^2·天	22.387 9	0.15	3.36		
					其他材料费	—	7.88	—	0	—	0
					材料费小计	—	18.14	—		—	
8	011702008001	圈梁	m^2	16.26	焊接钢管	t·天	1.056 4	3.2	3.38		
					直角扣件	百套·天	1.627 5	0.8	1.3		
					对接扣件	百套·天	0.302 4	0.8	0.24		
					回转扣件	百套·天	0.093 4	0.8	0.07		
					底座	百套·天	0.049 4	0.5	0.02		
					组合钢模板综合	m^2·天	16.105 3	0.15	2.42		
					其他材料费			—	10.14	—	0
					材料费小计			—	17.58	—	

续表

工程名称:某单层建筑　　　　标段:　　　　第4页　共4页

序号	项目编码	项目名称	计量单位	工程量	材料组成明细						
					主要材料名称、规格、型号	单位	数量	单价/元	合价/元	暂估材料单价/元	暂估材料合价/元
9	011702009001	过梁	m²	4.11	焊接钢管 ϕ48×3.5	t·天	1.452 6	3.2	4.65		
					直角扣件	百套·天	2.237 8	0.8	1.79		
					对接扣件	百套·天	0.415 8	0.8	0.33		
					回转扣件	百套·天	0.128 4	0.8	0.1		
					底座	百套·天	0.067 9	0.5	0.03		
					组合钢模板综合	m²·天	21.363 2	0.15	3.2		
					其他材料费			—	12.34	—	0
					材料费小计			—	22.46	—	
10	011702014001	有梁板	m²	136.54	焊接钢管 ϕ48×3.5	t·天	1.213 4	3.2	3.88		
					直角扣件	百套·天	1.869 3	0.8	1.5		
					对接扣件	百套·天	0.347 3	0.8	0.28		
					回转扣件	百套·天	0.107 3	0.8	0.09		
					底座	百套·天	0.056 7	0.5	0.03		
					组合钢模板综合	m²·天	20.856 6	0.15	3.13		
					其他材料费	—	8.76	—	0		
					材料费小计	—	17.66	—			
11	011702022001	天沟、檐沟	m²	43.23	组合钢模板综合	m²·天	36.904 7	0.15	5.54		
					U型卡	百套·天	7.525 1	0.15	1.13		
					其他材料费			—	17.23	—	0
					材料费小计			—	23.9	—	

表9.27　总价措施项目计价表(表-12)

工程名称:某单层建筑　　　　　　　　标段:　　　　　　　　第1页　共1页

序号	项目编码	项目名称	计算基础	费率/%	金额/元	调整费率/%	调整后金额/元	备注
1	011707001001	安全文明施工费(建筑)			4 612			
	1	环境保护费、安全施工费、文明施工费(建筑)	建筑定额人工费+建筑定额机械费×8%	10.17	2 997.06			
	2	临时设施费(建筑)	建筑定额人工费+建筑定额机械费×8%	5.48	1 614.94			
2	011707005001	冬、雨季施工增加费,生产工具用具使用费,工程定位复测,工程点交、场地清理费	分部分项定额人工费+分部分项定额机械费×8%	5.95	1 753.44			
合　计					6 365.44			

注:按施工方案计算的措施费,若无"计算基数"和"费率"的数值,也可只填"金额"数值,但应在备注栏说明施工方案出处或计算方法。

表9.28　其他项目计价汇总表(表-13)

工程名称:某单层建筑　　　　　　　　标段:　　　　　　　　第1页　共1页

序　号	项目名称	金额/元	结算金额/元	备　注
1	暂列金额	20 000		详见明细表
2	暂估价			
2.1	材料(设备)结算价			详见明细表
2.2	专业工程暂估价			详见明细表
3	计日工			详见明细表
4	总承包服务费			详见明细表
5	其他			
5.1	人工费调差			
5.2	机械费调差			
5.3	风险费			
5.4	索赔与现场签证			详见明细表
合　计		20 000		—

注:①材料(工程设备)暂估单价进入清单项目综合单价,此处不汇总。

②人工费调差、机械费调差和风险费应在备注栏说明计算方法。

表 9.29 暂列金额明细表(表-13-1)

工程名称:某单层建筑　　　　　　　　　标段:　　　　　　　　　　　　第 1 页　共 1 页

序　号	项目名称	计量单位	暂定金额/元	备　注
1	暂列金额		20 000	部分图纸暂缺
合　计			20 000	—

注:此表由招标人填写,如不能详列,也可只列暂列金额总额,投标人应将上述暂列金额计入投标总价中。

表 9.30 总承包服务费计价表(表-13-5)

序　号	项目名称	项目价值/元	服务内容	计算基础	费率/%	金额/元
1	发包人发包专业工程					
2	发包人提供材料		甲供材料验收保管	32 036.03	1	320.36
合　计		—	—		—	320.36

注:此表项目名称、服务内容由招标人填写,编制招标控制价时,费率及金额由招标人按有关计价规定确定;投标时,费率及金额由投标人自主报价,计入投标总价中。

表 9.31 发包人提供材料和工程设备一览表(表-21)

序号	材料(工程设备)名称、规格、型号	单位	数量	单价/元	合价/元	交货方式	送达地点	备注
1	Ⅰ级钢筋 HPB300 $\phi 10$ 以内	t	0.035	3 840	134.40	成本加运费	工地指定堆放点	
2	Ⅰ级钢筋 HPB300 $\phi 10$ 以外	t	0.109	4 070	443.63	成本加运费	工地指定堆放点	
3	(商)混凝土 C10	m^3	7.535	255	1 921.43	成本加运费	工地指定位置	
4	(商)混凝土 C15	m^3	2.74	265	726.10	成本加运费	工地指定位置	
5	(商)混凝土 C25	m^3	24.482	285	6 977.37	成本加运费	工地指定位置	
6	(商)细石混凝土 C20(未计价)	m^3	2.332	275	641.30	成本加运费	工地指定位置	
7	玻纤胎沥青瓦 1 000×333	m^2	256.027	41	10 497.11	成本加运费	工地仓库	

续表

序号	材料(工程设备)名称、规格、型号	单位	数量	单价/元	合价/元	交货方式	送达地点	备注
8	全瓷墙面砖 300×300	m^2	118.83	90	10 694.70	成本加运费	工地仓库	
	合　计				32 036.03			

表 9.32　规费税金计价表(表-14)

工程名称:某单层建筑　　　　标段:　　　　第1页　共1页

序号	项目名称	计算基础	计算基数	计算费率/%	金额/元
1	规费	社会保险费、住房公积金、残疾人保证金+危险作业意外伤害险+工程排污费	8 816.8		8 816.8
1.1	社会保险费、住房公积金、残疾人保证金	分部分项定额人工费+单价措施定额人工费+其他项目定额人工费	32 654.82	26	8 490.25
1.2	危险作业意外伤害险	分部分项定额人工费+单价措施定额人工费+其他项目定额人工费	32 654.82	1	326.55
1.3	工程排污费				
2	税金	分部分项工程+措施项目+其他项目+规费-不计税工程设备费	206 107.94	3.48	7 172.56
合　计					15 989.36

编制人(造价人员):　　　　复核人(造价工程师):

表 9.33　招标控制价公布表

招标人名称:　　　　时间:　年　月　日

序号	名称	金额	
		小写	大写
1	分部分项工程费	152 794.52	壹拾伍万贰仟柒佰玖拾肆元伍角贰分
2	措施费	22 543.48	贰万贰仟伍佰肆拾叁元肆角捌分
2.1	环境保护、临时设施、安全、文明费合计	3 990.72	叁仟玖佰玖拾元柒角贰分
2.2	脚手架、模板、垂直运输、大机进出场及安拆费合计	0	零元整

续表

序号	名称	金额	
		小写	大写
2.3	其他措施费	18 552.76	壹万捌仟伍佰伍拾贰元柒角陆分
3	其他项目费	21 953.14	贰万壹仟玖佰伍拾叁元壹角肆分
4	规费	8 816.8	捌仟捌佰壹拾陆元捌角
5	税金	7 172.56	柒仟壹佰柒拾贰元伍角陆分
6	其他		
7	招标控制价总价	213 280.5	贰拾壹万叁仟贰佰捌拾元伍角
8	备注		

编制单位:(公章)　　　　　　　　　　　　　　　　　　招标人:(公章)

造价工程师(签字并盖注册章):

表 9.34　经济指标分析表

序号	材料名	材料量	单位	单方用量	建筑面积
1	钢材	0.03	t	0	79.36
2	钢筋	0.26	t	0.003	79.36
3	木材	0.32	m^3	0.004	79.36
4	水泥	10.35	t	0.13	79.36
5	砖	17.2	千块	0.217	79.36
6	砂	32.05	m^3	0.404	79.36
7	碎石	6.84	m^3	0.086	79.36
8	现浇混凝土	0.63	m^3	0.008	79.36
9	商品混凝土	40.53	m^3	0.511	79.36
10	木模板	0.67	m^3	0.008	79.36
11	钢模板		kg	0	79.36

第 10 章 工程造价指数计算案例

本章要点

1.造价指数的含义

2.造价指数的计算

10.1 相关知识

10.1.1 工程造价指数的概念

工程造价指数是反映一定时期由于价格变化对工程造价影响程度的一种指标,它是调整工程造价价差的依据。工程造价指数反映了报告期与基期相比的价格变动趋势,利用它来研究实际工作中的下列问题很有意义:

①可以利用工程造价指数分析价格变动趋势及其原因。

②可以利用工程造价指数估计工程造价变化对宏观经济的影响。

③工程造价指数是工程承发包双方进行工程估价和结算的重要依据。

10.1.2 工程造价指数的内容

工程造价指数的内容应该包括下述几种。

(1)各种单项价格指数

各种单项价格指数包括了反映各类工程的人工费、材料费、施工机械使用费报告期价格对基期价格的变化程度的指标。可利用它研究主要单项价格变化的情况及其发展变化的趋势。其计算过程可以简单表示为报告期价格与基期价格之比。以此类推,可以把各种费率指数也归于其中。例如,其他直接费指数、间接费指数,甚至工程建设其他费用指数等。这些费率指数的编制可以直接用报告期费率与基期费率之比求得。很明显,这些单项价格指数都属于个体指数,其编制过程相对比较简单。

(2)设备、工器具价格指数

设备、工器具的种类、品种和规格很多。设备、工器具费用的变动通常是由两个因素引起的,即设备、工器具单件采购价格的变化和采购数量的变化,并且工程所采购的设备、工器具是由不同规格、不同品种组成的。因此,设备、工具价格指数属于总指数。由于采购价格与采购数量的数据无论是基期还是报告期都比较容易获得,因此,设备、工器具价格指数可以用综合指数的形式来表示。

(3)建筑安装工程造价指数

建筑安装工程造价指数也是一种综合指数,其中包括了人工费指数、材料费指数、施工机械使用费指数以及间接费指数等。

各项个体指数的综合影响。由于建筑安装工程造价指数相对比较复杂,涉及的方面较广,利用综合指数来进行计算分析难度较大。因此,可以通过对各项个体指数的加权平均,用平均数指数的形式来表示。

(4)建设项目或单项工程造价指数

建设项目或单项工程造价指数是由设备、工器具价格指数、建筑安装工程造价指数、工程建设其他费用指数综合得到的。它也属于总指数,并且与建筑安装工程造价指数类似,一般也用平均数指数的形式来表示。

当然,根据造价资料的期限长短来分类,也可以把工程造价指数分为时点造价指数、月指数、季指数和年指数等。

10.1.3 各种单项价格指数的计算

(1)人工费、材料费、施工机械使用费等价格指数的计算

这种价格指数的编制可以直接用报告期价格与基期价格相比后得到。计算公式为

$$\text{人工费(材料费、施工机械使用费)价格指数} = \frac{P_n}{P_0} \tag{10.1}$$

式中 P_0——基期人工日工资(材料费、施工机械使用)单价;

P_n——报告期人工日工资(材料费、施工机械使用)单价。

(2)管理费、间接费和工程建设其他费费率指数的计算

计算公式为

$$\text{管理费(间接费、工程建设其他费)费率指数} = \frac{P_n}{P_0} \tag{10.2}$$

式中 P_0——基期管理费(间接费和工程建设其他费)费率;

P_n——报告期管理费(间接费和工程建设其他费)费率。

(3)设备及工器具价格指数的计算

计算公式为

$$\text{设备及工器具价格指数} = \frac{\sum(\text{报告期设备及工器具单价} \times \text{报告期购置数量})}{\sum(\text{基期设备及工器具单价} \times \text{基期购置数量})} \tag{10.3}$$

(4)建筑安装工程价格指数的计算

计算公式为

$$\text{建安工程价格指数}=\frac{\text{报告期建安工程费}}{\frac{\text{报告期人工费}}{\text{人工费指数}}+\frac{\text{报告期材料费}}{\text{材料费指数}}+\frac{\text{报告期机械费}}{\text{机械费指数}}+\frac{\text{报告期建安工程其他费}}{\text{建安工程其他费综合指数}}} \quad (10.4)$$

10.2　案例解析

【案例 10.1】某建设项目报告期建筑安装工程费为 900 万元,造价指数为 106%;报告期设备、工器具单价为 600 万元,造价指数为 104%;报告期工程建设其他费用为 200 万元,工程建设其他费指数为 103%,问该建设项目的造价指数为多少?

【解】建设项目的造价指数按下式计算得:

$$\frac{900+600+200}{\frac{900}{106\%}+\frac{600}{104\%}+\frac{200}{103\%}}=1.05=105\%$$

【案例 10.2】某房屋建筑工程单项工程竣工结算主要数据如下:

竣工建筑面积:10 000 m^2;

建安工程总造价:1 200 万元。其中,直接工程费 900 万元;措施费 125 万元;其他费用略;

主要消耗量:综合人工 50 000 工日,钢材 600 t,混凝土 2 600 m^3。

【问题】请用上述给定的数据分析计算本工程技术经济指标,并填写表 10.1。

表 10.1　工程技术经济指标计算

技术经济指标名称	计算式	计算结果值(数值+计量单位)
单位建筑面积总造价		
单位建筑面积直接费金额		
单位建筑面积措施费金额		
单位建筑面积人工综合工日消耗量		
单位建筑面积钢材消耗量		
单位建筑面积混凝土消耗量		
总造价中直接费所占比例		
总造价中措施费所占比例		

【解】计算结果见表 10.2。

表 10.2　工程技术经济指标计算(答案)

技术经济指标名称	计算式	计算结果值(数值+计量单位)
单位建筑面积总造价	1 200 万元/10 000 m^2	1 200.00 元/m^2

续表

技术经济指标名称	计算式	计算结果值(数值+计量单位)
单位建筑面积直接费金额	900 万元/10 000 m^2	900.00 元/ m^2
单位建筑面积措施费金额	125 万元/10 000 m^2	125.00 元/ m^2
单位建筑面积人工综合工日消耗量	50 000 综合工日/10 000 m^2	5.00 综合工日/m^2
单位建筑面积钢材消耗量	600 t/10 000 m^2	0.060 t/ m^2
单位建筑面积混凝土消耗量	2 600 m^3/10 000 m^2	0.260 m^3/ m^2
总造价中直接费所占比例	900 万元/1 200 万元	75.00%
总造价中措施费所占比例	125 万元/1 200 万元	10.42%

【案例 10.3】某拟建综合楼为钢筋混凝土框架结构,初步设计建筑面积为 3 500 m^2,采用相似工程概算指标调整的方法测算得该综合楼土建单位工程概算造价为 5 075 000.00 元,已知调整的内容为:该工程基础采用预制钢筋混凝土管桩加钢筋混凝土承台,技术经济指标为 150.00 元/m^2;外墙饰面采用新型抗老化涂料,技术经济指标为 35.00 元/m^2。所选取的相似工程基础为钢筋混凝土带形基础,技术经济指标为 110.00 元/m^2;外墙饰面为陶瓷面砖,技术经济指标 50.00 元/m^2,请计算出作为测算基准的相似工程每平方米造价。(计算结果小数点后保留两位)

【解】采用类似工程计算法

拟建综合楼土建工程每平方米造价=5 075 000.00(元)÷3 500=1 450.00(元/m^2)

相似工程每平方米造价=1 450-(150+35)+(110+50)元/m^2=1 425.00(元/m^2)

【案例 10.4】××省某企业新建生产线项目分两期进行建设,目前一期工程已完成,正在进行二期工程的投资测算工作。

给定条件:一期工程主厂房建筑面积 8 545 m^2,各专业工程造价为:土建工程 12 390 250 元;装饰装修工程 2 136 250 元;给排水工程 299 075 元;通风空调工程 1 281 750 元;电气工程 1 110 850 元;消防工程 239 260 元。

【问题 1】请根据给定条件计算一期主厂房的各专业工程单位造价指标,填制完成表10.3,计算结果取小数点后两位。

表 10.3　已建工业厂房各专业工程平方米造价计算表

序号	专业工程名称	建筑面积/m^2	工程造价/元	平方米造价/(元·m^{-2})
1	土建工程	8 545	12 390250	
2	装饰装修	8 545	2 136 250	
3	给排水工程	8 545	299 075	
4	通风空调工程	8 545	1 281 750	
5	电气工程	8 545	1 110 850	
6	消防工程	8 545	239 260	

【解】本问题只需将工程造价除以建筑面积就可得到计算结果，见表10.4。

表10.4　已建工业厂房各专业工程平方米造价计算表（答案）

序号	专业工程名称	建筑面积/m^2	工程造价/元	平方米造价/（元/m^{-2}）
1	土建工程	8 545	12 390 250	1 450.00
2	装饰装修	8 545	2 136 250	250.00
3	给排水工程	8 545	299 075	35.00
4	通风空调工程	8 545	1 281 750	150.00
5	电气工程	8 545	1 110 850	130.00
6	消防工程	8 545	239 260	28.00

【问题2】现以一期主厂房造价指标为参照，采用类似工程法估算二期主厂房的造价总额。经查证分析，一期主厂房建设期和预测二期主厂房建设时，各专业工程的造价定基指数平均值分别见表10.5，请据此计算二期主厂房工程估算总额，并将相应内容填入表10.5，计算结果取小数点后两位。

表10.5　已建工业厂房各专业工程平方米造价计算表

序号	专业工程名称	建筑面积/m^2	一期造价指数平均值	二期造价指数预测平均值	测算平方米造价/（元·m^{-2}）	工程造价/元
1	土建工程	13 425	106	112		
2	装饰装修	13 425	103	105		
3	给排水工程	13 425	107	113		
4	通风空调工程	13 425	105	114		
5	电气工程	13 425	107	108		
6	消防工程	13 425	109	106		
7	各专业工程合计					

【解】本问题须先将二期造价指数预测平均值除以一期造价指数平均值得到一个价格指数，再用价格指数乘以表10.4中对应的平方米造价即得到表10.4中的测算平方米造价，最后用测算平方米造价乘以表10.5中的建筑面积就得到了二期主厂房各专业工程的造价和工程估算总额。计算结果见表10.6。

表10.6　已建工业厂房各专业工程平方米造价计算表（答案）

序号	专业工程名称	建筑面积/m^2	一期造价指数平均值	二期造价指数预测平均值	测算平方米造价/（元·m^{-2}）	工程造价/元
1	土建工程	13 425	106	112	1 532.08	20 568 113.21

续表

序号	专业工程名称	建筑面积/m^2	一期造价指数平均值	二期造价指数预测平均值	测算平方米造价/(元·m^{-2})	工程造价/元
2	装饰装修	13 425	103	105	254.85	3 421 419.90
3	给排水工程	13 425	107	113	36.96	496 223.13
4	通风空调工程	13 425	105	114	162.86	2 186 357.14
5	电气工程	13 425	107	108	131.21	1 761 560.75
6	消防工程	13 425	109	106	27.23	365 554.13
7	各专业工程合计					28 799 228.26
	平方米造价					2 145.19

【案例10.5】×建标〔2013〕918号文确定的人工工资单价为63.88元,经测算2018年12月底的人工工资单价为81.77元,试求人工费价格指数。

【解】人工费价格指数$=P_n/P_0=81.77/63.88=1.28$

【案例10.6】某工程2018年12月底定额人工费总额为2 390 250元,人工费价格指数为1.28,试根据××省2013计价规则计算人工费调差,并问该项费用应当如何计入工程造价。

【解】××省2013计价规则规定,人工费调差应计入其他项目费的"其他"项中,其计算值为:

$$2\ 390\ 250\times(1.28-1.00)=669\ 270.00(\text{元})$$

参考文献

[1] 住房和城乡建设部,国家质量监督检验检疫总局.建设工程工程量清单计价规范(GB 50500—2013)[M].北京:中国计划出版社,2013.

[2] 住房和城乡建设部,国家质量监督检验检疫总局.房屋建筑与装饰工程工程量计算规范(GB 50854—2013)[M].北京:中国计划出版社,2013.

[3] 柯洪. 建设工程计价(全国造价工程执业资格考试培训指南)[M].北京:中国计划出版社,2013.

[4] 云南省住房和城市建设厅. 云南省建设工程造价计价规则及机械仪器仪表台班费用定额(DBJ 53/T—58—2013)[M].昆明:云南科技出版社,2013.

[5] 云南省住房和城市建设厅.房屋建筑与装饰工程消耗量定额(DBJ53/T—62—2013)[M].昆明:云南科技出版社,2013.

[6] 住房和城乡建设部,国家质量监督检验检疫总局. 建筑工程建筑面积计算规范(GB/T 50353—2013)[M].北京:中国计划出版社,2014.

[7] 张建平,张宇帆.工程计价基础[M].北京:机械工业出版社,2018.

[8] 张建平,张宇帆.建筑工程计量与计价[M].2 版.北京:机械工业出版社,2018.

[9] 张建平,严伟,张宇帆.建筑工程计价[M].5 版.重庆:重庆大学出版社,2018.